本书系河南省哲学社会科学规划年度项目(项目编号:2023BJJ107)、河南省科技厅省重点研发与推广专项项目(项目编号:232102321077)阶段性研究成果。

政府旅游门户网站
信任修复及发展策略研究

韦映梅 著

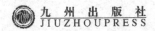

九 州 出 版 社
JIUZHOUPRESS

图书在版编目（CIP）数据

政府旅游门户网站信任修复及发展策略研究 / 韦映梅著. -- 北京：九州出版社，2024. 9. -- ISBN 978-7-5225-3077-2

Ⅰ. TP393.409.2

中国国家版本馆CIP数据核字第20245GC382号

政府旅游门户网站信任修复及发展策略研究

作　　者	韦映梅　著	
责任编辑	陈春玲	
出版发行	九州出版社	
地　　址	北京市西城区阜外大街甲 35 号（100037）	
发行电话	(010)68992190/3/5/6	
网　　址	www.jiuzhoupress.com	
印　　刷	三河市嵩川印刷有限公司	
开　　本	787 毫米×1092 毫米　16 开	
印　　张	17	
字　　数	294 千字	
版　　次	2024 年 9 月第 1 版	
印　　次	2024 年 9 月第 1 次印刷	
书　　号	ISBN 978-7-5225-3077-2	
定　　价	78. 00 元	

前　言

　　政府旅游门户网站是集服务、引导及营销等于一体的非营利性的重要的公共平台，有着不可替代的作用。与以营利为目的旅游商业网站，和暗含着个体倾向及各类商业隐性推文的社交平台等在旅游信息服务领域一起发挥着不同的功用。政府旅游门户网站是其中对消费者影响持续时间最长、初始信任度最高的。早在2006年，我国范围内的1个国家旅游局、31个省级旅游局、200个地市州级旅游局和100个区县级旅游局，95%都已建成了政府旅游门户网站。旅游行政管理部门正试图借助其独具优势，发挥出门户网站的重要作用。随着旅游管理失灵等旅游负面事件频发的反复冲击，公众对政府旅游门户网站信息及其管理能力等感知负面印象加深，政府旅游门户网站信息信任受损严重，直接导致门户网站设定的诸多重要的功能丧失了作用，也就无法显著推动当地旅游经济建设，政府旅游门户网站信息信任修复等相关问题的解决刻不容缓。

　　政府旅游门户网站信息首要是满足消费者需求，其次才是旅游企业以及旅游从业人员的需求。自2001年国家信息网络系统工程的"金旅工程"发展至今，我国的政府旅游门户网站仅为部分旅游企业和从业者开放了单一信息发布功能，基本没有顾及主要服务对象游客和公众的需求，因此，导致访问量和关注度偏低，主要的营销和宣传等功能形同虚设。大量的旅游门户网站至今依然将旅游商务、资讯和政务信息杂乱地混合在同一个网页，信息服务集中在文件和重要批示等工作业绩方面，对消费者具有渲染和暗示效应的信任信息宣传几乎为零，而政府旅游门户网站依然是用户旅游信息首选渠道之一。万瑞数据2015年的《互联网行业发展趋势系列研究》总结出，在接受旅游信息的途径中，网络信息仅次于口碑传播，位居第二，而互联网又以88.5%的比例成为用户网络信息的首选渠道。但在我国诸如此类由于定位不准确而导致的关注度过低的政府旅游门户网站仍占较大比例。

　　政府旅游门户网站影响力过低，深层次原因是消费者信任受损后没有得到及时和有效的修复，进而无法给予其充分的持续信任所导致的。Zucker（1977）

1

考察 1840 —1920 年美国经济，得出信任是经济发展的前提条件。虽然我国旅游行政管理部门在资源和信息的收集整理等方面具有其他商业企业所无法比拟的优势和能力，一直以来都以服务为宗旨，诚实地发布各类信息，在消费者信任建设方面理应占据极大优势，但受诸多信任负面事件的冲击，信任修复迟缓且效果不佳，政府旅游门户网站没有得到消费者的充分使用和有效信任，效果和指标均不理想。行政管理部门发现除了门户网站信息更新频率等效率问题外，网页的信息构成也极大地影响了访问，遂多次着力整改。但由于长期受政府旅游门户网站服务对象定位不准确，信息表达和传递方式不符合消费者文化价值，以及网站信任信息构成体系缺乏指导等多个因素的冲击，致使消费者纷纷转而访问其他信任信息构成更健全和完善的商业旅游网站。

我国政府旅游门户网站信任的信息构成和框架是长期缺乏指导的。鉴于政府旅游门户网站既具有电子政务严肃的官方特质，又有商业旅游网站的服务亲和力，因此，在信任信息建设上无法复刻两类网站。由于旅游具备的第三产业的服务性，政府旅游门户网站无法简单照搬工信部对电子政务由信息公开指数、民生领域服务指数、互动交流指数、新技术应用指数、重点服务指数和网络舆情引导指数六个评价指标构成的信任信息构成体系；又鉴于旅游门户网站的官方身份，使其无法直接套用成功的商业旅游网站单一以营利为目标的信息构建，以及售后用户使用评价的信任累积模式；更无法照搬博客等旅游社交类网站的在线评论系统，通过网页历史评论留言供消费者判断信任与否。这导致本就发展不健全的政府旅游门户网站信息构建和调整乱象丛生，在与其他同行业网站的竞争中越来越步履维艰，消费者高初始信任也在逐步被蚕食，亟待修复并提升消费者对政府旅游门户网站的信任。

本研究以信息信任受损现状为出发点，采用积极且正面影响消费者信息信任的方式，展开以信任修复为目标的政府旅游门户网站信息框架研究，辅之以门户网站信息恰当的表达，改善消费者对服务型政府服务能力的感受，修复消费者对政府旅游门户网站的信任感。具体研究内容归纳如下。

1.明确政府旅游门户网站信息信任的影响因素。通过研究找出政府旅游门户网站信息信任的影响因素，更有利于网站的信息构成调整和信任框架建设的科学研究，也为政府旅游门户网站的后续研究奠定基础。

2.研究政府旅游门户网站信任受损程度和特征。俗话说，"物以类聚，人以群分"。消费者更接受与自身文化价值相近的事物。识别消费者对政府旅游门户网站信息信任发生改变的具体表现，找出冲突部分，提炼信息信任受损的特征。

3. 影响政府旅游门户网站目标用户群及信息信任的有效构成。目标消费者对政府旅游门户网站良好的体验，会增加其对网站的好感并实现重复使用，进而修复受损信任。找出旅游门户网站中能改善消费者体验的构成是后续研究的基础。

4. 政府旅游门户网站信任修复渠道的研究。虽然我国消费者对官方权威较为信任，但却出现政府旅游门户网站不被消费者广泛使用和完全信任的反常现象。门户网站中，信任理论包含的能力、善行和诚实维度对消费者产生信任影响的有哪些？进一步探索政府的服务能力通过网络信息如何表达才能更增强消费者的认同感和信任感。

5. 政府旅游门户网站的信息信任修复建议。信任感的提升建议以信任的有效积极的正面影响为基础，根据实证研究获得的关键有效影响因素和影响路径，有针对性地提出政府旅游门户网站信息结构和服务调整建议和意见。

鉴于现有政府旅游门户网站信任的研究和理论偏少，本书采用案例研究的定性探讨，辅之以实证研究的定量评估的研究方法。本书采用的理论分析、案例研究和实证分析相结合的研究方法，以信任理论、文化价值理论和社会心理学效应等为指导，从影响潜在消费者对政府旅游门户网站信任的因素的特点入手，结合理论分析、多案例访谈与问卷发放等研究手段，找出政府旅游门户网站信息信任受损的表现，并据此展开信任修复研究。拓展在信任理论研究初期仅依靠理论支撑的局面，形成"理论＋实证＋访谈＋实际体验＋模型＋验证"的组合模式。

如图1所示，首先，本研究对现有研究文献进行定性分析，对历史数据进行定量分析，梳理政府旅游门户网站信息信任影响、信任受损及修复的发展历史和主要影响因素。其次，通过面向消费者的多案例访谈，通过对消费者、商业旅游企业和旅游行政管理部门的交叉访谈研究，发现信任受损的根源、成因和表现。再次，进一步结合信任客体验证和已有政府旅游门户网站分层抽样的方式，以用户体验使用的形式探知信任受损特征及程度，同时定位政府旅游门户网站信息信任主要用户层。最后，构建政府旅游门户网站对消费者信任影响模型，通过问卷调研和模型验证，求证政府旅游门户网站中能显著影响消费者信任的因素、信任修复渠道和网络信任信息服务框架。通过增加网站中有利于信息信任修复的有效影响因素，修复并提升潜在消费者对政府旅游门户网站的信任感。

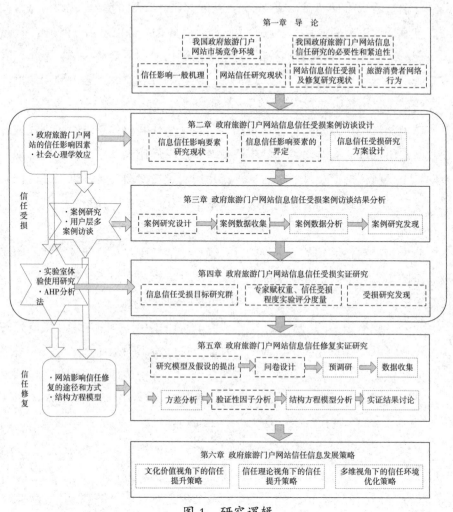

图1 研究逻辑

本研究具有重要的研究意义。

● 理论意义：

（一）本研究就政府旅游门户网站存在的信息信任受损问题，从消费者信任心理变化出发，基于文化价值理论、社会心理学效应、信任理论和消费者行为学等相关理论和研究，对政府旅游门户网站的信任影响因素及其构成进行调研。进一步通过实证检验，找出影响消费者信任的影响因素、文化价值、网站信息构成和信任之间的关系，从设计科学的角度系统地验证本文提出的以信任修复为基础的门户网站信息构成理论指导框架。研究丰富网络定位和目标受众研究，拓展了政府旅游门户网站的信任受损及其修复研究，同时丰富了网络表现研究中文化价值对信任影响的研究成果。

（二）在技术线路上，探索性地使用了"理论＋应用＋访谈＋体验使用＋模型验证"的研究方法。首先，基于已有理论研究成果，提炼信任影响因素；其次，通过对消费者、旅游行政管理部门和旅游企业从业者的多案例访谈验证信任影响因素，发现信任与网站使用情况之间的关系；再次，设计影响因素量表框架，评估我国政府旅游门户网站信任信息受损程度；最后，通过实验设计和问卷调研研究，用模型探索并验证消费者对政府旅游门户网站信任的影响模型，形成最终可有效修复消费者信任的政府旅游门户网站信息构架。

● 实践意义：

结合政府旅游门户网站具有的政务和旅游服务业的非营利性特征，以及其存在的信任受损、无效信任信息构成和消费者低访问率等现实问题展开研究。研究成果如下。

（一）应用于政府旅游门户网站信息服务框架的改进中，改变旧有的网站的信息构成。根据我国消费者文化价值的偏好，从信任修复的角度，以有效的方式为消费者全面地展示地域旅游资源，提升地方和管理部门的整体形象，打造权威的地方旅游营销平台，树立地区的旅游品牌，实现促进地区旅游经济发展的最终目标；

（二）修复信息信任受损点，提升目标消费者对政府旅游门户网站的信任感，实现政府旅游门户网站访问率的提高。借助有效旅游信息等潜在影响力的加大，引导消费者客观地浏览各类网站，帮助其建立评判网站信息质量的心理标准，形成正确的价值观和消费观；

（三）为旅游行政管理部门提供新思路，用于修复并提升其旅游信息服务终端的信任度，增加调控旅游经济的方法和手段。通过旅游信息服务平台使用率的提高，树立地方旅游行政管理部门的形象，使其拉近与消费者之间的距离，更好地服务于民，取信于民，加速各级政府机构的服务型政府的转型。

综上，以消费者为主导，依据政府旅游门户网站信息信任受损现状，构建出以信任修复为目标的政府旅游门户网站信息服务框架，指导政府旅游门户网站在信息构成和表达方式等方面进行调整，使其被消费者接受和使用，提高消费者的依赖度和信任感，从而实现政府通过政府旅游门户网站开展区域旅游整体公共营销以及助力地方旅游和区域经济建设的愿景。

目 录

第一章 导 论

习近平总书记指出，"我国经济已由高速增长阶段转向高质量发展阶段，正处在转变发展方式、优化经济结构、转换增长动力的攻关期，建设现代化经济体系是跨越关口的迫切要求和我国发展的战略目标"。同样，旅游经济也进入了发展的新常态阶段，旅游业作为国民经济的重要拉力杠杆，以及现代服务新产业，应将自身与高质量结合起来，激活旅游消费。这就需要政府端、企业端和游客端三方的共同努力。而能密切联结三者的因素之一是信任，即信息信任。据此，相关研究将具体地回答如下几个问题：我国政府旅游门户网站信息信任受损及修复等研究为什么需要被关注？结合国际旅游产业及政府旅游门户网站信息信任的发展趋势，指出我国政府旅游门户网站信息信任调整的方向在哪里？如何进行政府旅游门户网站的修复研究？

第一节 我国政府旅游门户网站市场竞争环境

市场的活力需要管理方、经营方和消费者三者的共同参与和努力。也就是说，政府端需要认识到旅游的恢复对区域经济和社会就业稳定的重要意义，重视营商网等环境改善。企业端需要在一定的旅游环境中提高自身能力、内生动力和创新活力。游客端需要形成契约意识，做到文明化旅游，消费有品位，建立正确的消费观。

一、政策层面支持乏力

政府政策上的规划、引导和保护，是旅游经济可持续发展的前提，其强调了政府在旅游经济发展中不可忽视的基础作用。首先强调的是规划和引导作用。Frater（1983）指出在欧洲拯救和振兴乡村危机中，乡村旅游营销得以延续得益于政府旅游管理部门的资助，而相关研究也备受政府机构和研究者的关注。单霁翔（2007）[1]指出政府决策者在文化遗产的利用方面，只有旅游开发唯一一条路可以选择。魏宝祥等（2007）总结了影视旅游成功的5个因素，分别是政府和电影管理部门的努力、影片特点、目的地营销行为、目的地特点以及目的地旅游的可行性，其中，充分强调了政府的作用。近些年推行的低碳旅游产业的建设和发展，由于其过高的成本和技术含量，如果没有政府的规划和长期引导，以及政策上和经济的持续支持，低碳旅游在区域旅游中推广是十分艰难的（周连斌，2011）。其次，由于我国地区旅游经济单纯的经济诉求，导致为了迎合旅游消费者的喜好，而对当地的风俗、文化和传统造成冲击，形成处处都有的"伪民间文化"（Urbanowicz，2001），此时，政府的保护力度和政策就彰显了其重要性，政府对于地方特色的保护和传承的力度和效果是企业和民间组织无法比拟的。庄军等（2004）认为旅游者与社区居民之间的相互影响是一种独特且复杂的多元文化的相互作用力（如图1-1所示）。

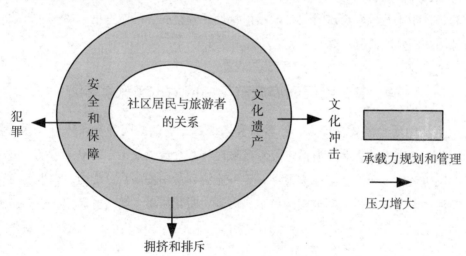

图 1-1　旅游地居民与旅游者的关系图[2]

由图可知，旅游产业带来的冲击覆盖了基础的安全和保障环境、文化遗产和感觉关系等表象，更能引发犯罪、文化冲突和排斥等深层的可触发的隐性内在。

① Julia M. Frater. Farm tourism in England—Planning, funding, promotion and some lessons from Europe[J]. Tourism Management,1983,4(3):167-179.https://doi.org/10.1016/0261-5177(83)90061-4.
　单霁翔. 城市文化遗产保护与文化城市建设 [J]. 城市规划 ,2007(05):9-23.
② 庄军,卢武强,赖华东.旅游社区经济发展初步探讨[J].桂林旅游高等专科学校学报 ,2004,(05):17-22.

旅游者的过度需求，会使当地的文化、艺术和民俗被商业化、庸俗化。因此，政府在保护旅游的物质文化遗产和非物质文化遗产中起到重要作用。

政府的推广宣传具备商业宣传所无法比拟的高度和权威性。例如，巴黎市政府利用各种国际性赛事将旅游业和文化艺术展览联手推广出去，将这类活动作为城市形象、经济发展和文化传承打包营销的重要手段（阮伟，2012）。陈秀琼等（2006）认为政府在促进区域旅游发展方面具有巨大发挥空间，范围涉及旅游区域的基础设施、口岸开放、促进区域间旅游合作等，通过制定发展规划，引导旅游资源要素向目标区域转移，为各区域扬长避短，在将企业投资引导到国家政策框架之下的同时，发挥出区域的产业优势，使该区域既具备了微观投资效益，又符合区域旅游产业发展的大方向。而对于那些具有较强旅游集成能力的政府和企业等行为主体而言，会挖掘和把握诸如奥运会等隐含了大量旅游商机的机会，将其运作成一场旅游利润的"盛宴"，规划出令人咋舌的"范伯伦旅游需求曲线"（王慧敏，2007）。因此，在旅游产业中，不同的旅游行为主体应当构建不同层次的集成界面，政府旅游管理部门在其中扮演的角色就是公共服务产品平台的提供，通过制定产业服务标准、平台发布权威信息、服务质量认证等，集成具有外包功能的旅游单元，并将此单元推向市场化运作。

政府强有力的支持会增强产业包括旅游产业的竞争力和竞争优势。Schittone（2001）研究了佛罗里达 Stock Island 和 Key West 2 个区域旅游业和渔业的博弈经过，发现由于政府偏好和垄断集团干涉，增强了 2 个地区旅游业的市场竞争力，也导致了该地区渔业的弱化和最终的转移。在电子商务中，政府也是积极扶持和搭建旅游电子商务平台旅游信息追踪机制的保证。韦映梅（2011）指出在用户层中，能得到来自政府方面的支持是发展旅游电子商务的有力保障。而我国推出的"金旅工程"中的"旅游目的地营销系统"完善，为旅游电子商务规范化建立了有关操作规范，指导了旅游企业如何搞好电子商务工作，发展了支持旅游者的信息系统、电子导游、电子地图及指南，使系统成为对内对外宣传、促销和服务的重要手段，从而提高了旅游行业的竞争优势。研究认为只有将相关政府规划和旅游政策融为一体，即把旅游经济视作当地规划本身的一部分，旅游与地区发展的矛盾才能降至最低（陆林，2007）。

政府支持旅游的初衷是为了振兴地方经济，同时提高人民的生活水平。但是在旅游发展的实际过程中，会出现由于管理能力和范围的局限性，辅之政府拥有的旅游市场的不完全信息，导致社区居民、旅游消费者、旅游开发商及其他利益群体之间发展协调过程中出现矛盾，甚至出现当地居民的不合作、对抗的态度，导致旅游经济发展方向出现偏离等问题，这都需要政府关注和及时调整。

旅游之于政府具有重要的社会意义。我国旅游发展常常是当地区域（社区）发展的唯一主导力量，则政府在其中的作用和地位就尤为重要。从利益点基础的不同，我国旅游及相关产业缺乏西方旅游产业中多方势力均衡和互相监督的机制（保继刚等，2006）。由于中西方旅游组织发展阶段的差距，在西方国家，旅游多方组织的作用基本上是政府相对主导，企业进行市场化运作，社区具备与政府和开发企业抗衡的能力，民间非政府组织等力量也不容忽视。而在我国，社区和民间非政府组织发展迟缓，组织自身的知识存量和力量明显不足以制衡政府和企业。再辅之土地所有权的单向性，政府的重要性在我国旅游经济发展中就显得更加突出。地方政府需要在旅游经济中扮演管理者和监督者的角色，即在开发阶段制定旅游发展规划，在发展阶段指导和管理旅游经济的大方向。但由于旅游涉及的行业范围和领域广泛，给予相关旅游管理机构的管理范围、政策空间、惩治权限和督查领域都极其有限，政府对旅游各方面的支持稍显乏力，相关旅游管理机构在旅游市场管理、督导和治理上稍显力不从心，在整个旅游市场的话语权和权威度不足，无法对旅游市场核心形成强有力的影响。

二、市场竞争缺乏优势

世界经济论坛的《2019年旅游竞争力报告》中国家旅游竞争力是基于经商环境、旅游安全、健康医疗、人力资源、物价竞争力、机场设施、道路及港口设施、旅游服务设施等14大项衡量指标综合得分进行了排序。该报告指出，在140个国家和地区中，西班牙第三次登顶世界第一，是当年度旅游访问量第二大的国家，旅游收入已占到西班牙全国收入的一半。因此，将旅游产业发达的西班牙与我国旅游市场展开竞争发展对比研究，更有利于我国旅游产业发展的顶层规划和布局。

自改革开放以来，我国社会经济得到迅猛的发展，但为什么中国旅游经济RCA这些年没有呈现出同样的发展态势？根据WTO及相关统计年鉴比较中国与西班牙旅游经济发展态势，得出表1-1。

表 1-1 中国与西班牙旅游出口时间序列表①

国家	中国				西班牙			
出口 类别	旅游出口额 （%）	Ratio	服务出口 额 (%)	商品出口 总额 (%)	旅游出口额 （%）	Ratio	服务出口 额 (%)	商品出口 总额 (%)
1980					6958	0.1595		
1982	703	0.0258		23%	7131	2%	0.1645	−0.25%	−1%
1995	8730	1142%	0.047	644.40%	567%	25368	256%	0.1426	250.40%	377%
1996	10200	17%	0.0531	11.60%	2%	27168	7%	0.139	10.14%	10%
1997	12074	18%	0.0521	19.14%	21%	26185	−4%	0.1397	−1.68%	−6%
1998	12602	4%	0.0544	−2.55%	1%	29117	11%	0.1398	11.06%	11%
1999	14098	12%	0.057	9.57%	6%	31214	7%	0.1498	8.02%	−7%
2000	16231	15%	0.0524	15.21%	28%	29802	−5%	0.1358	0.25%	10%
2001	17792	10%	0.0536	9.14%	7%	30550	3%	0.1344	6.10%	1%
2002	20385	15%	0.0504	19.70%	22%	31880	4%	0.1302	7.79%	8%
2003	17406	−15%	0.0328	17.76%	35%	39634	24%	0.1306	23.62%	24%
2004	25739	48%	0.0359	33.81%	35%	45067	14%	0.1276	15.78%	17%
2005	29296	14%	0.0322	19.10%	28%	47789	6%	0.1256	10.02%	5%
2006	33949	16%	0.0295	23.69%	27%	51297	7%	0.1206	12.80%	11%
2007	37233	10%	0.0254	33.07%	26%	57734	13%	0.1137	20.13%	19%
2008	40843	10%	0.0237	20.38%	17%	61978	7%	0.1094	12.05%	11%
2009	39700	−3%	0.0272	−12.19%	−16%	53337	−14%	0.1153	−14.30%	−22%

　　结合数据及当年度全球时事分析，可知我国旅游经济发展受到制约的原因主要集中在，受到 2003 年突发性的大面积的疾病灾害，以及 2008 年西方诸多国家爆发的经济危机等大事件的连带影响，导致旅游经济发展势头低于我国经济发展的整体速度。2003 年，SARS 爆发且我国是病发集中区域，直接导致在当年度旅游出口下降到 174.06 亿美元，而当年度旅游出口的增长率则为 −15%。但在同一时间，西班牙的旅游出口相比增长幅度达到了 24%。此外，这些年来西方经济一直处于低迷，经济的压力迫使很多人放弃了中国之旅。所有这些因素的汇集都使中国的 RCA 迅速降低。温岭桂（2010）得出的结论也印证了我国旅游出口在 2003 年 1 月至 2008 年 12 月期间入境旅游外汇收入受损的事实。

　　产业结构是影响区域经济增长的关键因素（江世银，2004），各地区旅游等第三产业结构比例一直在实践中调整。Denison（1976）对美国 1929—1957 年历史经济数据和 Kuznets（1985）对美国 1948—1966 年经济数据研究后均得出经

---

① 单位：百万美元、环比增长；Ratio：服务贸易占该国总出口比重，即 X_{ij} / Y_{ij}
资料来源：根据 WTO 官方网站 DATABSE 数据库（http://www.wto.org）计算得出

济增长受产业结构变动的影响。有学者根据当时的状况提出工业化增长模式，以 Chenery（1960）模式影响最为广泛，该理论认为第二产业的快速增长能使资源得到最优配置（Sacks，1972；Ueno，1972；Lee，1981；Beason 和 Weinstein，1996）。但 Gregory 和 Griffin（1974）通过实证否定了工业化模式，指出当人均收入水平很高时，第三产业的快速增长会降低第二产业的规模弹性。在此基础上，有学者提出大力发展第三产业。但是，刘伟（2002）研究发现中国经济的增长虽然主要是由第三产业拉动的，然而第三产业的结构扩张会降低第一产业和第二产业对经济规模的正效应，并指出单纯地依靠第三产业的结构扩张，最终将会把经济带入衰退的境地。但是同为第三产业的电子商务和旅游产业等经济的增长迅速、对经济增长的巨大推动作用以及相对于第一、第二产业的低成本等有利因素，使众多投资者趋之若鹜。但长期大量的旅游事件和服务投诉，证明旅游产业发展并不顺利。如何使电子商务和旅游企业提供的产品和服务合理配合并良性循环，发挥出第三产业的辅助作用，成为当前研究的重点。

旅游贸易表象的不积极与我国的经济政策环境有密切关系。虽然旅游业出口的绝对值正在逐步增长，但因为国家制定的五年经济规划对经济走势影响颇大，国家一直以来将发展注意力集中在关系国计民生的第一产业和经济建设的基础产业第二产业的建设上，所以我国服务贸易出口额占商品出口额（表 1-1 中 Ratio 值）对比表中西班牙的 Ratio 值，我国旅游贸易所占的比值极低，旅游业出口的增长速度要远远小于商品贸易的增长速度（Wei 等，2011）。中国商品总额的增长比率一直在 20% 以上，虽然旅游出口增长率保持在 10% 左右，但却小于服务出口的增长速度。相比而言，西班牙不是一个商品出口国，所以其服务出口的增长率和旅游出口之间的增长率差距不大。另外，重要的 Ratio 指数（X_{ij}/Y_{ij} 的比率），中国该比例最高值为 0.05，而西班牙比例为 0.16。中国指数平均值为 0.03，西班牙指数平均值则为 0.13。虽然近些年，国家的经济指导开始逐步扶持第三产业，但中国第三产业仍处于不发达阶段，旅游业仍只占中国出口的一小部分比例，这也是我国 RCA 下降的原因之一。我国的旅游产业作为服务产业的一部分，长期以来不是国家的支柱产业和扶持产业，一直是非核心支柱产业，是竞争缺乏优势产业，只是在近些年才有了积极的政策环境和经济环境。

三、文化及文化价值传播不到位

政府旅游门户网站的工作、宣传的目标是让不同区域不同文化的潜在旅游者通过网络旅游文化价值的影响，对标的旅游目的地亲而近之，而不是敬而远之。文化在旅游的传播中，互联网并不是最重要的环节，其中的旅游者、管理者和旅游行业从业者等，也就是人的连接才是最好的旅行连接。要和不同国家、不同地区、不同文化之间的人群产生长期的且强关系的联系，必须要有涓滴效应以及长期培育的筹划。稳步提高旅游者的满意度，除了推进旅游基础设施建设和提升并固化服务质量外，文化和文化价值的正确打开方式应当是用润物细无声的软实力和巧实力讲好文化故事。然而，政府旅游门户网站讲好文化及文化价值的现实情况并不乐观。具体表现如下。

文化和文化价值在传播渠道中的木桶效应，以及互联网渠道方法方式的短缺。田月梅和谢清松（2020）将文化的传播路径分为传统型传播路径、旅游型传播路径、研究型传播路径、互联网型传播路径4类。研究认为：传统型传播路径传播范围较小，且传播速度较慢；旅游型传播路径中，文化旅游会出现村寨民族文化丧失其原真性的几率，旅游者的主观感知也有可能降低村寨民族文化的接收效果；研究型传播路径仅在学术圈层，影响范围更为局限；互联网型传播路径具有同步性强、辐射面广、时效性短等优势。但可惜的是，当前研究标的少数民族特色村寨在文化传播上却依然更多依靠传统型文化传播路径，并没有充分利用互联网型传播路径的优势。郎德上寨和南花苗寨附近的西江千户苗寨的旅游官网就是较好的例证。西江千户苗寨创建了专门的文化网站，全面系统地展示了西江千户苗寨的全貌，既有新闻公告等形式的旅游消息，又有图片、视频等，生动立体地展示了区域民族文化，让文化传播更为生动和全方位。有的政府旅游目的地管理部门认为旅游电商平台就是宣传和文化传播的窗口，但是这类过于商业的陈列和文化价值传递缩短了用户停留时间，更难有吸引力的作用。尽管江西旅游电商平台整合区域内景点资源及丰富多彩的文化资源，但调查结果显示，近一半用户表示在使用该平台时未能强烈感受到景区文化特色（吴子珺，2020）。研究提出构建"云游江西"为主的分工明确的旅游网络层级服务体系。具体来说："云游江西"为江西旅游专用旅游文化形象展示平台，主要负责整合区域内优秀文化资源；其他二级服务平台，分别负责销售江西优秀文旅产品和文创商品。采用任务分工方式后，每类平台都将无法单独提供文化旅游的全部线上服务，相互之间需建立链接进行优势互补，实现用户通过任一平台就能获得全部服务的目标。

注重旅游实体文化的建设，轻网络虚拟文化价值的构建。党的十九届五中全会提出"繁荣发展文化事业和文化产业，提高国家软实力"，明确了文化强国的顶层规划。大量研究成果表明，我国的文化旅游经济得到了重建和重塑。文旅融合理念下，采集上海若干代表性的博物馆、艺术馆、美术馆、图书馆等文化场馆的网络评论文本作为样本，使用加权 Word2vec 词向量模型和层次聚类法，生成亲子、精品文艺、传统与当代、城市记忆、图书馆与地方印象 5 个文化场馆旅游主题，提炼文化元素、情感意象、游客群体等高频词，从而对各组场馆进行旅游协同合作开发研究（柯健等，2020）。有不少从业者认为文化旅游是借"文旅"融合之名发展旅游产品线，这种思维是过于注重文化旅游的商业利益功效，在一定程度上淡化了"文化"在文化旅游中的重要价值与意义。要打破文化产业和旅游产业这种浮于表面的融合方式，文化旅游必须要关注文明价值传播，增加或缩短文化旅游由于文化间异质性所带来的文化距离（费毛毛，2019）。虽然一般情况下，文化距离越大，对旅游者的吸引力就越强。但不可忽视的是文化距离带来的陌生程度过强，会造成旅游者对旅游目的地的感知障碍。例如，中华文化通常给人以清静、悠远等"雅"的印象，生态文明建设给旅游带来一种自然文雅的审美氛围，"先入为主"地迎合了旅游者对"文化旅游"的审美期待，使得旅游者更易于理解，并有效减轻文化距离带来的感知障碍。研究建议各大平台的公众号、门户网站、自有品牌网站，通过大比例呈现反映文化旅游的视频或图片，让浏览者一方面舒缓网络焦虑情绪；另一方面，增加他们走出去了解文化旅游品牌的欲望。

"讲好美丽中国故事，传播美丽中国形象"已经成为文化旅游的重要使命与职责。如果没有政府层面的统一协调，各干各的，就形成不了国家、地方形象的建设，还可能在受众心里产生差异，甚至困惑。首先，在政府层面，国家对外文化旅游推广方面得到长足发展和百亿元级别的财政预算，在外交部的蓝厅发布、宣传部的中国馆、国家汉办的孔子学院、统战部（国侨办）的"四海同春"、新华社、广电总台、《人民日报》等多个部门和新闻单位展开外宣项目（戴斌，2021）。其次，在学术教学研究层面，多个文化旅游智库在筹建中。例如，由浙江旅游职业学院、太原旅游职业学院和云南旅游职业学院三所职业学院联合牵头，14 所院校共同参与，筹建国家职业教育专业教学资源库——景区开发与管理专业教学资源库。河南省文化旅游厅、文物局等多个部门联手，展开的黄河不可移动文化资源普查工作，对炎黄流域大大小小黄河文化遗址进行实调及信息采集，构建"黄河流域不可移动资源数据库"，至今为止入库信息已达 488 条。从中央，到地方，再到社会，一个以讲好新发展阶段中国文化故事为导向的大宣传格局正在形成。文化交流和旅游推广既是新格局的塑造者，也是新格局的受益者。

第二节 研究的必要性和紧迫性

一、政府旅游门户网站的不可替代性

政府旅游门户网站发展和迅速壮大的宏观环境得益于旅游网络化的发展，其使得旅游网络应用、旅游电子商务等意识广为旅游管理者、相关的旅游企业和旅游消费者所接受。我国旅游网络化演变经历了萌芽阶段（1996—1998），起步阶段（1999—2002），发展阶段（2003—2004），完善阶段（2005—2008）以及以千橡互动收购 e 龙为信号的新的旅游电子商务探索阶段（2009—至今）五个阶段。对比国外旅游的网络化经历的三个阶段，分别为萌芽阶段（1959 年由美国航空公司和 IBM 联合开发的世界第一个计算机定位系统 SABRE 的诞生）、发展阶段（1978 年美国颁布航空管制出台取消法至 1994 年初）和繁荣阶段（1994 年底实行无票旅行开始至今）（Rucker 等，1997）。我国旅游电子商务经历的发展阶段更为细化，各种旅游网络化宏观环境的发展阶段研究基于研究对象和视角的不同，呈现出异彩纷呈、百家争鸣的景象。具体如表 1-2 所示。

表 1-2　政府旅游门户网站宏观环境研究成果统计——旅游网络阶段发展

序号	作者	观点
1	单子丹等（2005）	我国信息化发展速度设计了五阶段电子商务应用模式，分别是创始阶段（Origination，简称 O）、深入阶段（Penetration，简称 P）、发展阶段（Development，简称 D）、成熟阶段（Age，简称 A）、整合运行阶段（Conformity，简称 C），统称为 OPDAC
2	周其楼（2006）	根据电子商务在交易过程和提供信息中的作用将我国旅行社电子商务发展划分为四个阶段，目前旅行社电子商务已经经历了低介入方式阶段（事件标志为 1994 年我国获准加入 Internet）、信息汇总导向阶段（事件标志为 2000 年国家旅游局加入 Internet，并于同年通过"金旅工程——三网一库"的总体规划）、交易集中导向阶段（2002 年金旅雅途旅行社南海目的地营销系统，2004 年相继颁布的电子商务法令，电子商务相关专业的设立，以及劳动和社会保障部颁布的电子商务师职业标准等信号），以及目前我国正处于的一体化电子商务导向发展阶段

续表

序号	作者	观点
3	于建红（2006）	我国旅游电子商务网站发展划分为五阶段模型 阶段一：单一的信息服务平台阶段，旅游网站仅为某家旅游企业的信息宣传手段，主张该阶段战略目标主要是吸引新的市场，目前约有 1%~5%的网站仍处于该发展阶段，加强对传统产品和服务的宣传。 阶段二：综合性信息服务平台阶段，旅游网站增加其他信息服务功能，以开拓新市场为主要目标，约有 30%~40%的网站处于该发展阶段，旅游企业在网站上提供传统方式下不能获得的旅游产品和服务的信息。 阶段三：传统网上预订阶段，旅游网站允许消费者预订旅游产品或服务，以吸引更多消费者的关注为主，约有 25%~30%的网站处于该发展阶段，开展网上预订业务，提高预订和服务效率。 阶段四：用户账户管理阶段，旅游企业将消费者注册的不可重复 ID 号做客户管理，约有 35%~40%的网站处于该发展阶段。 阶段五：个性化定制服务阶段，旅游网站通过历史用户信息，提供最优购买决策等个性化产品，旅游网站实现了对用户信息的管理，形成资源的高效管理和调度，巩固了网上预订市场，约近 5%~10%的网站处于该发展阶段
4	阳晓萍（2007）	四阶段论：孕育阶段（1998—2002 年）、成长阶段（2003—2005 年）、快速发展阶段（2006—2008 年）、成熟阶段（2008 年之后）
5	廖蓓等（2010）	携程旅行网发展经历迷茫期（1999 年—2000 年中，包含成立、融资和烧钱几个时期）、模式明晰时期（2000 年中—2002 年初，主要业务拓展至订房与转向传统行业、尝试、标志性并购和融资五个时间序列事件）和模式确立期（2002 年 3 月—2003 年 12 月，开展了订票与上市活动）

1982 年改革开放之初，关于服务进出口的数据为 0。之后随着改革开放的深入发展，中国的文化、旅游等资讯逐步得到传播，旅游出口总额从 1982 年的 7.03 亿元人民币提高到 2002 年的 203.86 亿元人民币。到 2003 年，非典导致当年度旅游出口总额下降到 174.07 亿元人民币。疫情得到控制的之后几年，虽然旅游出口总额绝对值在逐步增长，但是由于增长幅度小于商品出口的增长额以及西方国家经济持续低迷等综合因素，导致旅游出口竞争力被动降低。

发展至今，我国的旅游电子商务依然存在缺乏管理，各自为政，没有权威发布和有效管理等问题。大量的旅游信息使消费者感到困惑，旅游电子商务资讯众多，让消费者无法分辨。网络公布的资源远远少于实际情况，网络预订没有作用，价格信息不真实，支付系统繁多且混乱，种种迹象表明现有的旅游电子商务相关系统不仅没有起到服务旅游、服务消费者的目的，反过来让人感觉市场的混乱和管理的不协调。种种迹象表明，现有的旅游电子商务系统并没有很好地发挥作用。这就意味着我国的旅游电子商务还有很大的进步空间的同时，也进一步说明我国旅游网络化需要权威的话语领导者及发布者。

在儒家文化的长期影响下，我国官方权威度是极高的（刘纬华，2000），政府旅游门户网站就属于权威度极高的旅游信息发布平台。但遗憾的是，政府旅游门户网站的设计仍未被重视。以 CNKI 数据库为搜索源，在经济与管理学科中，以"政府 + 旅游 + 网站"和"旅游 + 官网"等相关主题，在核心期刊、CSSCI 来源类别和硕博论文中进行文献检索，仅有 41 篇政府旅游门户网站相关研究成果。虽然练红宇（2007）、李爽（等）（2010）、李君轶（2010）、何建民（2012）、廉同辉（等）（2016）、吴艺娟（等）（2016）等分别就政府旅游门户网站的信息框架、网站构成和信息服务标准化等视角得出不同的研究结论，但与其他研究领域相比，政府旅游门户网站相关研究成果仍显不足。

二、网络环境下文化价值对行为的影响加剧

文化价值在旅游领域也具有重要的影响。不同国家与地区游客对旅游服务和产品要求存在较大差异，不同文化价值观的群体对同样的服务标准也会存在不同的评判标准，旅游行为偏好也就存在相应的区别。旅游管理部门了解旅游消费者的需求、偏好、期望等行为至关重要（李俊菊和卢璎，2017），在制定网络信息服务框架和服务内容时应充分考虑文化价值对旅游消费者的影响。

文化价值理论在具体解释诸如旅游行为等具体研究时应进一步延伸和细化，使其对旅游行为等具体研究具有更强的解释力。史有春（2013）基于在应用基础上构建文化价值量表，并在明确消费行为后，采用手段—目的链方法、阶梯式访谈法和内容分析法等研究方法，对每一种消费行为背后的价值观根源展开研究，确定出价值观的构念。Watkins 和 Gnoth（2011）采用手段—目的链结合 Klunckohn 文化价值取向模型的方法，运用主位研究，分析文化价值对旅游行为的影响，研究认为主位研究比客位研究更能理解行为背后的文化含义。由此可知，文化价值是一个民族或国家的元价值观，具有极大的抽象性，需要把抽象的文化价值转变为具体领域的价值，才能使其对旅游行为的解释力和预测力更强。

在对旅游消费者网络行为的研究中，需要借鉴文化价值理论来测量和评估文化对人及其行为产生影响的程度。随着我国旅游人数的不断攀升，中国旅游消费者的旅游动机和旅游偏好等行为已经引起众多学者的关注，但已有的绝大多数研究却都仍采用西方的文化价值理论去解释和描述，只有少部分的研究考虑到中国文化价值理论。在我国旅游者的文化价值影响研究中，有以 Hofstede 文化价值理

论为代表的跨文化比较理论，也有学者针对中国文化提出专门的文化理论或文化价值要素。单纯地采用西方的文化价值理论研究中国的旅游行为是否合适，中国旅游消费者所特有的一些旅游动机和偏好是否能被其正确地解释和说明，有待进一步的验证。

消费者行为囊括了识别问题、收集信息、评估方案、购买决策、购后行为五个阶段的前期决策过程，以及从获取，到消费，后续的处置产品和服务所采用的各种行动的消费行为（赵志峰和杨振之，2017）。结合决策过程和消费行为，可将旅游行为归为三个阶段，分别是旅游前行为、旅游中行为和旅游后行为。三个阶段已有研究中结合文化价值理论的相关研究成果可归纳如下。

（一）旅游前行为过程中文化价值的影响变化

1. 旅游动机的影响

文化价值会对个体的动机与偏好产生影响。美国、西德、法国和日本的国际旅游消费者在推的动机方面没有差异，而在拉的动机方面则存在着一定的文化价值影响差异。具有个人主义倾向的旅游消费者的旅游动机以追寻新奇为目标，而集体主义倾向的旅游消费者的旅游动机则以寻求和家人团聚为目标（Kim，2000）。进一步研究发现，不同国家的文化对动机的影响也是存在差异的，Kim和Prideaux（2005）分析了美国、日本、澳大利亚、中国内地和中国香港的旅游消费者前往韩国旅游的动机差异，这些差异受到消费者各自国家的文化价值的影响。

2. 目的地选择的影响

有学者发现文化价值与目的地的选择存在关联，跨文化旅游目的地和潜在消费者之间的交往以及交往的程度由旅游者和旅游目的地的文化及文化价值相似度和差别度决定。Siew等（2007）研究认为文化距离与澳大利亚人访问目的地有否定的关联性，即当外国旅游目的地的文化与澳大利亚文化越相似，澳大利亚人访问该目的地的可能性越大。若一个旅游目的地的语言是潜在旅游者的母语时，潜在旅游消费者访问该目的地的可能性越高。同理，由于文化的相似，亚洲太平洋旅游协会调查发现中国香港人最喜欢的旅游目的地是内地。

3. 对旅游安全的影响

学者们发现文化价值也会影响旅游消费者的感知风险。Hofstede认为高度不确定性文化价值的成员会尽力回避危险和风险，而低不确定性文化价值的成员正好与其相反。文化价值的不确定性避免因素与风险的类型及程度紧密相连。在旅游安全的安全、焦虑和意图的关系研究中，Ressinger 和 Mavondo（2005）等研究发现文化价值与旅游风险、焦虑和安全存在着显著的相关性。文化价值的不确定性因素对旅游安全是有影响的，为了减少旅游中的不安全因素，旅游者通常采取参团旅游，或者在目的地停留的时间较短，或者访问的目的地数量较少的方式来规避。

4. 对旅游决策与信息搜寻的影响

对影响旅游信息搜寻所进行的大量的研究证实，文化价值是影响决策与信息搜寻的重要的因素之一。Mihalik 等（1993）通过比较日本和德国游客的决策信息来源，发现日本游客的信息主要来自旅行社、旅游册和书籍。Iverson（1997）在进行日本和韩国游客在制订旅游计划决策耗费时间的研究时，发现韩国游客用的时间更少，其中提出了文化价值影响的因素。Chen（2000）研究发现来自低语境的个人主义旅游消费者更愿意接受风险，更多地依赖于外部的信息搜寻，而高语境的集体主义旅游消费者在信息搜寻时更多地来源于朋友、亲戚。Money 和 Crotts（2003）进一步研究发现，与德国游客相比，日本游客显示出高度不确定性规避的特质，日本游客通常会使用诸如旅行社等正规的信息收集渠道。Osti 等（2009）研究认为在开辟新市场时，编辑旅游手册应考虑不同区域的文化和文化价值差异，研究发现中国旅游消费者更关注健康方面的信息，韩国旅游消费者更关注地理信息，日本旅游消费者更关注生活成本信息，北美旅游消费者则很少关注宗教遗址和历史方面的信息。

（二）文化价值观对旅游中行为的影响变化

1. 对旅游目的地数量、旅游持续时间和旅游团队等客观因素的影响

Money 和 Crotts（2003）研究发现，相比中等不确定性规避偏好群体，高不确定性规避偏好群体在旅途中访问更少的目的地，在旅游地停留时间也更少，更乐意与更多的同事或朋友共同参团旅游。Crotts（2004）低文化距离国家的旅游消费者更倾向于选择单独旅游、旅游频率高、访问更多的目的地或者旅游行程会更长。以上结论证实东、西方旅游消费者在不同文化价值影响下，对目的地访问、旅游天数等方面都存在着差异，绝大部分研究采用不确定性规避以及文化价值理论来解释这一现象。

2. 对旅游偏好的影响

Sakakida 等（2004）对比日本和美国大学生的旅游偏好时发现，美国学生比日本学生更具个人主义倾向，日本学生的集体主义文化价值与他们的旅游偏好呈显著相关。受文化价值中不确定性因素规避的影响，日本游客喜欢短期的假期旅行，而欧洲旅游者则更多地选择长时间的旅游。在旅游设施偏好方面，亚洲旅游消费者更倾向于选择娱乐设施，非亚洲旅游消费者更喜欢健身设施。受文化价值差异的影响，审美偏好也会产生差异，Yu（1995）研究发现偏好受个体文化价值的影响，但中国人与西方人宏观文化差异对偏好的影响不显著，即文化价值观对审美观的偏好影响不大。由于文化价值的影响，Sheldon 和 Fox（1989）研究发现英国人、日本人、法国人和澳大利亚人对食物的偏好和行为也存在差异，英国人和日本人把食物看成是度假最重要的部分，其次看重的是澳大利亚人、德国人，而法国人则根本不看重。Pizam（1995）在后续研究时发现，日本人、意大利人和法国人在目的国旅行时，会尽量避免食用当地的食物，而美国人则会少量选择当地的食物。到印度尼西亚旅游的亚洲消费者更偏爱当地的食物，而欧洲旅游者则更喜欢外国的食物，这说明不同文化价值的旅游消费者在饮食方面的行为也受到影响。Tse 等（2005）认为文化价值是影响旅游消费者对食物选择的重要因素之一，与不确定性规避指数高的旅游消费者相比，不确定性规避指数低的旅游消费者更多地品尝大量的且多样的食物，且食物花费要高于高不确定性规避偏好者。Chang 等（2010）建议目的地市场营销者和招待业的管理者最好提供与旅游消费者食物文化和饮食习惯相近的食物。相关研究结论呈现出众说纷纭的景象。

3. 对态度、习惯、消费行为的影响

文化价值能影响旅游消费者的态度与行为。澳大利亚人和中国人在对待动物、自然与环境的态度方面存在着较大差异。研究认为，中国旅游消费者之所以更加关注环境问题，源于天人合一的观点，儒家和道家的学说均强调人在自然中获取快乐的重要性（Packer 等，2014）。中国人行为影响更多的是受社会规范的潜在作用，并非态度，来自参照人员的社会规范对旅游行为意向具有更为重要的影响作用，而中国文化价值中的集体主义特质可以解释社会规范影响旅游行为意向的强度和力度。通过中国出境旅游消费者的餐饮体验，识别出面子、信任和和谐三个核心文化价值，这些核心文化价值与他们的行为紧密相关。诸如受访者在接受小组以外的成员提供的服务时，他们更注重餐桌礼仪和语言；而在接受本小组的成员提供的服务时，希望被给予面子。受访者既感觉接受"组内服务人员"的食物推荐是危险的，又害怕被海外的"组内服务人员"要价过高（Hoare 等，2011）。受访者对员工的信任是建立在员工真实、能力和真诚的基础上的，这不同于 Armstrong 等（2001）提出的语言和感知文化价值的相近有助于华人销售者和购买者建立信任感知。Pizam 等（1995）就英国导游对法国人、日本人、美国人和意大利人的行为感知研究发现，四个国家的旅游消费者在 20 个旅游行为中的 18 个受到导游的显著影响。Kim（2004）以赌场员工的视角，分析了韩国人、日本人、西方人和中国人在赌场的 28 个行为，发现不同文化价值的群体，其行为差异十分显著。随着中国出境游旅游人数的增加，Wong 等（2001）利用中国文化价值理论分析了香港旅游消费者出境的旅游行为，提取文化价值理论中的社会和谐、个人幸福、道德原则和儒家工作动力，然后运用典型相关分析，发现香港旅游消费者喜欢参加自费活动、拍照和品尝当地美食等。母语为普通话的旅游消费者和母语为非普通话的个体在响应和礼貌、自我实现、交往互动、社会责任、情感释放和理解等文化价值方面存在着差异，建议市场营销、管理等相关人员在制定营销策略时应考虑到文化价值的差异。

（三）价值观对旅游后行为的影响变化

1. 对满意和感知价值的影响

文化价值可以导致个体产生不同的满意度。Hoare 等（2008）研究还发现中国人的面子意识对满意度有着显著的正向影响。虽然和谐的价值观对满意度的影响不显著，但和谐并不意味着不抱怨和不投诉，这取决于个体消费者是采用积极还是消极的态度，即和谐与顾客满意之间是没有关联性的。Reisinger 和 Turner（1999）通过对日本旅游消费者的研究发现，礼仪和响应性、能力和互动几个至关重要的文化价值会影响他们的服务感知和与东道主的人际互动。

由于文化价值的差异，对重要的服务和产品来说，亚洲人的需求可能完全不同于欧洲人，究其原因，是双方在评价满意度时采取的角度不一样。Reisinger 和 Turner（2002）发现在满意及不满意表达上，亚洲旅游消费者呈现出模糊和高标准的服务感知特征。Kozak（2001）测量英国和德国两国旅游消费者在访问相同目的地的满意度差别时发现，英国人比德国人更易获得满足。Kotler 和 Keller（2009）研究发现亚洲旅游者倾向于高服务预期和低满意度，在服务评价方面比较苛刻，这源于亚洲文化是集体主义导向，亚洲旅游消费者期望得到更好的关心与招待，还源于亚洲文化是高权力距离的特征，因此亚洲旅游消费者认为他们比服务者更具有权力。

不同的文化价值群体对服务质量的感知是不一样的，这与每一种文化在Hofstede文化价值理论的因素比重指数不同有密切关系。Hsu等（2003）就到香港旅游的亚洲旅游消费者和西方旅游消费者展开对比研究，发现西方旅游消费者在评价服务质量、感知价值和满意度方面比亚洲旅游消费者更加积极，但是西方旅游消费者在重游可能性方面要低于亚洲旅游消费者。为什么亚洲旅游消费者在服务质量上的评价等级低于欧洲旅游消费者？Tsang和Ap（2007）研究证实人际关系是亚洲旅游消费者评价服务接触的主要因素之一，而欧洲旅游消费者主要依据目标完成、节约时间和效率等几个方面。亚洲和西方旅游消费者在评价马来西亚饭店服务质量时就显示出差异：价格有助于提升亚洲旅游者总体满意度，而安全因素则是欧洲旅游消费者更看重的因素（Poon和Low，2001）。在受到主动积极的服务时，来自低个人主义和高不确定性文化价值的顾客倾向于赞扬，与之相反，来自高个人主义和低不确定性的文化价值的顾客则表现出不会赞扬（Liu等，2001），这一结论恰恰与Shmitt和Pan（1994）的研究结论截然相反。

2. 对抱怨的影响

文化价值理论对于个体消费后期的情绪也会产生影响。Lin和Mattila（2006）研究发现，当面对服务失败时，中国的台湾人很少面对面地抱怨，通常选择"用脚来投票"，因此相比美国人，中国的台湾人更容易改换餐馆。Ekiz和Au（2001）研究发现中国旅游消费者在面对服务失败时倾向于忘记和原谅由于服务造成的失误，选择将这段不好服务经历以口碑的形式传递给亲戚和朋友；而美国旅游消费者则倾向于向第三方抱怨，通过第三方传播自己的不满。Yuksel（2006）研究发现个人主义的旅游消费者更偏爱于向酒店或第三方抱怨，而集体主义旅游消费者更偏爱于告诫朋友和亲戚，适度的集体主义文化的土耳其旅游消费者偏爱于通过第三方来抱怨。Lee和Sparks（2007）发现在对旅游消费者进行服务补救时，理解服务失败的文化价值感知是极其重要的，这可以帮助企业更有效地实施服务补救。可见，文化价值会影响旅游消费者评价服务失败和判断是否被公平对待，以及管理方的补救效果。

3. 对交通、住宿和评价的影响

文化价值的不同，对交通和住宿等方面同样也会产生不同的影响。对比亚洲旅游消费者和西方旅游消费者在饭店服务方面的评价，Mattila（1999）研究发现亚洲旅游消费者的评价得分均低于欧洲旅游消费者。相比美国、中国和日本的乘客，Kim 和 Lee（2009）用 Hofstede 文化价值中的集体主义为切入点展开研究，发现虽然韩国航空公司的服务人员对韩国乘客有一个否定的先入为主的刻板印象，因此他们对韩国乘客展示出了更好的服务行为，提出了在集体主义文化中，对待内部群体要好于外部群体的特质。Crotts 和 Erdmann（2000）发现男性—女性文化价值和航空票价评价之间的关系，研究发现来自男性主义文化国家的旅游者对总体服务质量和航空票价更倾向于否定评价。西方旅游消费者和巴厘岛居民在评价巴厘岛乡村旅游经历方面出现了较大的差异，这些差异是由西方旅游消费者对某些景观特征含义的误解和未知造成的，这表明来自不同文化价值的群体在评价旅游经历时是存在差异的。

三、来自商业旅游网站信息信任体系的压力

商业旅游网站通常由旅行社制作而成，旨在通过为消费者提供旅游路线、产品组合或旅游价格等信息或服务，从中获得利润。网站存在旅游中介服务商网站、供应商网站、旅游信息网站、地方性旅游网站和旅游论坛等多种形式，其中的旅游电子商务网站是知名度和应用范围最为广泛的一种。虽然旅游网站起步较晚，但由于旅游经济的火爆和消费者需求的激增，使得其在短时间内发展迅速，相关也随之成为热点。国内有关旅游网站的研究文献主要为计算机与信息技术专业人士对于旅游网站建设的技术探讨以及从社会、经济学角度对旅游网站及旅游电子商务的分析与评价等方面。国内对旅游网站问题最早关注的学者是李军和李庚（1994），他们阐述了国际旅游预订网络系统的发展，并分析了此预订系统在国内的功能和特点。进入 21 世纪后，越来越多的学者开始关注旅游网站的建设。王晓红（2014）主要基于计算机与信息技术对国内政府旅游门户网站进行了深入研究，高静（2007）等的研究主要是从网站的营销功能层面对地方政府官方旅游网站进行的分析，路紫和郭来喜等（2004）分别对河北省、河南省和石家庄市的旅游网站进行了评估分析，这些研究是对我国某一局部地区的研究。卢川和刘娟（2014）是根据搜索引擎传播对我国政府旅游网站影响分析并提出相关分析结果和发展建议的。杨小凤（2011）基于省级政府网站中旅游信息资源建设与服务现状进行研究，并给出相应策略。赵凌冰（2013）对美国旅游网站建设经验进行分

析，以此给予我国的旅游网站以发展建议。程绍文（2009）等对我国的旅游网站空间分布及动力机制进行了研究。国内的学者对旅游网站的研究比较详细，且具有一定的代表性，研究范围也较为广泛。

信任问题本来就是影响因素复杂且较难研究的问题，许多环节和作用机制尚在探讨之中，而网络环境中的虚拟信任研究又已开始进入研究者的视野。在网络环境下，当受信方不再是具体的人而是抽象或虚拟的物时，诸如网络购物环境或网络销售商等，将已有的研究成果直接照搬过来使用就需要格外谨慎。我国属于信任制度不健全的国家（Hofstede，1980；福山，2001），因此，在信任上消费者无权威的第三方评估机构的参照。相关研究成果见表1-3所示。

表1-3　网络信息信任部分研究汇总

序号	影响网络信任的因素及因素构成	来源
1	**与旅游网站相关：**包含信息含量及更新速度、有用性和易用性、提供定制服务的意愿、网站规模、顾客访问量、网站供应商声誉、网站质量	于建红（2006）
	与消费者相关：包含信任倾向、对因特网的态度、对计算机的态度、对网站的熟悉度、以前的购物经验、个人文化背景	
	与交易相关：包含安全控制、隐私声明、交易过程的愉悦感、产品价格、产品质量、服务水平	
	与环境相关：包含电子商务法律法规、国民的消费观念、电子商务技术	
	与第三方信任相关：包含第三方机构的知名度、第三方机构的声誉、第三方机构的影响力	
2	以虚拟社区为研究环境 影响信任因素包括：虚拟社区成员倾吐个人信息的意愿、成员的信任倾向、成员所感知的其他成员的反应影响，以及虚拟社区领导的激情、社区成员的网下活动和成员的愉悦感	Ridings 等（2002） Koh 和 Kim（2003）
3	交易安全的完成和个人信息隐私的维护是网络信任的关键	Kim 等（2009）
4	网上购买意图受感知价值和信任的影响，而网络信任取决于信息质量和感受到的安全。其中，消费者感知到的安全依赖于供应商的声誉、网站投资，第三方保证印章，理解第三方印章，隐私和安全政策，熟悉网站，网络隐私问题，对第三方认证和处理	Enrique 等（2015）

从表中的相关研究成果发现，网络信任不再是静态的，而是一个动态的现象。大多数网络信任研究学者认为信任是情境和权变的，信任除了具有认知的维度外，同时也包含了大量的身份、情感、历史和规则等成分。而在对网络信任的实证研究中，有的是研究在线企业的最初信任，有的调查侧重于网络信任的稳定

时期，网络信任的相关研究因视角和条件的变化而改变考量指标，组成不同的指标评价体系。商业旅游网的信任研究在构成、影响因素和评估等方面不仅总量丰富，而且研究视角多变，不仅有基于用户视角的影响力、满意度和信任度的研究，还有基于网站质量的成熟度研究。其中的成熟度对信任的影响被商业旅游网站广泛应用。成熟度研究从 Crosby（1979、1997）将质量原理转变为能力成熟度框架研究开始，随后，Humphrey（1988）和 Paulk（1995）等人将其发展为评价和改进管理能力的方法。后来成熟度模型更突破工程管理的范畴，迅速成为质量管理研究热点，并被运用到数字城市建设现状（陈珊珊等，2007）、台湾网站的评价（陈怜秀和郭英峰，2011）和澳洲葡萄酒厂网站（Burgess 等，2005）等研究中。

在互联网环境下对虚拟信任研究大致分为以下几个类别：①信任相关的文献综述研究和其他重要的信任研究。王守中（2007）认为影响电子商务信任的因素从主观、环境和客观三个结构层次可分为：个人信任倾向、系统信任和对网络交易对方自身的相关特征。肖亮等（2009）认为台湾旅行社网站在宣传时突出乡村主题和自然生态，其他各类网站更侧重于传播台湾旅游目的地形象的一个或几个主题。②直接以电子商务信任为研究对象的信任研究。McKnight（2004）提出了电子商务信任的二阶段模型，将在线信任形成分为网站介入前期和访问两个阶段，并针对不同阶段的影响因素进行了探讨。研究结果得出，在用户介入前期，第三方信任机构和对方的声誉对信任的建立起着重要作用。③以买卖双方的交易关系为研究对象的信任研究。Feng 等（2004）以调整后的平衡计分卡为工具，以 34 个我国的省、市级官方旅游网站和 30 个美国州级及地区性官方旅游网站为研究样本，从营销战略、营销信息、网页设计和技术支持四方面对目的地营销组织的网站进行评价与比对研究。④以商业关系为研究对象的信任研究。Rodolfo（2003）从终端用户感受及网站提供的信息与服务内容两个角度对欧洲 16 个国家的官方旅游网站进行评价，并将研究所得的网站质量指数作为最终综合评价指标。

在国外商业旅游网站信息信任相关研究中，众多信任研究都引入了第三方评估指标。第三方机构的信任评估是公民信任的基础，源于西方较为健全的信任监督体制和公众自由的个人主义思想。从 2011 年 DigiNotar 可信任证书泄露丑闻事件可知，第三方信任认证和评估对其公民的巨大影响力，受此丑闻影响，获得该服务提供商颁发证书的荷兰政府等电子政务机构的业务因此也受到了重创（Arthur，2011）。以此为基础，学者们展开了相关研究。Myung-JaKim 等人

（2011）利用结构方程调查了韩国旅游地的游客满意度、信任度和忠诚度的影响因素，调查显示旅游网站的感知安全性和导航功能对信任有显著的影响。国外消费者信任更多的是依赖于完善的第三方认证体系，但这类研究并不适用于我国的实际情况。

在政府旅游门户网站评估研究中，鉴于国外完善的第三方评级机构的评级体系，国外网站相关研究大量引入了第三方评级机构指标。由于我国相关研究处于空白，且无健全的第三方评价体系，相关的研究评价指标和方法无法应用到国内的相关研究中。Pereira 等（2016）采用用户体验使用的方式，对葡萄牙境内的旅游信息服务网站运行现状从感知形象、线上程序、线上知识、客户创新以及四者的同步表现着手研究。借鉴该思路，未来研究可以通过用户亲自体验使用的形式来弥补政府旅游门户网站效果评估研究匮乏的现状。

四、旅游门户网站信息信任研究的紧迫性

信任都是信任受损等风险社会预期下最急需的资源之一。信息信任相关研究得到重视，相关研究集中在信任模型、信任修复方法、参与修复主体三个方面。

（一）信任模型

互联网企业、机构、部门作为信息传递的媒介，同时也是信息的发布者，通过在发布信任信息来直接影响投资者、消费者对企业等机构信任修复行为的感知，并提升利益相关者对机构信任修复决心和行为认知。李建良等（2019）认为有针对性的信任修复策略是互联网企业缓解道德冲突、有效修复信任的首要任务。在修复策略方面，除增加信息透明度外，还提出企业根据信任修复的企业上市地对象和企业所在地对象之间的差异，应采取差异化的信任修复策略。对于企业上市地的对象——投资者的信任修复，应采取积极的语言和仪式型行为的复合型策略；而面对企业所在地的对象——社会公众和用户，最佳的修复方式是解释、道歉等语言修复策略，以及弥补用户损失等。图 1-2 所示为张书维等学者对政府信任修复展开的模型研究。

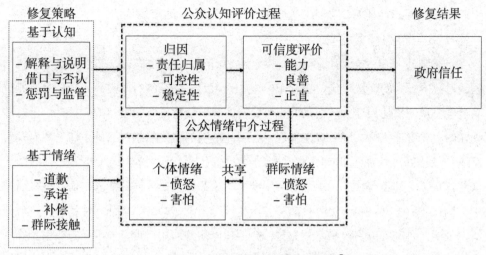

图 1-2 政府信任修复模型[①]

Al-Ansi 等（2021）以被窃取的历史为切入点，采用 CB-SEM 和 PLS-SEM 对比验证，就社区对掠夺文化遗产及其旅游的影响展开研究。由输出可知，文化遗产掠夺现象对政府信任有显著影响，政府信任又进一步对社区参与有显著影响，并最终影响可持续旅游支持。证实了信任对于旅游的重要影响作用，也侧面说明信任修复对于可持续旅游发展的重要意义。

（二）信任修复方法

积极的语言和强调正面属性的仪式型行为是信任修复的有效策略。信任受损后，相关部门应掌握先动优势，提高信任修复策略的有效性，以积极的态度采取策略。不应仅仅通过承诺等积极的语言来表达修正的意愿，全面审查等仪式型行为，而应积极修正并强调企业的正面形象，以缓解负面事件引发的负面影响，展现管理方积极修复信任的形象和自身主动修复的决心。关新华等（2017）认为对目的地形象及其信任的负面影响而言，强买强卖、欺诈等涉及社会或道德问题等价值观型负面报道造成的影响更大。餐饮卫生得不到保障，旅游安全事故等，向游客提供功能性效益时出现失误等绩效型负面造成的负面影响相对较小。在修复建议上，针对绩效型负面报道，赔偿比道歉更好；而针对价值观型负面报道，道歉的修复效果优于赔偿。李建良等（2019）研究发现行为修复比语言修复更能产生正向的市场反应，

① 张书维，宋逸雯，钟爽．行为公共管理学视角下政府信任修复的双过程机制 [J]．上海大学学报（社会科学版），2020,37(06):1-15.

强调企业正面属性比补偿等实质型行为更能产生积极的市场反应。

（三）参与修复主体

政府制度修复是诚信型负面事件社会公众信任修复的基石。这主要得益于我国居民对政府行为的高认可度，也源于中国几千年的文化。政府及时介入、修复更能提高社会公众的信任预期。政府是调查、监管、对失信事件行为主体的失信行为进行的处罚的主要责任机构，同时也是准确、客观和透明的修复信息发布的主体。政府及时反应和依法处理，在短期内可重建社会公众信任，从长远看有助于构建完善的信任修复体系（李建良等，2019）。李燕凌和丁莹（2017）在动物疫情公共信任危机研究中，构建政府、网络媒体、公众的三方演化博弈模型，结合"黄浦江浮猪事件"展开案例分析，研究各方主体策略行为对社会信任修复的作用机理。发现三方在信息修复中都有着重要的作用——政府在博弈中作为主导者，其策略影响其他两方；网络媒体作为事件扩散催化平台，发酵网络舆情；公众在模型中作为接受者，受到政府和网络媒体的影响。因此，研究提出多方主体参与、共同修复社会信任的解决方案。

商业、社会、政府等网络信息信任研究已经初有成效，但旅游网络信息信任研究，特别是政府旅游门户网站信息信任研究尚未得到关注。众所周知，旅游目的地信任能直接影响旅游者的情绪（曹文萍和许春晓，2014）、出游意愿（刘巧，2015）、重游意愿和推荐意愿，提高旅游者对目的地的信任能产生可观的经济回报（姚延波等，2013）。但是2012年的"三亚天价海鲜"[①]、2015年的"青岛天价虾"[②]、2017年"雪乡宰客"[③]和2020年的"云南导游羞辱威胁游客"[④]等旅游受损事件，旅游消费者的情绪由信任依赖，转变为愤怒。长时间负面情绪的累积，公众由针对旅游商业企业逐渐偏移向对官方及官网的不满（郑永年，2019；刘念等2020），最终引发了官网的信任受损（朱志伟2020）。旅游者对官网由原来的十分信任，逐渐变成一种矛盾情绪。这种矛盾情绪表现在旅游者虽然心理上愿意信任，但行为上却不愿意，甚至抵触使用旅游官网。由此可见，政府旅游门户网站信任信息研究迫在眉睫。

---

① 三亚天价海鲜事件回访 [EB/OL].http://news.cctv.cn/china/20120501/105905.shtml?eej9ce.

② 天价虾 [EB/OL].https://baike.baidu.com/item/ 天价虾 /18695815?fromtitle= 青岛天价虾 &fromid=18698475&fr=Aladdin.

③ 雪乡宰客事件 [EB/OL].https://baike.baidu.com/item/ 雪乡宰客事件 /22315427?fromtitle= 雪乡宰客 &fromid=22316161&fr=Aladdin.

④ 共度晨光 2020：云南导游威胁游客 [EB/OL].https://v.youku.com/v_show/id_XNTAyNjUwNzQ3Mg==.html.

第三节　基本概念

一、信任影响的一般机理

信任因素和构成等问题本身就错综复杂，许多环节和作用机制还尚在探讨之中，网络出现后新的虚拟信任问题又接踵而至，对政府旅游门户网站的信任研究就是一个新问题。要解决这个问题，须从信任的定义、构成和影响因素等基础开始，逐步地展开深入分析。

（一）信任的界定及维度

信任问题存在于管理学、组织行为学、营销学和社会学等多个领域，各自都有着不同的定义，最具代表性的三类如下。

一类是以 Ganesan 等（1994）为代表所持有的总体信任的观点，其把信任看成是信任主体依赖于信任客体的意愿。

另一类是 Morgan 和 Hunt（1994），McAllister（1995）和 McKnight（1998），等人为代表的观点，把信任定义为信任主体根据认知和情感对信任客体的能力、诚实和善意等方面的积极信念。

第三类则是以 Mayer 等（1995）为代表，把信任定义为信任主体基于对信任客体的行为和倾向的积极预期，而主动把自己的弱点暴露给信任客体，宁愿承受由此带来的损失和风险的意愿和态度。

政府旅游门户网站的信任研究中的消费者和门户网站之间的关系与第三类信任更为接近，即消费者对官方权威是具有初始信任的，愿意冒险通过浏览和查询门户网站的相关信息来弥补自己的缺失。因此，本研究的信任理论拟采用 Mayer 的信任理论和诠释。

Mayer 将信任定义为一种承担风险的意愿，即"个体预期对方会在合乎自己利益的基础上，不管有无能力去控制或监督对方行为，愿意进一步承担受伤害的风险。信任的本质是有冒险的意愿"，并构建了信任模型用于描述影响主体信任的因素和过程，见图1-3。该理论认为信任客体有能力、善行和诚实3个值得主体信任的主要特征，信任客体有意愿按照信任主体的方式和想法行事，且信任主体相信客体的其中一个特征会对自身有利，并愿意承担由此形成的风险。

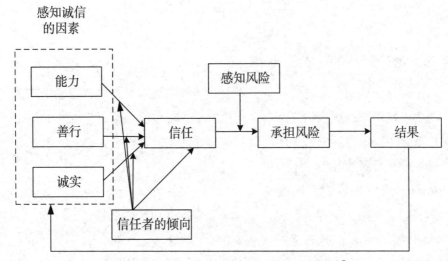

图 1-3　Mayer 和 Davis 信任理论模型[①]

在此理论基础上，研究要进一步挖掘政府旅游门户网站的能力、善行和诚实三个维度的内涵和表现，为以信任为目标的信息构成调整提供指导。

信任是一个具有多维度的概念（Mayer 等，1995；McKnight 等，2002；Gefen 等，2003），是由个人价值观、心情及情绪、个人魅力和态度共同交互作用的结果，是一系列心理活动的产物，因此，其维度构成是多视角的，如表 1-4 所示。

表 1-4　信任维度研究的相关文献

序号	影响网络信任的因素及因素构成	来源
1	研究认为认知信任由基于历史的信任、基于第三方的信任和基于能力的信任三方面构成	Hwang（1987）
2	信任是一种复杂的态度，由认知信任和情感信任二者共同构成信任	McAllister（1995）
3	计算型信任，知识型信任，认同型信任	Lewicki 等（1995）
4	能力、诚实和善行	Mayer 和 Davis（1995）
5	基于计算 / 威慑型的信任（即计算型信任），基于共识的信任和基于知识的信任	Lewicki 和 Bunker（1996）
6	能力、善意、正直和可预测性。理性行为理论提出了电子商务的 Web 信任模型，研究提出气质信任和基于制度的信任将影响对电子商务的信任	McKnight（1998，2002）

---

① Mayer R. C., Davis J. H-Schoorman F. D.. An integrative model of organizational trust[J]. Academy of Management Review, 1995, 20(3): 709-734.

由表可知信任的维度是不断变化的。首先，信任的维度是阶段性发展的。Zucker 认为信任建立的三种模式依次为：第一，"过程为基"的信任，即通过以往的交往经验形成的共同期待。第二，"特征为基"的信任，即以性别、年龄或家庭背景等某些相似性特征促发人们形成共同的理解而形成的相互信任关系。第三，"制度为基"的信任，基于如银行或法律组织等制度符号建立的信任关系。之后 McAllister 提出认知信任可以通过累积，升华到情感信任。研究认为，基于对他人的可信程度的理性考察会形成认知信任，基于情感联系则会形成情感信任。认知信任领先于情感信任作用主体的，是信任的主要存在形式。当情感型信任建立后，说明双方已建立起情感的纽带，标志着人际信任已上升到较高阶段。可见信任的维度随着人们认识的提高有阶段性的改变。其次，同阶段同视角下的信任存在不同的维度和发展阶段。在对消费者初始信任研究中，Moorman 等（1993）认为真诚、诚实、得体、专业、适时性、亲和力和可靠七个维度共同组成和影响对商业伙伴的信任，与 Mayer 和 Davis（1995）初始信任的研究观点有显著差别。

综上所述，信任的维度随着网络经济的产生和发展不断发生变化。王守中（2007）通过研究将网络信任模型构成调整为由正面的网络环境、口碑结构保证、交易支持、商家声誉宣传、网络经营规则宣传、消费者个人的信任倾向强度，以及消费者个人相关的知识与经验的共同构成，研究更突出了口碑结构保证和正面的网络环境等社会心理效应对信任的影响。同样对政府旅游门户网站的信任研究也需要关注信任构成及维度，以及心理效应的影响问题，这些是后续研究的基础。

（二）Mayer 信任理论发展机理

Mayer 的信任理论认为信任主体对信任客体的信任由能力、善行和诚实 3 个维度构成，理论强调信任客体有意愿按照信任主体的方式和想法行事，且信任主体相信客体会对自身有利，并愿意承担由此造成的风险。该理论认为，能力维度指组织的特点、技能和能力等在某一领域具有影响，即组织可能会在其具有影响力且擅长的技术领域被信任，而在其影响力不大且不擅长的领域不能获得同样的信任；诚实维度表述的是信任客体认同并遵守其所认可的规则，若当信任客体的某些行为准则不被信任主体所接受时，那么其将被信任主体列为不可信的队列；善行维度指信任客体本着不受利益动机驱使，从信任主体角度出发将事情做好的意愿，即使信任主体并未感知到被帮助，或信任客体从中得不到相应的好处，这一做好事的意愿依然存在。虚拟信任研究同样需要从这几个维度出发，且本质的最终的信任是来自对其管理实体的信任。

对政府旅游门户网站的信任研究需结合各国政府的治理模式、运行发展和管理水平等方面综合分析。服务型政府是我国政府主要治理模式，是为贯彻落实科学发展观作出的一个重大战略部署，主张公民、社会和权利本位的思想。新公共管理理论的诠释更贴合市场经济，该理论认为政府在提供公共服务时应以顾客为导向，将竞争机制注入到提供的服务中，把企业家的"顾客就是上帝"的精神应用到政府再塑造中，才能充分地发挥出政府的服务能力。可见政府的服务能力是可用于衡量政府管理水平的。而随着网络的发展，网络帮助管理者提升了政府服务能力，并掌握了管理网络环境的能力。清华大学教授金兼斌（2008）认为通过管理者网络执政能力和水平的提高，采用信息主动推送等方式可将门户网站发展成引导和控制网络话题和舆情走向的工具。由此可知，服务能力和信任是社会交换中固有的，是处理社会关系的基本理论（Cook 等，2005），如何在虚拟网络推送、传递和表现的政府的服务能力是政府旅游门户网站信任研究的关键。

考虑我国以政府主导管理和控制服务的现实环境，因此在与国外研究相比较时，信任理论应用于我国政府时会稍有差异。结合我国服务型政府的服务目标和实际国情，在日常生活中，消费者对政府旅游门户网站信任的具体表现为：消费者认为政府作为客观存在的实体，拥有最高级别的权威和威信，当然也具备最强的管理和调配资源的能力；同样，其主管的门户网站的建设和相关资源的搜集、整理和协调等方面也要强于一般的商业网站。此外，我国居民相信政府筹建门户网站是从公民利益出发的善行，目的是服务于民，塑造并宣传地方形象。根据台湾大学在 2002—2013 年间对东亚和东南亚 10 国政府做的 3 次"亚洲民主动态调查"专项调查显示，我国政府在信任度方面分别得到 3.91、3.58 和 3.24 的高分（满分 4 分），在亚洲各国中是最好的，这证实我国消费者对政府是信任的。同时，消费者认为政府门户网站既然代表着政府的喉舌，其网站所承载的信息一定是诚实的，而不是虚假的。我国公民更倾向于信任我国政府的服务能力，而不是像国外公民的持怀疑态度。

但是由于政府旅游门户网站诚实信息质量不高，善行服务做不到位，以及资源协调能力没有完全发挥出来等问题，导致原本由经济绩效搭建起来的信任在流失，消费者不再完全信任和依赖政府门户网站，更不会将其作为解决问题的第一选择。为此，政府管理部门需要改变原有的以监管为主的思路，调整为服务型政府服务导向的原则，真正了解消费者的需求，指导原有的网络信息服务结构和内容的调整。

信任理论是本书研究的理论基础。通过分析，发现消费者对门户网站的信任实质是对其管理者及其服务能力的信任。虽然受文化影响，消费者原本对政府的信任是较高的，但随着多个负面事件的冲击，包括政府旅游门户网站在内的我国门户网站面临着较大的信任危机。研究应以消费者需求为目标，通过研究找出可提高信任感的政府旅游门户网站信息构成和框架，这对提高门户网站使用率和信任感，发挥门户网站重要的营销功能具有重要的现实意义。

二、网站信任

基于我国国情，关于政府旅游门户网站的信息信任等问题研究仍相对较少，甚至对关于政府旅游门户网站这类政府公共服务是否有必要进行信任的相关研究存在一些争议。有学者就信任的客体是权威度较高的政府机构产生了质疑，认为在我国历史传统、社会风俗和官本位意识的共同感染下，公民对政府等官方权威有根深蒂固的服从和高信任（Chen 等，2008；刘纬华，2000），就连杨振宁教授也指出在学术研究中，中国传统教育培养出来的学生具有极大的崇拜权威的倾向，因此没有研究的意义。但是随着我国网络社交的飞速传播以及公众理性的不断增强，更有房叔、食品安全和"三公"经费等一系列事件的反复冲击，导致公众对管理者发布的公众信息的信任度急剧下降已成为不争的事实，甚至对政府管理部门的信任也出现危机。在网络立法和第三方认证体系不健全的情况下，让我们不得不重新审视国人对政府公众信息信任的影响因素、构成和作用途径，通过网站信息服务的调整来缓解信任危机，并提高使用率。

可见，对政府旅游门户网站的信任研究是有必要的，且将政府旅游门户网站作为信任的客体是合理的。不仅如此，周毅（2014）还指出公众对公共信息的需求已经不再局限于一般普遍性公开，而是要求其信息服务向针对性、专题性和系统化等方向发展，通过公众信息的个性化转变来化解信任危机。因此，在研究消费者对政府旅游门户网站的信任问题时，需根据政府旅游门户网站旅游服务行业的特征以及政府门户网站的官方特质，研究将分别参考和借鉴商业旅游网站和政府门户网站相关的信任研究思路、方法和有关成果。

（一）对政府门户网站信息的信任

我国属于低信任度国家（福山，1991），信任体系不健全且认知度不高，这体现在消费者对旅游网站信息和服务初始信任度低，且已建成的信任不牢固等方面，但在我国传统文化的影响下，政府门户网站不受这方面制约，且具有高初始信任。通常政府门户网站是政府的工具和服务终端，具有很强的技术性和实际应用性，是政府与公众最高效且重要的交流平台，建设政府门户网站是全面深化电子政务的必经之路。对政府管理部门而言，政府门户网站不仅是一种选择，更是一种策略，但至今国内外对政府门户网站的定义还没有准确和一致的概括。

然而，与政府旅游门户网站相似，政府机构不遗余力地创办政府门户网站，无论在国内还是国外均没有获得预期中的认可、使用和信任，且这一现象在国外尤为明显。国外消费者倾向于个人主义（Moura 等，2014），历来对官方网站使用率、关注度和信任度均不高。但在我国，虽然消费者受几千年儒家思想的影响，对权威官方渠道有长期的倾向性信任，却也陷入了政府门户网站低使用率的怪圈，甚至出现信任骤降等危机。浙江大学公共管理学院范柏乃教授认为是政府自身利益驱动了其失信行为，信息不公开便利了其失信行为，监督乏力放纵了其失信行为，官本位心理助长了其失信行为等几方面的共同作用，造成公众关注度和信任流失的局面。归纳而言，造成公民的不关注除了门户网站更新不及时等效率问题外，还存在包含信任在内的众多主观因素。

为此，各级政府（中央、地区和地方）通过加强政府门户网站的技术改善等手段，在提高工作效率的同时，也提升政府门户网站的认可度。各国政府都积极地改善政府门户网站的硬件和软件设施。例如 2005 年，英国政府就推出国家战略项目"Modernising Government"，在英国范围内 100% 的政府服务网上办公全覆盖，之后的"Implementing Electronic Government"项目进一步推进了电子政务地方化的应用，发展至今最终形成了以首都伦敦为首的，由近 500 个地方政府组成的高速反应的英国电子政务网。但行政管理部门却忽视了在政府门户网站使用过程中，来自公民的信任等主观因素影响造成的使用率低的问题。

从现有的政府门户网站信任研究来看，研究方向大致可分为政府机构对网站自身的质量监控研究和非政府机构的网站绩效评价研究两类，具体如下。

在国外较为健全的监督体制下，政府本身就有相应的一系列方法对其门户网站质量进行考核。政府机构通过政府门户网站架构电子政务体系，目的是在提高工作效率的同时，提高消费者服务交付，缩短服务，增进公众的满意度，增加公众对执政党的支持和信任的策略。政府门户网站专业评估机构 Accenturez 在其 2003 年 *E-Government Leadership: Engaging the Customer* 调查报告中给出了完整的电子政府发展模式：即国家电子政务从开始到成熟的阶段分别是在线状态、基本能力、有效服务、成熟交付、服务转型，同时提出一组评价电子服务是否成功的指标，指标包含消费者满意度调查、解决请求的平均时间、每天处理电话的数量、呼叫中心放弃率、消费者服务成本、请求首问解决的百分比等，借以不断提高自有的电子服务成熟度。美国政府则在 2001 年将美国顾客满意度指数纳入政府的公众满意度评价，该体系包含公众期望、公众对价值的感知、公众抱怨、公众对公共服务质量的感知、公众满意度和公众信任六方面。国内较有影响力的是工业和信息化部计算机与微电子发展研究中心（中国软件测评中心）开展的一年一度的政府网站绩效评估。评估体系分别从信息公开指数、民生领域服务指数、重点服务指数、互动交流指数、新技术应用指数和网络舆情引导指数六个指标对我国各级、各类政府网站进行绩效测评。已有研究成果表明，现阶段政府对自有门户网站的信任考察更侧重于服务能力评估。

非政府机构对政府门户网站的信任研究重点则略有区别，研究集中在门户网站结构的调整对用户的影响等网站绩效或用户满意度等方面，最终是实现对消费者信任的影响。与商业旅游网站以用户为主的研究思路不同，促使政府创建门户网站并提高电子政务的三大动因分别是：居民满意度（93%）、消费者求新/求好的需求（83%）和政府职能的目标（77%）（Accenturez，2003），其中，增加了政府职能目标指标，政府门户网站的信任信息构成研究就更为强调三个目标的综合绩效。Luis 等（2014）对普埃布拉州政府门户研究，发现在 Puebla 官方网站 2001—2009 年的成果转型过程中，内生性（反馈）的转换授权和不断增强的反馈是最重要的 2 个因素。同时，活力、一体化、合作、信息的更新、重新设计，以及学习或联系新趋势对政府门户网站的信任提升有重要作用。公民满意度是政府信任与电子政务的部分中介变量，政府应当设计行之有效的以"公民参与"为核心的电子政务来提高其公共服务水平，同时，增强政务服务的公民满意度，进而提升公民对政府的信任水平。相关研究均通过大量的研究和论证，以实现政府门户网站综合绩效为目的，寻找政府门户网站信任信息最有效的构建方式。

政府旅游门户网站无疑是政府门户网站的一种形式，同样也具有政府职能目标，因此，其信任信息构成研究既需要考虑服务能力提高的直接影响，同时还要借鉴以消费者的信任感为对象的综合绩效研究方式。

（二）对政府旅游门户网站信息的信任

政府旅游门户网站是包含旅游资讯公共信息服务和旅游政务管理，以旅游目的地营销为目的的平台。政府旅游门户网站有 Government Tourism Websites，Official Tourist Destination Websites，Official Tourism Websites，State Tourism Websites，State Tourism Offices（STOs），Tourism Commission（旅游事务署）、政府旅游网站、旅游信息一体化平台、旅游官网和官方旅游网站等多个称谓，是政府主办的集成了旅游信息服务、旅游电子商务和电子政务等诸多功能的网站，肩负着为游客提供旅游信息的职责（付业勤和杨文森，2013），对外是国家形象展示和旅游营销的场所，对内则是地区文化或旅游宣传的重要营销平台。官方网站发布的旅游信息有促进和增强消费者到当地旅游意愿的功能。目的地营销组织指出旅游门户网站除了提供博物馆开放时间等基本必要的旅游信息外，同时可通过旅游品牌的树立，升级为品牌资产，使其对游客有更强的说服力，对最大化地实现促销功能和营销职能，具有十分重要的作用。

然而，政府旅游门户网站具有的极其重要的营销职能，是以消费者的大量访问为前提的，但现阶段我国消费者认可并使用政府旅游门户网站的程度却远远低于管理者的预期。

由于政府旅游门户网站的实际访问量过低，直接导致其重要的营销功能难以发挥作用，因此迫切地需要根据网站自身特点去开展改善性的研究。但鉴于政府旅游门户网站具有商业旅游网站的营销推广、信息发布、虚拟旅游、产品推介、互动交流和安全提示等旅游信息的多重的具体的功能，会直接影响到用户的感受和信任，因此信息质量尤为关键；同时又鉴于其具备的政务公开、网上办公、办公引导、招商引资、业务协同、宣传教育、行业监管及投诉受理等一般政府门户网站的共性和行政管理职能，又无法直接采取旅游商业网站用户评价的信用累积模式。我国对旅游及旅游网站的信任缺乏是源自对旅游业的不信任。中国社会科学院社会学所社会心理学研究中心和北京美兰德信息公司合作共同出具的《社会心态蓝皮书：中国社会心态研究报告（2011）》中指出，按照其制定的"社会信任测量指标"，在北京、武汉、广州、上海、郑州、西安和重庆共七座城市，对市民进行的社会信任状况调查显示：市民对餐饮业、旅游业和药品制造等行业持"高度不信任"。后续 2014 年，其第三次延续性调查报告显示："旅游业和广告业的社会信任问题仍然较大，远远比不上公众对银行的信任程度。"面对以上困境，通过网站信息构成的调整来影响消费者，进而增加其使用意愿和信任感，是一种更有效的解决途径。

但遗憾的是，至今政府旅游门户网站信任的相关研究总量依然偏低。截至2020 年 5 月，中文以"政府 / 旅游 / 网站 / 信任"为关键字在 CNKI 数据库的"经济与管理科学"领域对主题检索：用前三个关键词组合搜索时，共有 129 篇文献；以"网站＋信任"为关键词搜索出相关主题文献 130 篇，以"旅游＋信任"为关键词搜索出相关主题文献 44 篇；以"政府＋网站＋信任"为关键词搜索出相关主题文献 32 篇；而用四个关键词进行搜索时，搜索出相关主题文献 4 篇。外文以"government（Official）/tourism（tourist 等）/websites/trust"为关键字在 Elsevier 和 Springer-Link 数据库中进行主题检索，共计得到 1941 篇文献。研究以 CNKI、Elsevier 和 Springer-Link 数据库为搜索范围，对相关关键词分别进行中文和外文文献检索，相关搜索结果如图 1-4 所示。

由图 1-4 可知，我国政府旅游门户网站的相关研究无论是历史总量，还是同期横向对比都远低于国外同类研究成果。仅以 2007 至 2014 年为例，国内政府网站信任研究的总量增幅不大，一直低于同期"商业旅游网站"的研究成果总量。截至 2020 年 5 月，以知网为例，以"旅游网站"为关键词搜索得到 2096 篇文章，而以"政府 / 官方旅游网站"为关键字的搜索结果仅为 529 篇，前者是后者的 4 倍。

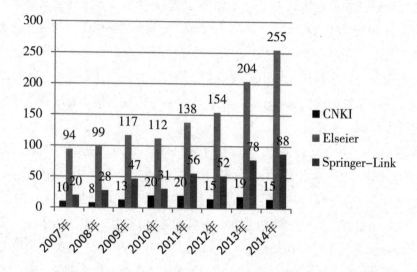

图 1-4　以 2007—2014 年为例的中英关键字检索结果 ①

虽然我国政府旅游门户网站筹建并上线极其迅速，但鉴于我国传统官方高权威传统文化影响的缘故，发展至今，政府旅游门户网站的理论研究总量相对偏低。以 CNKI 数据库为搜索范围，在经济与管理学科中，以"政府＋旅游＋网站"和"旅游＋官网"等主题进行中文文献检索，相关搜索结果如图 1-5 所示。

①　资料来源：本研究整理

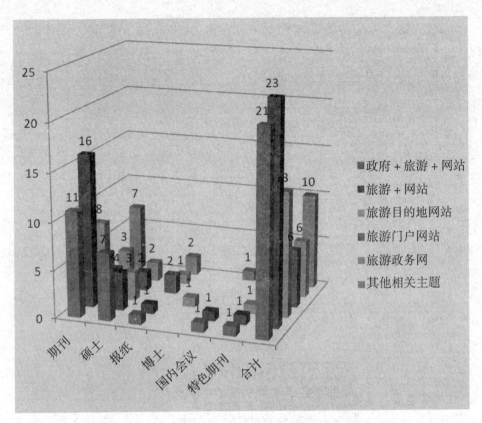

图 1-5 以 2007-2014 年为例知网主题检索结果[①]

由图可知，删除掉重复项目，1999 年至今共计检索出学术论文 79 篇，而期刊论文仅有 47 篇。我国政府旅游门户网站相关研究，无论是历史总量，还是同期横向对比都远低于商业旅游网站的研究总量。相关研究成果以电子服务信息框架和标准化信息服务研究为主，极少部分涉及满意度、营销效果和投资影响研究。这造成了我国旅游行政管理者在无充足理论的指导下，盲目地随机地对政府旅游门户网站的信息结构和传递方式进行调整，越来越脱离消费者需求，对旅游门户网站的关注度和访问量都异常地低，消费者严重流失，最终门户网站设定的营销功能失灵，而门户网站潜在的导向影响功能被忽视，更无从谈及旅游行为矫正和旅游意识的改变。

如何解决消费者对政府旅游门户网站的信任问题，对相关研究成果梳理发现几个突破点如下。

① 资料来源：本研究整理

首先，信息构成对消费者信任和使用意愿的影响问题。除了便捷性、站点美学、个性化和帮助支持等网站信息质量关注的热点外，政府旅游门户网站依据地域的不同，信息构成也需要富有旅游特色。例如，韩流作为席卷中日等国的文化形式被众多旅游目的地组织在其旅游门户网站上宣传。Chung 等（2015）发现网站韩流动向宣传的信息能显著地影响了消费者到该地旅游的意图。Park（2007）对目的地旅游门户网站影响因素研究时发现信息质量以 87% 的比例成为消费者使用的首要影响因素。学者们也就微博等社会媒体平台在旅游信任方面展开研究。马倩倩（2014）从信任视角展开研究发现，首先，从信息发布者层面来看，信息接收者转发微博时最看重的是微博发布者是否对相关的服务和产品具有丰富的消费体验或经验，若微博发布者专业性越强，则微博接收者对该微博口碑的转发意愿也越强烈。其次，从信息内容层面来看，阅读者转发微博时最看重的是这条微博所提供的信息是否完整和齐备，若微博内容的趣味性越强，则微博接收者对该微博口碑的转发意愿越强烈。最后，用信任作为中介变量展开研究，结果表明信任在微博内容的趣味性、微博发布者的专业性、微博发布者、微博接收者的微博口碑转发意愿和微博接收者的关系强度之间充当中介。其中，信任在微博接收者的微博转发意愿和微博发布者的专业性之间所起的中介效应是最显著的。消费者对网站等社会媒体平台的信任与使用意愿存在的关联，表明信息质量仍是改变消费者感知和信任的关键因素，因此，只有通过提高信息构成及质量更好的传递管理部门的能力、善意和诚实，增加消费者的信任感，才能进一步提高使用意愿。政府旅游门户网站信息构成问题在本研究中需重点关注。

其次，消费者信任对象的问题。对政府和其门户网站的信任是交织的，对政府旅游门户网站能力的信任不仅仅涵盖对其网站信息的信任，更主要是对网页背后的旅游管理部门服务能力的信任。网站信任的最根本影响因素是居民根据期望对组织机构性能的评价（Luhiste，2006），信任政府是政策支持和网页使用的关键因素之一（Nunkoo 等，2013）。李虹来（2010）分析了电子政务的实践范式和政府信任产生的机制，提出基于电子政务的政府信任模型，认为若要提升基于过程的政府信任以及基于制度的政府信任，管理部门必须借由自身能力提高其电子政务的信息质量，通过公民对政府易得性、回应性、责任性、透明性、参与性和有效性等方面使用感受的改善来提高信任感。对政府旅游门户网站的信任实质上是对其背后管理部门的信任，对其构成仍需进一步展开研究。

再次，政府旅游门户网站网页信息构成对消费者的影响研究。政府旅游门户网站信息结构应提供行业特征显著的个性化信息，如旅游中的餐饮就是区别于其他类网站的个性化信息的体现之一。Horng 和 Tsai（2010）在研究时发现，由于我国等亚洲国家的餐饮行业没有星级认证，海外旅游者无从判别餐厅菜品和服务质量的高低。为此，香港旅游发展局推出了旅游服务质量计划（QTS），在其官方网站上为消费者列出了可信任的商店和餐厅。韩国旅游组织也为了增进消费者的信任，专门在其政府旅游门户网站上罗列了经过其组织认证的在韩餐厅，借以促进旅游经济。研究证实这些被政府旅游门户网站推荐的店铺知名度远高于同类同质的没有被推荐的商店和餐厅，同时，"餐饮"板块阅读量也高于网站其他板块。旅游行业的网络信息表现以及网络浏览心理效应二者对消费者的影响尚待深入探知。

最后，政府旅游门户网站影响消费者信任度的网站要素构成问题。Cyr（2008）探讨了网站的导航设计、信息设计与可视化设计三要素对电子商务信任与满意度的影响。通过对来自加拿大、德国和中国的取样对比，研究发现可视化设计对加拿大参与者的信任影响不显著；信息设计对中国参与者的信任影响不显著；可视设计与信息设计均对德国参与者信任影响均不显著。由此可知，信任的网站信息影响构成是存在差异性的。鉴于政府旅游门户网站旅游行业的服务性和电子政务的严肃性，研究需找到该类网站的信任信息构成方式，使其既富有感染力，又能影响消费者的信任。

三、旅游网站信息信任受损问题

（一）旅游网站信息信任受损原因

信任受损，又称信任危机。导致信任受损的因素较多，诸如丑闻事件（徐彪和张珣，2021）、旅游危机（包括自然界天灾、社会灾难、流行病、政变等多种类型）（郑向敏，2003；侯国林，2005）大都与旅游需求有显著的负相关，导致旅游客流的减少（Kuo 等，2008，Rossell ó 等，2020），同时向公共信任领域传染，导致角色信任、系统信任和制度信任等受损（徐彪和张珣，2021）。但截至目前，旅游网站信息信任研究仅停留在影响因素阶段，如表 1-5 所示，对受损原因没有展开进一步的论证。

表1-5　旅游网站信息信任影响因素汇总[①]

序号	学者/年份	旅游网站信任度影响因素
1	Carlos 等（2006）	消费者的满意度
2	Billy 等（2008）；Raffaele 等（2015）	网站质量、信息可靠性、消费者满意度
3	Boudhayan（2011）；Kirsten 等（2018）	隐私、安全、使用者的经验、交流和社会存在、隐私保护
4	Julian 等（2013）；Park 等（2021）	在线评论，特别是认同度很高的在线评论和图片
5	Valdez 等（2018）	网络互动
6	施香君（2019）	网站使用频次的影响程度最大，在线评论和支付便捷性，服务质量和网站信息可靠性、价格以及隐私保护也存在影响。
7	王祎（2020）	鼓励发布高质量、趣味性强的网络口碑，提升潜在游客感知价值；正面应对负面韩国旅游网络口碑，及时回复并积极解决问题；建立科学合理的网络口碑评价体系，提升潜在信任。
8	黄思皓等（2020）	旅游博主的专业性、在线社会认同、评论信息的正向性
9	Leong 等（2021）	个人资料照片、报告经验、认知信任和情感信任

信任理论视角下，针对在线负面评论对潜在消费者能力维度造成的信任受损，有研究认为在信任的修复效果方面，解释优于道歉，而道歉又优于补偿。而当受损面对潜在消费者诚信维度信任的修复时，补偿略微优于道歉，而道歉略微优于解释。在面对潜在消费者善意维度信任的修复时，补偿优于道歉，道歉又优于解释。综合比较三种不同反馈组合策略，其对潜在消费者信任修复的正向影响是相符的，说明在道歉的基础上，辅之以解释，会对潜在消费者购买意愿产生的正向影响显著增强；而在道歉＋解释策略的基础上，辅之以补偿，对潜在消费者购买意愿的影响却没有显著增强。但商品本身的类型对不同反馈策略与潜在消费者信任间关系不存在调节效应。因此，无论是反馈组合策略对信任的修复影响，还是对潜在消费者购买意愿的影响，都不会因为商品类型的不同而产生差异。信任在反馈策略与购买意愿间起着完全的中介作用。研究提出的解决方案是：准确识别不同类别负面评论，选择正确的解释归因方式应对不同类别负面评论，积极反馈以补救负面评论的负面影响，采用道歉＋解释的组合策略，其效应较单独道歉效果显著。

---

① 资料来源：本研究整理

学界在信任危机和受损方面仍处于发展和完善的阶段，在理论体系、研究方法上依然存在不足。在任何一个社会的公共管理过程中，包括在旅游管理方面，都无法避免丑闻事件的发生。如何防止丑闻事件的负面影响外溢，引发信任受损和信任危机是管理部门面临的一个重要挑战。丑闻不仅对信任形成负面影响，还会产生传染效应，将信任受损问题泛化至公共领域，引发公共信任危机。在公共管理领域关于信任受损研究分别涉及信任传导的媒介和路径（王雪莉和董念念，2018）、相关责任人或组织的信任受损成因（李智超等，2015；王敬尧和王承禹，2018）、受损过程（刘力锐，2018）、受损机理和修复机制（徐彪等，2016；李燕凌和丁莹，2017）、信任危机的传染（徐彪和张珣，2021）等方面。在网络环境下的旅游领域，尚无明确的信任受损理论框架。

（二）文化对旅游网站信息信任受损的影响

大量心理学和消费者行为领域研究证实，文化是人类思想和行为的前置变量，人类行为是文化的函数。文化价值观极大地依赖于传统文化，指整个区域中大多数成员共有的想法和形成的文化思维核心，通过其形成的行为准则影响该地区人们的态度和行为，是大多数人持有的规范性信念。这些信念作用之一就在于构建态度与信仰，并进一步指导行为。如何测量文化之间的差异，文化价值和文化价值观是一类研究视角。

文化价值可以塑造人的需求和行为，不同的文化价值对旅游者在决策、消费和评价等行为上会表现出较大差异，如表 1-6 所示。有研究者认为它对旅游行为的影响超过了人口学变量的影响，同一地区范围内对不同年龄人群行为的影响是无差异的。而在跨国旅游日益频繁的今天，跨文化交往随处可见，了解个体实际和网络行为背后的文化价值，对政府旅游门户网站信息服务的信任提升研究具有重要意义。

表 1-6 已有研究成果文化价值及其构念[①]

序号	文化价值量表	构念	文献来源
1	克拉克洪（Klunckohn）的文化价值取向模型	人性取向、活动取向、人与自然关系取向、时间取向、他人取向	Watkins 和 Gnoth（2011）
2	霍尔（Hall）文化模型	空间、高语境与低语境、时间、信息流	Su 等（2011）

---

① 资料来源：根据文献资料整理汇总

序号	文化价值量表	构念	文献来源
3	霍夫斯泰德（Hofstede）的文化调查模型	权力距离、不确定规避、个人主义与集体主义、阳刚气质与阴柔气质、长期导向与短期导向	Crotts 和 Erdmann（2000）
4	史瓦兹（Shwartz）价值观量表	自我提高、自我超越、保守、对变化的开放性态度	Lee 等（2012）
5	罗基奇（Rokeach）价值观量表	工具性价值观、终极性价值观	Li（2012）
6	中国文化价值观量表	儒家工作动力、和谐、道德纪律、仁慈	Tsang（2011）

依据人与世界的不同交流的类型、取向、人类的需求和社会面临的基本问题等，已有研究成果从各种视角提出了多个文化价值观理论及量表，有的侧重于社会价值观，有的侧重于文化价值观，还有的侧重于个人价值观，但均以文化为共同的变量，且认为文化价值观和社会价值观最终仍是个人价值观。但由于文化对每一个人和群体的价值观的影响是不一致的，所以从个人价值观中提取文化的共同元素存在着一定难度。又由于价值多元化的时代背景下，群体价值认同存在差异，因此，任何一个文化价值观理论及其量表都存在着应用广泛性缺乏的问题，这直接导致了文化价值观理论及其量表研究呈现出的多样性和复杂性，也充分说明无法构建出学者们都认可的价值观理论及其量表。

又因为文化是一个动态的概念，因此，用过去的文化价值观构念来衡量现阶段的文化是行不通的，这意味着文化价值观会随着时代的变化而发生改变，所以在文化价值观量表的设计上要考虑到文化变迁的影响。除此之外，已有的文化价值观的某些构念在一些国家文化中十分显著，但是在其他国家文化中却并不显著，无法衡量出该国家的文化价值观，这也就说明文化价值观量表的构建需要根据不同国家或民族有针对性地构建和设计，甚至有些研究者采用出生地、语言、国籍、地区、种族作为文化价值观的替代变量。

现阶段，在文化价值观研究上多以西方学者的研究成果为主，最常用的文化价值理论是以衡量不同文化背景下的文化价值为研究对象的 Hofstede 的文化价值模型，也有 Kluckhohn 文化价值取向模型，还有 Schwartz 的价值观量表，甚至有的学者提倡将多种价值观量表结合起来，如 Rokeach 的价值观量表、Scott 的个人价值观量表和 Webster 的价值观量表等。在跨文化比较理论研究体系中，霍尔提出了区分文化差异的四个维度，即空间、语境、时间和信息流；Kluckhohn 和

Strodbeck 提出的价值取向模型，包含人的取向、活动的取向、自然取向、时间取向和人际关系取向五个文化维度；Inkeles 和 Levinson 总结的国家性格的自我概念、权威的关系和处理冲突的方式三个维度。对中国旅游消费者行为的文化方面影响展开深入讨论，是文化价值对旅游消费者影响研究的基础。

后续有研究专门针对中国人展开了文化价值理论研究。中国文化调查（Chinese value survey，CVS）就是通过一项专门针对中国文化价值观的文化调查得到的中国文化价值观体系。在该思想主导下，华夏文化协会（Chinese Culture Connection）于 1987 年首次提出中国文化调查[①]，在 22 个不包含中国大陆的国家开展了调研，最后得到 40 项国人的价值观要素，研究进一步通过因子生态分析测量，包括文化价值的整合、儒家工作动力、道德规范和仁四个维度。后续研究发现，随着时间的推移，CVS 表现出一定的时代局限性。基于 Kluckhohn 和 Strodbeck 的价值取向模型，Yau（1988）曾将中国文化价值观划分为人—自我取向（包括自卑和情境取向）、人—自然取向（包括人与自然的和谐）、关系取向（包括对权威的尊重、相互依存、面子和群体取向）、个人活动取向（包括中庸及与人和睦相处）和时间取向（包括连续性和过去取向）五个维度，并分析各维度对市场营销产生的影响。Mok 等（1999）提出了包括相互依存、尊重权威、和谐、面子和外部归因五个部分的文化价值观的概念框架。

在旅游研究中，文化价值理论结合着儒家文化的思路也被一些研究采纳和应用。有研究指出，在中国，当代文化包含儒家、道教和佛教等传统文化，共产主义思想和近期产生的西方价值观三大部分。其中的儒家思想是最有影响力的思想，形成了中国传统文化的基础，至今依然为中国人的人际行为规范提供准则和依据。儒家思想中，最重要的特质是对国家或皇帝的忠诚、尊重长辈、相信友谊、孝、互惠关系、培养以及教育[②]。研究者们还普遍认为中国人的主要特点是文化价值研究中集体主义的体现，在这种观念影响下，中国人强调权威、群体、统一与和谐。Hsu 和 Huang（2016）根据北京和广州两地居民的专题小组讨论收

---

① Chinese Culture Connection. Chinese values and the search forculture-free dimensions of culture [J]. Journal of Cross-Cultural Psychology, 1987, 18: 143-164.

② Schütte H, Ciarlante D. *Consumer Behavior in Asia* [M]. NewYork: New York University Press, 1998: 25-166.

集的资料，整理分析并提出了在现代中国情境下旅游者行为的文化价值观。该价值观包含工具性价值（指理想的性格特质，如道德修养、诚信、尊重历史、节俭等）、人际价值观（如从众、亲情、孝/尊老等）和终极价值（指人生追求，如便利、享乐、私利、个性/独立/自由等）三大部分。该研究有利于更为准确地衡量当代中国人的价值观念，以及对中国旅游消费者行为进行更加合理的文化解释。

综上所述，有关中国旅游消费者研究中关于中国文化及文化价值分析的主要成果大致可为两大类：第一类是跨文化分析理论，如 Hofstede 的文化价值维度等；第二类则是中国文化分析理论或价值观要素，如 Yau 的中国文化五维模型、Hsu 和 Huang 的文化价值观系统、Mok 等人的中国文化概念框架以及儒家文化价值要素等。

Hofstede 文化价值的网络表现和信息构成等相关研究开始以实体经济为研究对象，研究成果也更富指导性。美国学者 Marcus 和 Gould（2000）在 *Cultural Dimensions and Global Web User Interfaee Design* 研究中首次将 Hofstede 文化价值与网页设计的元素结合，提出在网站设计时应根据各国用户的五个文化维度文化价值特征在表现上要有所区别，应当为不同的用户设计并提供与其文化价值相近的网页设计风格和布局。之后，网站构成与文化价值之间的研究更加具体化。Okazaki（2004）基于 Hofstede 文化价值和创新理论，分别从信息内容、文化价值和创新策略 3 个维度，考察一些日本跨国公司在西班牙、日本和美国三个市场的公司网站界面和构成要素，研究发现，公司网页在信息内容和创新策略方面采取本地化可以更好地适应当地市场文化，而产品的网络显示上则不适宜采用本地化战略。随着文化价值在网络表现上的日益突出，该理论开始被用于官方旅游门户网站的研究中。Kang 等（2008）研究发现，Hofstede 文化维度理论是官方旅游网站制定公共关系策略的有效工具，良好的网站文化维度构建将大大有利于与多元文化访问者的互动。文化差异在工业化国家中同样起着重要的作用。跨文化的管理已成为当今世界商业领域的热门话题。运用 Hofstede 的"自信、未来导向、绩效导向、权力距离、不确定性规避、集体主义 I（制度）和集体主义 II（团体内部）"七个维度模型去研究和分析跨文化内涵和文化的影响。研究就商业国际化在跨文化价值维度的影响展开研究，特别是在性别平等主义的预测和人文取向方面。研究通过软计算法，发现集体主义 I（制度）和集体主义 II（团体内部）

的组合作用对性别平等主义是最具影响力的。在企业国际化发展道路上，未来导向与绩效取向的组合作用对人性化具有最大影响。正如在现有公司的战略更新过程中，企业创业精神起着重要作用一样，大学是学生发展创新精神和进取精神的重要平台。Lia 等（2012）发现影响学生创新和进取精神的因素有很多，这些因素可以有助于也可以阻碍这一发展过程，文化维度对学生培养创新精神的能力具有极大的影响。研究进一步在 Petru Major 大学的经济学学院、法律和管理科学学院、Tirgu-Mures 学院的罗马尼亚籍学生就 Hofstede 文化价值四维度展开了相关调研。最终发现罗马尼亚籍学生倾向于集体主义、女性化和高权力距离的文化价值维度，同时，他们也是不确定规避的倾向者，恰恰这些维度是阻碍创新和进取精神的阻力。

众多研究表明，Hofstede 文化价值不仅对公司业绩和团队绩效产生影响，同时对人的意识和情感等主观情绪产生影响。网页文化价值越贴近用户的文化价值特征，越有助于搭建、增进和维护网站与消费者之间的关系和距离。但 Hofstede 文化价值对网络信任，尤其是对政府旅游门户网站信任的影响及程度尚不明确，这为本研究提供了可能性。

四、旅游网站信息信任修复问题

（一）网站信息信任修复策略

学界对信任修复策略研究大致可以归纳为三类：情感修复策略，包含道歉（Kim 等，2004，2006；Tomlinson 等，2004）和否认等（韩平等，2014；Kim 等，2004）；实质性修复策略，例如经济补偿和抵押等（Xie & Peng，2009；Desmet 等，2011）；以及包含提供证据和澄清事实在内的修复策略。影响修复效果的因素则包含违背方修复信任的积极性、主动性和时效性（Tomlinson 等，2004）、信任双方间的交往史（Desmet，Cremer，& Dik，2011）、文化的差异（Ren 和 Gray，2009）等多个方面。

负面事件引发社会负面情绪后，不同组织机构采取的对策大相径庭——道歉、紧急修复、真诚理解、象征性弥补、跟进（Bell 和 Zemke，1987）；高社会地位国企和低社会地位民企偏好承认策略，低社会地位国企和高社会地位民企偏好否认策略（杨洁，2018）；积极取得被宽恕（Vasalou 等，2008；Xie 和 Peng，2009）；采用情感性、功能性、信息性的信任修复策略和稳定性、可控性、内外性归因方式相结合（Chen 等，2013；杨柳和吴海铮，2015）；物质补偿、响应速度、精神补偿（杨学成等，2009）；归因、道歉、物质补偿（李宏等，2011）；补救主动性、有形补偿、响应速度、道歉（Smith 等，1999）等针对特定场景的修复策略或模型被提出，部分信任修复模型研究如图 1-6。

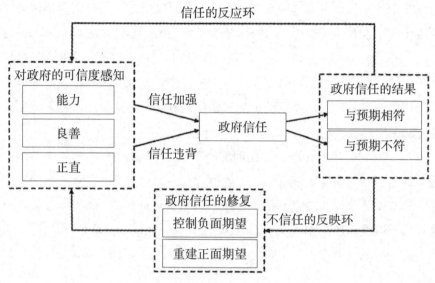

图 1-6　信任修复动态模型[1]

网络环境下的信任依赖于现实世界的实际发生行为。网络虚拟世界本身具有高风险性、不确定性、匿名性和明显的信息不对称性等特点，信任缺失一直是阻碍网站交易等信任的重要的因素（Pavlou 等，2007；李娟和张玉，2016）。信任一旦缺失，修复受损信任的难度更大，网络快速传播等特质会放大信任违背的影响（杨柳，2016），负面情绪及影响急速扩张且持续时间持久。不同的修复方案对应的修复效果也有所差异。邓敬燚（2018）认为只有商家使用"信任修复策略+第三方用户给予商家能力方面的积极评价"的方式对信任修复的效果要明显地好于商家单独使用信任修策略的单一方式。

截至 2021 年 5 月，国内"网站 + 信任修复"相关研究，仅有互联网企业负面事件信任修复策略的市场反应（李建良等，2019）和基于动物疫情受损演化博弈的网络舆情公共受损治理中社会信任修复（李燕凌和丁莹，2017）等 3 篇及硕

---

① 张书维，宋逸雯，钟爽 . 行为公共管理学视角下政府信任修复的双过程机制 [J]. 上海大学学报（社会科学版），2020,37(06):1-15.

博论文 5 篇。而与旅游信任修复的相关研究仅 3 篇，涉及旅游网站信任修复的研究则依然空缺。

（二）网站信息信任修复感知的测量

信任修复，也可称为信任补救，对修复感知测量形式多样，有实验室实验法（Bagdasarov 等，2019；Henderson 等，2020；Krylova 等，2016；关新华等，2017；王阳，2018）、问卷调研加实验室实验法（De Cremer 和 Schouten，2008）、定性案例研究法（Grover 等，2019；Elangovan 等，2015；周定财和王带宁，2020）、定性扎根理论法（Grover 等，2014；李建良等，2019；孙峰，2020）、定性例证说明法（Six 和 Skinner，2010；张书维等，2020）、纵向多方法案例研究法（Sørensen 等，2011）、纵向的定性研究法（Sverdrup 和 Stensaker，2018）、演化博弈法（李燕凌和丁莹，2017）等。图 1-7 为情景模拟实验法的研究过程图。

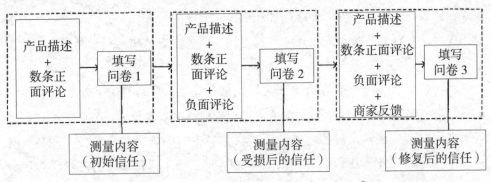

图 1-7　网络环境下信任修复实验过程①

但国内针对网站的信任修复研究方法仅定性扎根理论法和演化博弈法两种 2 篇文献，专门就旅游网站展开信任修复的研究视角尚未得到关注。

五、旅游消费者的网络行为

（一）旅游消费者网络行为的作用力

旅游消费者网络行为研究按照宏观和微观层面划分时，宏观层面集中在旅游空间行为的模式、旅游流特征、旅游目的地形象和旅游空间结构等方面，微观层面相关研究则集中在旅游消费者的出游动机、消费偏好、空间行为、旅游感知与

---

① 王阳. 在线负面评论与商家反馈对潜在消费者信任变化影响研究 [D]. 华中师范大学,2020. DOI:10.27159/d.cnki.ghzsu.2018.000217.

满意度等研究。按照网络行为的构成来看，研究通常集中在网络空间中主体、线上消费行为，以及网络空间与消费者二者之间的关系三个方面，具体如下。

首先，网络空间的消费者，这一主体研究呈现出异彩纷呈的局面。技术的进步衍生了网络空间领域的新变化和新形势（Makarem 等，2009），并进一步打破我国在政治、经济和社会的发展生态，颠覆了 Durkheim（1999）和 Simmel（2002）界定的空间社会主体构成，流空间和空间范式等（刘胜湘和戴卫华，2015）概念的不断涌现，导致网络空间的消费主体发展更趋于多元化。不断壮大的网络空间是个"黑箱"，每一个进步都伴随着风险。网络中的主体不再局限于消费者单一维度，更包含了网络空间生产者，即平台的创办方（Abeleto，2002；谢彦君和鲍燕敏，2007），被空间其他消费者影响的浏览者（张紫琼，叶强，李一军，2010），空间的管理者（Fiona 和 IpKin，2019）等从多个视角展开定性推理或定量分析，却忽略了主体间的关系问题。旅游网络空间的研究亦是如此，在其间虽也得到长足推进，吴江等（2018）、李磊等（2019）、徐雨利和李振亭（2019）就空间下的旅游流展开独到的论述，但遗憾的是缺乏基于网络空间的旅游消费主体关系研究。

其次，已有线上消费者行为研究对网络空间的关注程度有明显的层次性，认为网络空间消费行为以信息、服务等知识获取和需求满足为主，其消费过程是网络空间社会表现和交流的过程。后现代结构主义则认为消费者在空间具有身份、品位等象征性消费行为（卢泰宏，2004）、蕴含代表意义的符号消费行为（Baudrillard，1970）、非我莫属和因转瞬即逝而珍贵的体验消费行为（Toffler，1970）。随着研究的发展，学者们进一步发现空间的消费行为受到包括人口学特征变量（Anderson 等，2012；阳义南等，2016）、直觉认知系统的时尚性因素（陈晔等，2016）等各方面的综合作用，共同影响着他们在线上空间的实时行为（胡兴报等，2011）、金融投资等线下空间行为（Guiso 和 Paiella，2008；刘潇，程志强和张琼，2014）、空间生产者的黏性（吕洋洋和白凯，2014）和推荐（陈晔等，2016）等时间点的结果性行为，但对旅游时间段的动态行为影响研究关注较少。Navío 等（2018）仅发现以上因素会对旅游行为造成影响，却没有展开实证研究，而动态的行为结果恰恰是幸福感等消费者主观感受建构的重要影响因素。

最后，旅游消费者与网络空间关系研究方面。线上空间消费者主观情绪对于网络空间而言是一把双刃剑。线上空间消费者困惑会导致其出现判断错误或对空间的信心不足（Kasabov，2015），从而引发负面情绪（Wang 和 Shukla，2013；Moon 等，2016），甚至催生放弃、推迟或寻求空间外帮助等行为（Özkan 和 Tolon，2015），最终影响消费者满意度（Wang 和 Shukla，2013）等主观感受。反过来，线上空间消费也会推动增进网络空间主体感受的优化调整（涂红伟和郭功星，2018）。这种相伴相生的关系在旅游网络空间研究中被关注较少，已有研究更多的是借用主观幸福感的概念，用满意度、旅游体验、忠诚度、关注度等概念（王卫东等，1999；李云鹏，胡运权和吴必虎，2006；梁燕，2008；黄向，2014；龚箭和杨舒悦，2018）去替代空间内主体心理价值获得来展开研究。概念借用的方式缺乏对个体主观整体感受的测度，易造成旅游消费者主观幸福感理解的偏差，进而影响管理部门的理解和判断，并由此带来非经济效益（张晓和白长虹，2018）。

（二）旅游消费者网络行为影响因素

1. 旅游消费者行为的客观影响因素

性别（Hiltz，1990；陆川，2014）、家庭生命周期阶段（Vogt，1998）、旅游用户文化背景（Gursoy，2004）、经历、动机和需求的差异（Buhalis，2008）、网络评价（李莉和张捷，2013）、社交媒体（Huertas，2017）等因素被学者认为对在线用户旅游信息行为产生影响。

社会心理学在网络信息传播中对旅游消费者发挥重要作用。Ye 等（2014）基于社会心理学效应中的马太效应和首因效应，就旅游在线评论对消费者决策过程造成的偏差进行探索，同时对嵌入商品描述、客户的评论或者试用报告的旅游在线评论对消费者的购买决策和商品销量影响两方面展开研究，证实了在线评论对其他消费者的影响。Joowon 等（2015）对网页中旗帜 logo 反复出现引发的社会心理学的美好效应进行了深入研究。Li 等（2017）用社会心理学的临近效应，对电影《霍比特人》借助荧屏对影片拍摄地新西兰展开的地域文化旅游传播效果进行实证研究，发现影片对新西兰第三产业及游客数量都产生了重大影响。A O'Connor 等（2005）分别在夏季和冬季的 7 天时间里，在十二门徒公园用不显眼踝关节发射器对 900 位游客进行数据收集，解释客流和旅游资源之间的关系，并试图解释旅游类型行为学，最后拟采用旅游追踪代理模拟作为公园管理者的决策支持工具，来研究如何发展旅游设施如道路、建筑、观赏平台，了解客流与能忍受的拥挤水平之间的关系。Yu CC（2010）提出把个性化和社区功能结合到一起并支持移动旅游规划和管理的服务框架。并提出旅游移动决策支持主要功能有：个性化管理概述、信息搜索和通知、评价和建议、自助规划和设计、社区和合作管理、拍卖和转让、交易和支付、旅行追踪和质量控制，旨在拉近现实移动旅游电子商务和理想中的旅游框架之间的距离。Dolnicar（2004）提出了一种简单的跟踪框架，允许在后验阶段在连续时间段对客户进行调查，把框架灵活地应用于各个阶段（经过重复的验证探索），从多个角度观察市场结构。Samuel 等（2009）对同一组澳大利亚之旅的 450 名游客进行了 3 次（旅游之前、其中和之后）有间隔的问卷调查，根据调查结果得出新的和积极的形象、清洁和有益的形象、放松的形象、旅游企业的发展、环境五个维度对旅行有很大影响。邱扶东（2004）用陛阶检验的方法，分别对不同个体进行 6 次问卷调查，分别对旅游的决策过程、影响因素调查研究、影响因素实验研究和自我评价调查研究进行研究，对不同的调查给出结论。大量研究从不同视角讨论了社会心理学效应在网络信息服务和传播中的重要作用，且这种作用对个体消费者行为的影响问题正越来越被重视，本研究也应充分考虑这个因素。

旅游信息行为效用或使用结果量化评价等在客观评价体系中占据着重要的地位。信息效用研究的视角随着时代和科技的更新不断地被拓宽，如朱婕（2007）的信息过剩等导致的负效用。Ye 等（2014）证实在线旅游评论对其他用户预决策、购买意愿和再购买意愿产生不同程度的影响。吴丹和袁方（2017）以人为中心的信息效用等。已有的研究成果多停留在信息搜索等某单一环节与消费者持续使用或信任等行为之间展开，且对在线旅游信息行为效用在采纳前、中阶段的深入研究不足。杨彩霞（2018）就旅游预定类 App 的用户持续使用行为展开深入研究。韩毅等（2018）将人际关系引入信息行为效用研究，发现存在血缘关系的效用依赖于深层次情感信息需求，存在业务关系的效用依赖于拓展业务水平和技能信息，网络人际关系的效用依赖于日常生活信息。

政府旅游门户网站信息服务质量研究成果较为丰富。通过对国外旅游管理领域，如 *Tourism Management* 等权威期刊，就旅游网站信息服务相关文献的全面分析，得出在研究中，信息服务的研究方法和信息服务内容等占据着重要位置，如表 1–7 所示。

表 1-7 旅游网站信息服务研究方法举例[①]

研究方法	研究方法	经典文献举例
计算法	Balanced Score Card（BSC）	Morrison 等（ITT，1999）
	eMICA	Doolin 等（TM，2002）
	Relationship Marketing（RM）	Gilbert 和 Powell-Perry（JHLM，2003）
	Website Content Accessibility Guidelines 1.0（WCAG）	DeMicco（Springer-Wien，2009）
	Marketspace Model	Dutta 等（EMJ，1998）；Blum 和 Fallon（ITT，2002）
用户判断法	e-Commerce Success Model	Perdue（JTTM，2001）；Zafiropoulos 和 Vrana（ITT，2006）；Stockdale 和 Borovicka（IFBR，2007）
	SERVQUAL	Parasuraman 等（JM，1985）；Aaberge 等（Springer-Wien，2004）；Lu 等（IJSEM，2007）
	E-QUAL	Kaynama 和 Black（JPSM，2000）
	Web Quality Index（WQI）	Cavia 等（TMP，2014）
	信息内容、声誉和安全、结构、易用性和实用性 5 因素分析	Chung 和 Law（IJHM，2003）Wan（TM，2002）
评价软件法	数据包络分析（DEA）	Baloglu 和 Pekcan（TM，2006）
	游客信息中心（VICs）	Shi（TM，2006）
数值计算法	启发式算法 heuristic algorithm	Yeung 和 Law（JHTR，2006）
	层次分析法（AHP）或模糊综合评价（FSE）	Lu 等（IJSEM，2007）Schmidt 和 Santos（TM，2008）
组合运用法	将以上方法组合使用	Choi 等（TM，2007）

由表可知，研究方法分主观和客观两部分，其中 SERVQUAL 和 eMICA 等研究方法至今依然被广泛应用。政府旅游门户网站的信息服务质量研究亦是在这些研究基础上延伸和演化而来的。国外学者还关注政府旅游门户网站的营销宣传功能和形象塑造功能。Lee 等（TM，2006）以美国为例以及 Lepp 等（TM，2011）以乌干达为例分别就其政府旅游门户网站的形象功能展开研究和讨论，Horng 和 Tsai（TM，2010）在东亚范围内就政府旅游门户网站厨房文化信息服务的营销功能进行深入探讨，Molina 等（TM，2015）和 Mak（2017）各自对政府旅游门户

---

① 资料来源：本研究整理

网站形象的功能和影响因素从不同视角展开对比分析。但已有研究对政府旅游门户网站信息的功能性却未给出明确的定义和划分，信息及传递方式对个体用户的影响等研究依然缺失。

2.旅游消费者行为的主观感受影响因素

对比传统旅游业，Deci 和 Ryan（2002）认为旅游网络空间的消费者具有全新的自主感、胜任感与归属感。消费者参与是网络旅游业区别于传统旅游业的重要特征（Brond，1997）。虽然情感、认知、知识存量等主观因素对在线旅游信息行为的影响较难界定，但学界对相关研究却一直在推进。Thong 等（2006）将感知愉悦作为情感反应的代表变量，发现感知愉悦影响用户信息技术使用的满意度和持续使用意向，且这个影响高于感知愉悦。Gao 和 Bai（2014）的研究结果证明感知情感与使用后之间存在着密切关系，侯明杰（2016）发现移动旅游 App 使用效果对用户情感存在影响，钱进宝（2019）对旅游微博情感研究等均证实了情感对行为存在影响，但情感如何影响及影响路径却没有继续得到深入分析。

旅游消费者是网络空间主观幸福感的本源，是空间信息加工主体、意义的主动建构者，甚至是改造者。他们往往基于已有知识、经验等对网络空间赋予新的意义，自觉不自觉地将网络空间镶嵌在现实社会结构中。本研究从源头探析其主观幸福感影响因素，包含人口学特征、动机、经验、文化背景、个性、满意度、情景信息等诸多社会学、心理学、营销学和经济学等多学科领域知识，因其在不同程度上发挥着直接、间接、中介和调节等综合影响作用。

满意度是政府旅游门户网站中一个重要的主观评价指标，源于市场营销学，是以市场为导向的所有营销活动中最重要的评价指标之一。满意度方面研究成果较为丰富，包括 Kim 等（2006）、Luque-Martinez 等（2007）、Lee（2009）、Chen 和 Kao（2010）、Hsu 等（2012）、Hosany 和 Prayag（2013）、Chung 等（2015）和 Ku 和 Chen（2015）等。研究多采用用户感知满足程度的主观测度的形式，这也是网站服务满意度最常见的思路，文本分析法和问卷调查等研究方法是获取实证研究数据的常用方法，详见表 1-8。

表 1-8 政府旅游门户网站信息服务满意度研究成果举例[①]

关键影响因素	研究方法/第三方	研究对象	作者
信息工具、电子商务、实用程序、透明度、公民参与	文本分析法/mySidewalk 公司满意度调查	美国市政官网 U.S. municipal websites	Feeneya 和 Brown（Government Information Quarterly,Available online 11 November 2016）
可访问性、安全、信任、互动和个性化	方差分析 ANOVA /Scheffé 测试	包含旅游官网在内的4类信息网	Noa 和 Kimb（Computers in Human Behavior,2015）
美食和烹调法(食物文化)、特色食品和食谱、当地美食、餐桌礼仪、美食旅游信息、美食旅游市场战略、饭店导向、饭店认证	内容分析法/Quality Tourism Services（QTS）Scheme	日本、新加坡等东亚6国旅游官网	Horng 和 Tsai（Tourism Management, 2010）
方便、安全、孩子的愿望、动物福利、信息查询	问卷调查/重要性 - 业绩表现分析法 IPA	韩国动物园	L Hyungsook（Tourism Management, 2015）
网站感知形象，线上程序、线上知识、客户创新以及四者的同步表现	问卷调查/结构方程模型	葡萄牙所有旅游网站信息服务	Pereira 等（Service Business, 2016）
知识共享文化、快速导航、杰出的旅游服务	问卷调查/结构方程模型	台湾旅游电子网站	Ku 和 Chen（Behaviour & Information Technology, 2015）
网站规划、网站管理、网站设计、网站内容	内容分析法	澳洲区域旅游部门网站	Benckendorff 和 Black（Journal of Tourism Studies,2000）

由表可知，国外满意度研究成果中大量地引入了第三方评级机构指标，这与国外完善的第三方评级机构及健全的评级体系有密切关系。但由于我国第三方评价体系的不健全，相关的研究评价指标和方法无法应用到国内的相关研究中。

3. 文化价值对消费者行为的影响

国外学者发现，对东亚消费者而言，政府旅游门户网站比其他网站的影响作用更胜一筹是源于文化的巨大影响。韩流作为席卷中日等国的文化形式被众多旅游目的地组织（DMOs）在政府旅游门户网站上宣传，调查发现政府旅游门户网站韩流动向宣传的信息能显著地影响消费者到该地旅游的意图。同样地，Horng（2010）通过分析日本、韩国、新加坡和泰国等地的官方美食网站或政府旅游门户网站中的美食部分，发现政府旅游门户网站上被推荐的餐厅营业额比其他网站

---

① 资料来源：本研究整理

推荐的同类店铺营业额要高，政府旅游门户网站介绍的当地餐饮文化和礼仪等相关内容极大地影响到阅读者。这证实在传统官方权威文化影响下，政府旅游门户网站存在着巨大的影响力，这种影响可以通过微观层面的改变深入地影响地区旅游经济。

跨文化研究中，荷兰国际文化合作研究所所长、著名的心理学家 Hofstede 对不同地区的文化构成因素进行定量研究和概括，分析不同文化维度对被调查者在家庭和组织内部的认知影响，提出 Hofstede 文化价值理论。该理论认为同一个文化环境下人们拥有的共同的心理特征，且这个特征在国家、地区和民族等宏观层面不同于其他人群。该理论最初由个人主义 / 集体主义、男性化社会 / 女性化社会、不确定性规避和权利距离几个维度构成，后维度被扩充，并被广泛地用于网络信息服务相关研究。

Vance 等人（2008）在"不确定性规避"文化价值维度的影响下，针对电子票务系统的系统质量提出导航结构和视觉吸引两个构念，研究二者对消费者的信任影响，如图 1-8 所示。

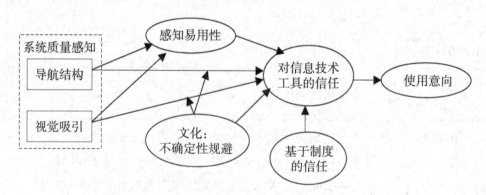

图 1-8　对信息技术工具的信任模型 [1]

研究数据源自文化价值稍有差异的法国和美国，发现文化不仅影响用户对信息技术工具的信任，还起到调节导航结构对信任影响的作用。Kim（2008）采用 Hofstede 的文化价值理论构架了网络商家基于自我感知的与基于转移的用户信任的理论模型，如图 1-9 所示。研究首先基于文化价值特征的不同，归纳出第一

---

[1]　Vance A., Elie-Dit-Cosaque C., Straub D. W.. Examining trust in information technology artifacts: The effects of system quality and culture[J]. Journal of Management Information Systems, 2008,24(4): 73-100.

类文化（特征为低风险规避、个人主义、短期导向、低情景）和第二类文化（特征为高风险规避、集体主义、长期导向、高情景）。实证研究发现第二类文化基于转移的信任因素对信任影响更有效。

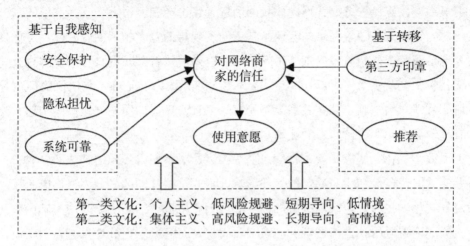

图 1-9　基于自我感知与基于转移的信任前因模型[①]

学者们还进一步发现这种作用对不同国家个体影响程度是有差异的。Cyr（2008）探讨电子信任与满意之间的关系，发现同样的网站信息服务对不同国家的用户产生的影响是有极大差异的，如导航设计和视觉设计对中国参与者满意度的影响尤为显著，但对加拿大和德国参与者满意度的影响不显著。Sia 等人（2009）采用 Hofstede 文化价值理论中的个人主义和集体主义维度分析两种网络战略，分别是可引起个体编组的消费者认可和可导致声誉归类的门户关联。通过对澳大利亚（个人主义文化价值显著）和香港（集体主义文化价值显著）取向对比研究发现：门户关联战略对澳大利亚更有效，而可引起个体编组消费者认可战略对香港消费者信任影响程度更大。

也有学者借助 Hofstede 文化价值理论对中国文化进行分析。香港中文大学心理学系的中国文化专家 Michal Bond 联合全球其他二十多位心理学家组成了名为"中国文化协会"的研究小组，采用本土心理学的研究方法，使用了 Hofstede 的文化维度以及独具中国文化特色的研究维度"儒家工作动力"等理论，生成了调

① Kim D. J.. Self-perception-based versus transference-based trust determinants in computer-mediated transactions: A cross-cultural comparison study[J]. Journal of Management Information Systems, 2008, 24(4): 13-45.

查问卷，用于描述我国文化特征。由此可知，采用 Hofstede 文化价值理论对我国文化以及网络消费者信任问题进行研究是可取的。李颖和徐博艺（2007）研究发现我国消费者文化价值具有弱个人主义/强集体主义、远距离权利、母系文化以及高不确定性避免等特征，因此，我国消费者在选择和表达上表现为典型的东方文化的内敛含蓄。随着网络的普及，学者们发现与消费者相近的旅游网页文化价值表现是消费者初始阶段处理情绪的指标，也是消费者判断网页可信度的直观的检验指标，指导并影响消费者。Kang 等（2008）认为 Hofstede 文化价值理论是政府旅游门户网站制定公共关系策略的有效工具，良好的网站文化价值构建大大地有利于与多元文化访问者的互动。

受政治文化、历史传统和社会风俗等因素影响，使得不同国家之间形成了具有差异的信任存量和相对稳定的信任影响因素。这些共同的影响因素形成了较为稳定的文化，并对各地区消费者的信任等行为产生极大的影响。采用 Hofstede 文化价值理论去分析我国消费者的网络文化表现，将有助于更好地推进各项工作，其中，包含政府旅游门户网站的使用和信任等问题。因此，找出我国消费者针对该类网站的文化价值，是政府旅游门户网站信任信息结构有效调整，提高其使用率并发挥意识引导等功能的关键。

4. 在线用户旅游信息行为研究模型

已有的研究以信息行为的搜索或交流等单一过程案例或实证研究为主，呈现出紧密地服务于国家、社会和行业的发展特征。案例研究采用多案例或文本分析等方法。Horng（2010）发现被新加坡和泰国等国旅游管理部门官方网站反复推荐的餐厅，其营业额高于其他网站推荐的同类店铺营业额，且对在线用户具有导向作用。Yousaf 和 Fan（2018）通过对泰国、日本和韩国旅游网站上清真饮食信息进行文本分析，构建针对伊斯兰教旅游美食信息服务框架。实证研究则是在已有信息行为模型基础上，加入新的自变量、因变量或协变量，构建新模型。Mahmud 等（2011）、Joowon 等（2015）、Zarezadeh 等（2018）等研究则采用的是对已有的旅游信息行为模型进行批判、修改和优化的方式。国内实证研究少，喻海燕（2010）用网络旅游信息态度对决策的影响构建了模型。杨敏（2012）对在线旅游信息搜寻的需求、行为和机制深入探讨，构建了模型。文彤和邱佳佳（2018）以"马蜂窝"为例，对旅游虚拟社区成员互动关系网络展开结构演化研究，分析虚拟社区成员旅游信息行为。

在网络行为中，很多人在快速决策时是基于直觉而不是缜密的思考（Kahneman，2003），这些情绪在网络空间更是稍纵即逝，无法只凭借单一的方法来捕捉，网络互动的技术和理念给消费者的参与带来了无限可能性。已有研究较多地透过网络用户的人口统计学信息、情境信息、社会关系等数据属性抽象出旅游消费者画像，尝试用情景模拟等各种实验方式，深度挖掘旅游消费者的网络行为。究其原因主要有以下几个方面的因素：第一，较之于共性，基于画像的个性更为重要。俗话说，"一龙生九子，九子各不同"，同样都是龙的孩子，但它们在性格、工作、社会关系、行为上都有天壤之别。旅游消费者也毫无二致，他们网络行为的影响因素受到来自个人、社会和情景等特征的影响。强行把他们归为一类，或者只提炼某几点共同因素，无助于现有市场和服务的细化趋势。第二，消费者行为背后的主观心理因素复杂且相互羁绊。例如，旅游消费者的幸福强调的是"享乐"，降低网络带来的超载困惑、相似困惑和模糊困惑（Walsh 等，2007），从而得到整体满意度提升、积极情绪积累和消极情绪消弭。心理因素是复杂的，任何的外在影响都可能导致情绪的改变，因此，想通过单一的模型或者理论对心理因素之作用于网络行为是不全面的。第三，网络环境下的消费者行为的影响来得快，去得更快。双系统认知过程理论认为人的行为由快速自动的直觉认知和慢速有意识的分析认知主导（陈晔等，2016）。已有的研究呈现出以下几个类别。

第一，情感分析法

相关研究从海量的文本数据里提取带有情感色彩的信息或词汇，通过对文本内容所表达的情感、态度或观点的程度或极性进行判定，以此判别出旅游消费者所持有的情感的中性、正面或是负面倾向性，分析他们对旅游区或景区的满意度、幸福感抑或忠诚度等情绪，定位出旅游目的地旅游的整体形象特征。刘智兴等（2013）以五台山风景区为例，通过网络收集旅游消费者对五台山旅游形象描述的 87 篇网络游记以及 620 条网上点评，对申遗后的五台山旅游形象的感知进行研究。Sun（2014）借助博客上发布的旅游信息，采用主题分析法研究中国旅游消费者对新西兰的旅游形象感知。王灿等（2013）通过网络搜索引擎收集到 104 篇关于喀纳斯的游记，用文本分析的形式，对旅游消费者的行为特征和游后评价进行分析，总结开发存在的问题，提炼旅游消费者对喀纳斯景区的游后意见。张维亚等（2016）以苏州园林为研究对象，通过语义网络分析，探索旅游消费者在旅游地的空间响应特征。刘宏盈等（2015）从旅游动机、旅游偏好、旅游者特征、旅游者消费倾向、旅游时间分布及旅后评价等方面分析赴泰国苏梅岛旅游的中国大陆旅游消费者的旅游状态。

第二，对比分析法

对比研究网络信息的数据挖掘与传统调查研究、不同地区旅游消费者的特征以及国内外旅游消费者行为感知等方面差异的相关研究，找出在各类研究之间的差距与差异，以更广阔的视野展开旅游经济发展和建设的更深层次研究。陆林（1997）对黄山旅游旅游消费者展开旅游动机调查，将其动机特征与国外相关研究进行对比分析，进而得出中外不同类型旅游消费者的旅游动机差异。Divisekera（2010）分析澳大利亚四大主要客源国英国、新西兰、日本和美国籍旅游消费者的消费行为。Süleyman（2011）对比分析到阿拉尼亚地区旅游的不同国家旅游消费者，就旅游中产生的购物感知与满意度展开对比研究。Geoffrey（2014）对比分析到中国北京丝绸市场购物的国际旅游消费者，分析不同旅游消费者的购物经历及满意度。

第三，问卷调查法

问卷调查法是人文社科类研究较为常用的方法之一，是调查研究者按照既定的研究目的编制的、遵循一定的设计维度、运用统一设计的问卷向研究对象了解情况或征询意见的方法。目的是收集抽象的、真实的和有效的研究对象的属性、特征等数据信息，形成对研究对象的理性认识。邱海莲等（2014）采用问卷调查法，以乌鲁木齐自驾车旅游消费者为调查对象，通过对其旅游动机及行为的研究，找出乌鲁木齐自驾游产品，以及旅游服务存在的问题，进而为自驾车旅游产品的开发提供建议。白凯等（2005）通过随机抽样问卷调查的形式，对北京入境旅游消费者在旅游感知、客源地分布、旅游评价等方面展开研究，总结外国旅游消费者对北京的整体感知印象，据此提出北京入境旅游市场的发展建议。另有，文彤和廖海牧（2009）对香港居民进行对内地游客不文明行为的感知态度抽样问卷调查，王朝辉等（2011）以上海世博会国内旅游消费者为调查对象实施世博会旅游方案优化研究，方寒雁（2012）基于网络游记研究横店影视城旅游消费者旅游体验，在理论建构基础上用问卷调查方法展开体验特征研究等，基于不同的视角和调查研究方法对不同群体展开各类旅游消费和旅游经济的调查。

第四，文本分析法

将网络中繁多的传播内容进行系统的归纳、整理、统计并转化为定量数据资料的一种质性研究方法。文本分析法，又称内容分析法，该方法能够对文本内容进行客观的且系统的定量描述，挖掘出文本内容中蕴含的精确含义与规律，从而能够预测事物未来的发展趋势。内容分析法与互联网的结合更是大幅提升研究数据获取的范围及效率。苗学玲（2006）借助网络旅游论坛上的主帖信息进行自驾车旅游文本分析研究。王新亮和姚葆凤（2009）基于网络游记采用文本分析法分析赴黄山自助旅游现象及产生原因。沈晓婉（2013）对凤凰古城相关网络游记进行文本内容分析。姚占雷等（2011）借助网络游记信息进行数据统计。张妍妍等（2014）采用数据挖掘和社会网络分析法利用游记和照片获取旅游数字足迹，总结西安国内散客旅游流时间及网络结构特征。胡传东等（2015）通过内容分析方法以网络骑行游记为研究基础资料，展开骑行旅游消费者对川藏线风景道的旅游体验规律及特点研究。

第五，深度访谈法

案例研究作为一种研究策略，是管理学领域的基本研究方法之一。研究要通过现实生活中的现象去探究隐藏在其中的科学问题，尤其是当这种现象与所处的背景之间的界限模糊的时候。案例研究也是一个从数据到理论的归纳过程，需要深度地沉浸于现象之中，所以其适用研究范围存在一定的限制（Eisenhardt，2016）。Yin（1981）认为案例研究适用的场景，即适合于回答"为什么"和"怎么样"这两类问题，而并不适合于回答"应该是什么"等问题。Xu（2012）以在美旅行的中国旅游消费者为研究对象，运用访谈调查的研究方法进行深度访谈，发现其购物偏好和购物经历。贾磊（2014）通过采集政府旅游官方网站相关信息，从旅游目的地管理者与游客的视角展开访谈研究，探讨不同群体对成都旅游形象的认知差异。

第六，核密度分析法

核密度分析法是研究数据样本自身分布特征的一种非参数的估计方法，被广泛地应用于空间分析，主要通过计算点属性及要素在其周围领域中的密度，将表示点的聚集区域程度信息表现出来，并通过颜色深浅的变化表示点属性及要素聚集程度。Jia 等（2013）借助手机信令数据，分析上海世博会期间外来旅游消费者的流动情况，并通过手机实时信令数据研究旅游区域空间内旅游人群日变化的空间分布情况。Folt 等（2015）将风景明信片运用到旅游消费者的空间行为活动的研究中，从研究中发现风景明信片应用于旅游空间行为研究的可能性及其可能蕴含的特殊意义。杨兴柱等（2014）利用社会网络挖掘技术，探索了基于地理标记照片的南京市旅游消费者的空间分布格局和旅游路径。

第七，案例分析法

又称个案研究法，是通过对个人、团体组织和社区等特定社会单元发生的重要事件或行为的过程、背景、诱发动机、未来走势等的深入挖掘和细致描述，呈现事物隐藏的真实面貌和丰富背景，并在此基础上进行进一步的解释、分析、评价、判断或预测。魏立华和丛艳国（2001）针对老龄人口的旅游空间行为特征，分析其行为特征对旅游业经济收益贡献率的影响。刘力和吴慧（2010）基于对九华山的韩国旅游消费者的调查数据，分析发现韩国旅游消费者到九华山的佛教朝拜、休闲放松、亲近自然、旅游购物和旅游文化体验五个动机。王兆峰（2014）以旅游城市张家界市为案例，分析张家界旅游消费者公共交通感知维度，及其对旅游消费者目的地整体满意度和行为意图的影响。Kamata（2015）探究旅游消费者在周末和工作日造访日本温泉旅游动机的异同，发现工作日旅游消费者的旅游动机更为明确，共同的旅游动机均是寻求放松。滕茜等（2015）以上海旅游景区为例，运用网络游记和官方旅游部门发布的要闻信息，分析旅游消费者感知和官方部门宣传之间旅游景区的冷热差异及二者之间的联动机制。

六、研究评述

通过对上述文献的综述可以发现，目前网站信任、信任影响因素、政府旅游门户网站及旅游消费决策行为等相关研究历史存在以下几点特征。

（一）现有的信任研究中以 Mayer 为代表的能力、善行和诚实三维度的信任研究已取得许多成果，然而，在政府旅游门户网站信任方面依然缺乏界定和实证研究。又鉴于管理者仍然对消费者需求不明晰，因此需要通过对消费者的调研，挖掘信任包含的维度及其在政府旅游门户网站信息上的有效表现形式。

（二）信任理论已经在商业旅游网站和政府门户网站取得了丰富的研究成果。但由于政府旅游门户网站的特殊性，既要实现政府绩效，还需满足消费者的需求，所以无法直接使用相关信任的研究成果。又由于政府旅游门户网站重要的营销作用，以及信息构成导致的消费者使用和信任影响偏低等客观现实，未来的研究可借鉴以上两类网站主客观比对研究，以及以消费者为主的网站综合绩效等信任研究及思路，对政府旅游门户网站的信任提升问题展开深入探讨。

（三）已有的信任及信任影响因素研究已经从单一的信任维度扩展到心理学效应和其他因素的共同作用。一方面是由于随着经济的发展及新兴复合型经济形态的出现，迫切需要对影响信任的因素进行分析；另一方面，随着消费者认识和需求的不断提高，影响信任的因素也越来越多。因此特别需要从消费者的角度，对影响消费者信任的政府旅游门户网站构成因素进行重新界定。

（四）我国传统文化及文化价值在我国政府门户网站信任影响研究中的被重视程度不足，但其重要性以及对消费者信任的深远影响已被国外众多学者证实。在我国政府旅游门户网站的信任信息构成研究中，符合我国消费者文化取向的政府旅游门户网站信息表现和信息服务框架设计是否有助于提高消费者信任，需要进一步研究和被证实。

（五）旅游网站受损和修复问题。旅游和旅游网站信任受损及修复的相关研究尚未得到关注。已有的信任受损及修复相关研究重前因轻后果，侧重信任受损后的补偿修复研究，而轻信任受损前的信任积极持续影响研究。更忽视了政府旅游门户网站在旅游信任修复中的巨大影响力。

（六）旅游消费行为从收集、整理、设计、计划、决策、安排直到最终实现等一系列环节的影响因素分布广泛，受众多纷繁复杂的因素的影响，相关的决策行为研究包含内容是丰富的且复杂的。但旅游消费者在我国政府旅游门户网站的旅游消费的信息搜集及决策等行为过程中，对信任感的影响研究依然是不被重视的环节，对信任感起到影响作用的关键因素和有效路径具体的量化研究成果依然十分匮乏。

上述理论的缺失为本研究提供了科学研究和理论创新的机会。本研究以消费者对政府旅游门户网站的信任感为目标，对政府旅游门户网站信息信任受损的表现及成因抽丝剥茧；进一步基于文化价值就潜在消费者对政府旅游门户网站信任感的影响因素、信任有效信息构成和表现分别进行深入探讨，并展开研究，探究有效的政府旅游门户网站信息信任的有效路径，以期完善消费者对政府旅游门户网站信息信任的相关研究和理论。

第二章 政府旅游门户网站信息信任受损案例访谈设计

鉴于政府旅游门户网站同时具备电子政务和旅游服务的双重特质，本章拟基于信任理论、社会心理学效应等理论，结合政府旅游门户网站自身，分析消费者对政府旅游门户网站信息信任影响因素和构成，并据此提出相应的假设命题。从信任主体消费者层面，通过多案例的研究方法，分别对旅游行政管理部门、旅游商业企业和消费者三个层面展开案例访谈的设计。

第一节 信息信任影响因素的界定

电子商务环境下旅游企业和政府旅游门户网站信息信任等相关问题的发展受到众多因素的影响。Beerli 和 Martín（2004）对已有的目的地形象量表总结归纳得出目的地形象测量分为自然资源、自然环境、政治经济因素、社会环境、旅游基础设施、公共基础设施、旅游者的休闲与娱乐、文化历史和艺术、地方氛围9个部分。张文娟（2010）认为资源位（包括自然资源及气候）、文化位（包含文化历史背景和地方民俗文化）、生态位（即旅游业可持续发展）和经济位（包括旅游基础设施、公共基础设施、商业氛围、经济发展水平等）是旅游目的地品牌定位需要综合考虑的因素。这些极具双刃性的影响因素可以积极推动产业发展，但也会反过来阻碍产业的前进。归结起来，分别从文化价值、社会心理、行业竞争和生态经济几个旅游消费者信任核心以及旅游研究关注热点去展开。

一、文化价值的影响作用

荷兰心理学家，跨文化管理研究权威专家 Hofstede 提出文化价值理论，认为文化价值是各国在文化方面存在的内在结构的差异，这种差异是造成各国在面对同样的问题时，解决问题的方法却各不相同的本质原因。理论通过个人主义／集体主义、男性化社会／女性化社会、不确定性规避、权利距离以及长期／短期取向（Hofstede 和 Bond）五个维度来描述各国的文化价值观和行为取向。最初的 Hofstede 文化价值被大量地应用于各个国家的跨文化管理研究领域，并得到了广泛的认可，后被其他学科研究积极采用。如 Srite（2000）就在信息系统研究中，将技术接受模型和 Hofstede 文化价值的 4 个维度相结合，用于分析文化价值理论对于信息系统使用的影响。

随着研究的不断推广，有学者总结了我国文化价值的特征。受东方文化中内敛含蓄的高度影响，我国消费者文化价值表现为：弱个人主义 / 强集体主义、远距离权力、母系文化以及高不确定性避免等特征，这些维度在一定程度上对我国消费者的认知和选择是有影响的，研究还确认了文化价值在网络表现中对消费者的感染力（李颖和徐博艺，2007）。之后，随着网络的广泛普及以及网络经济的飞速发展，文化价值被越来越多地用到与网络经济的关系分析研究中，使用该理论的部分维度来展开各种探索性的研究。Hofstede（2005）发现与消费者相近的旅游网页文化价值表现是消费者初始阶段处理情绪的指标，也是消费者判断网页可信程度的直观的检验指标，可以指导并影响消费者。Schwartz（1994）和 Cyr（2008）指出跨文化的网页设计中的信息设计、导航设计和视觉设计会影响使用者的信任、满意度和忠诚度。此时的网站信息构成的文化价值研究成果对实体经济的指导意义尚处于理论层面。

Hofstede 文化价值理论后续被广泛地应用于旅游研究中，多以旅游消费者为研究对象，在 Hofstede 文化价值理论的权力距离、不确定性规避、个人主义 / 集体主义和男性化 / 女性化等维度基础上，对来自不同国家文化背景的旅游消费者的城市旅游空间行为进行比较，分别采用独立样本 T 检验、ArcGIS 空间分析、Pearson 相关分析、集中指数法和单因素方差分析等方法对旅游空间行为展开实证研究。检验调查文化价值特征和空间行为之间的相关关系，试图探索文化价值背景特征对空间行为、空间集聚性和时间集中性的影响。不同研究视角，其研究结论也不尽相同。

在 Hofstede 文化价值研究发展过程中，经历了构建单一和交叉影响的变化过程。Money 和 Crotts（2003）在其研究中单一地使用 Hofstede 文化价值中不确定性规避构念来解释亚洲的旅游消费者偏好旅游团体出行的原因，但事实上除了不确定性规避的影响外，集体主义构念也是重要的影响因素。Manrai 和 Manrai（2011）研究发现在不确定性规避的影响下，个体旅游消费者更愿意选择参加旅游团来减少风险，但在某些情况下，也是由于集体主义是最佳的生活方式这种文化造成的影响。文化价值观的不同构念之间相互影响关系较为复杂。在影响旅游行为的研究成果中，文化价值观的多个构念，有的充当中介变量，有的充当自变量，还有的可能会充当调节变量，共同作用于旅游行为。Litvin 等（2004）在使用 Hofstede 文化价值中的不确定性规避研究旅游行为时，认为最好把文化价值的权力距离、个人与集体主义构念纳入进来，因为其在自变量和因变量之间起调节作用。后续的研究更倾向于将文化价值的多个构念综合考虑。

受各自国家文化和文化价值的影响，不同国家的旅游消费者的行为差异主要表现在停留时间、旅游方式、旅游计划、活动偏好和信息搜索等方面。有研究得出具体的研究结论，认为权力距离等因素分别对"在本市内的旅游方式""研究区内景点之间的运动方式""到研究区的交通方式""探索景点之外的区域""运动顺逆时针方向性""旅游有无计划性""探索景点之内的大部分区域"和"每次旅游景点数"等旅游空间行为分别具有显著差异影响。美国旅游局的调查报告显示，法国旅游消费者对地方饮食的兴趣度最高，英国旅游消费者去北美旅游以照相和购物为主。Kozak（2002）对英国和德国旅游消费者在土耳其和摩洛哥的旅游行为和动机的差异进行比较，研究发现英国旅游消费者偏爱娱乐活动，喜欢跟其他国家旅游消费者共同度过开心的时光，而德国旅游消费者更喜欢文化和历史景点。Pizam 和 Sussmann（1995）研究发现日本、美国、法国和意大利旅游消费者在旅游行为上也各不相同：日本旅游消费者喜欢待在自己的群体中，旅游出行计划详细；美国旅游消费者买东西最多，对亲身体验类活动更感兴趣；意大利和法国旅游消费者最爱冒险；意大利旅游消费者的行程计划最简略。Pizam 等（1999）还发现美国旅游消费者喜欢结交新朋友，日本旅游消费者更喜欢团队旅游，法国旅游消费者偏爱自助游；美国旅游消费者对当地饮食感兴趣，而法国、日本、意大利的旅游消费者对当地饮食没有太大的兴趣；日本旅游消费者拍的照片数量最多，而法国旅游消费者对拍照的兴趣最低。Kim 和 Bruce（2005）针对日本和英美旅游消费者的差异，深入研究后发现，英国和美国旅游消费者的主要出游目的是"娱乐、异地探险"，日本旅游消费者的主要出游目的则为"亲情"和"旅游目的地形象"这两个因素。Kim 和 Lee（2008）研究发现澳大利亚和美国旅游消费者到韩国旅游的主要动机是追求新奇和体验异地文化；而中国香港和内地的旅游消费者除了以上原因，还会为了显示社会地位或逃避日常生活等而选择出境旅游。Reisinger 和 Turner（2003）对澳大利亚本土居民与入境游客的文化差异进行了一系列的研究，发现澳大利亚本土居民与中国旅游消费者，包括中国大陆、港澳台和新加坡华裔等，在旅游特征方面存在以下差异：自我实现性、情感表达、礼仪、对旅游活动的理解、人际交往、社会义务与责任。梁旺兵（2005）曾对赴中国的外国旅游消费者展开调查，并发现来自新加坡和泰国的旅游消费者因为受中国的影响，语言障碍较低，与中国当地居民的交往程度较高；虽然欧美旅游消费者有语言障碍，但由于性格外向，所以与当地居民也有较多的接触；而日韩旅游消费者由于宗教等文化因素的影响，性格内向，有语言障碍，与中国当地居民的交往最少。

胡斌（2015）以福建省旅游局官方网站"福建旅游之窗（www.fjta.gov.cn）"和英国伦敦旅游局官方网站"www.visitlondon.com"为研究对象，试图从Hofstede 的"长 / 短期取向"这一文化价值理论视角展开比较和分析，研究发现长期取向的国家常常把历史传统融入现实。福建作为长期取向文化价值特征的代表，悠久的历史赋予了各个旅游景点丰富的内涵和底蕴，其政府旅游官方网站的文本往往包含了许多的历史人文特征。英国作为短期取向文化价值特征的国家，其政府官方旅游网站的文本则偏向于直接描述。

左冰和 Kim（2017）以地处丝绸之路黄金节点的乌兹别克斯坦为案例研究对象，以深入调研的方式分析了不同文化类别国家的旅游消费者在乌兹别克斯坦的旅游行为和感知差异，并借用 Hofstede 的文化价值理论进行解释。研究有如下几方面的发现：首先，乌兹别克斯坦入境旅游消费者普遍年龄比较大，停留时间长，受教育水平高，寻找真实性，更愿意花钱，以获得真正的深度体验。其次，不同文化价值类别的旅游消费者在旅游目的、游览空间、停留时间、旅行方式等方面具有不同特征。第三，借助在权力距离、个人主义—集体主义、不确定性规避和男性度这四个文化价值维度，研究发现除了在"男性度"维度对各类旅游消费者没有明显影响差异外，其余三个维度均能有效地解释旅游消费者行为的差异。最后，西方旅游消费者受个人自由主义的影响，极富冒险精神，以精神性体验为主，他们关注文化体验和建筑，旅游目的以参观丝绸之路、体验异域风情，感悟不同城市居民的生活方式为主，在旅途中以寻找快乐为目标，目的地的选择上往往趋向于游客较少的地方。具体说来，俄罗斯旅游消费表现为个人主义，由于没有语言障碍，他们具有低不确定性规避特征，因此更多地选择自助游方式来安排旅行计划，关注旅游的便利性，对价格比较敏感，以世俗体验为主，偏好上追求休闲和美食；亚洲旅游消费则两者兼而有之，行为上表现为典型的集体主义，想参观大家都去的地方，重视与本族群的关系，关注景点的文化价值，关心旅游服务质量，由于高不确定性的规避，亚洲游客访问乌兹别克斯坦之前都会通过旅游公司把旅行计划安排好，出于高权力距离特征，他们不愿意与其他游客交朋友，更专注于文化、历史遗产、交通和服务水平。研究认为与亚洲旅游消费者相比，西方旅游消费者更愿意跟其他旅游消费者交流，其旅游感知多集中体现在文化和精神层面。西方旅游消费者尽管文化上存在低权力距离和低不确定性规避特征，但是年龄过大和语言障碍使得他们放弃自助游，选择跟团旅游的形式。

Kim（2001）对韩国旅游消费者在澳大利亚的行为研究发现他们的旅游行为和日常行为有着很大的反差，充分说明除了文化价值以外，旅游行为受到了旅游文化的极大影响。

Matzler 等（2016）的研究也证实不确定性规避和个人主义在品牌自我一致性以及重访意向之间的调节作用，由此认为旅游文化/旅游情景是导致该变化的重要原因。

不同文化价值对空间行为方式，以及空间集聚性和时间集中性也均存在影响（郑鹏，2015）。首先，在空间行为方面的影响力远大于微观层面的空间行为，不同的文化价值维度对各种空间行为方式的影响是存在差异的，对旅游消费者的旅游空间行为影响最大是个人主义/集体主义，男性化/女性化特征是影响旅游消费者旅游空间行为特征最小的一个文化维度。其次，在空间集聚性和时间集中性方面，个人主义/集体主义和男性化/女性化低分值旅游消费者具有空间集聚性且游览时间长的特征，权力距离与不确定性规避高分值旅游消费者具有空间集聚性且游览时间长的特征。综上所述，文化价值对消费者的心理产生极大的影响，但这种影响是否也会影响网络环境下的旅游消费者的信息信任，是我们应该关注的问题。

二、社会心理的影响作用

Mayo 和 Jarvis（1987）认为旅游消费者在旅游决策阶段，受社会因素和个人的心理因素的共同影响，其中社会因素主要来自参照群体、社会阶层、文化和亚文化等方面的影响。哈尔滨工业大学叶强教授一直在做旅游商务研究，他在研究中曾采用首因效应分析在线评论嵌入商品描述的有用性，还有 Joowon 等（2015）对网页中旗帜 logo 产生的心理效应研究等。诸多的社会心理学效应已被广泛用于旅游消费者的网络行为影响研究中。结合已有研究成果，研究拟用首因效应、美好效应和多看效应分析政府旅游门户网站信息信任的影响问题。

（一）首因效应

首因效应指个体在认知过程中，通过对最先输入的客体的初始印象产生认知，该初始认知会对后期认识该客体产生显著的影响和心理倾向，这也是我们通常所说的"第一感"和"第一印象"。第一印象的作用和持续的时间都是最强和最长的，且第一印象对整个客体印象的作用力要强于后期其他信息的作用力。首因效应本质就是优先效应，多用于解释陌生客体之间的印象问题。在旅游行为发生前，旅游目的地对于消费者而言属于陌生客体，政府旅游门户网站的优劣会对消费者形成首因效应。因此，旅游地及其门户网站在信任建立阶段的第一印象十分关键。

网络时代的消费者经过长期的学习和经验累积，信任判断的经验已经越来越趋于理性。虽然我国的旅游消费者情感上认同政府旅游门户网站极具权威，但在第三方认证制度不健全的情况下（Hofstede，1980；福山，2001），政府旅游门户网站还是会因其自身缺陷以及蜂拥的负面口碑累积和信任参考体系的缺失，导致旅游消费者对其的第一印象的不稳定，甚至会出现初始信任不高，以及不被消费者使用和信任的情况。区别于对商业旅游网站信任，影响消费者对政府旅游门户网站信任的因素不再单一地源于网页自身，会拓展到日常对当地政府及其管理能力的信任。可见，消费者对政府及其旅游门户网站的首因效应会影响其使用意愿和进一步旅游的前提。因此对信任建立和累积阶段，政府旅游门户网站的第一印象对消费者信任造成的首因效应是需要关注的部分。

（二）雷尼尔效应／美好效应

雷尼尔效应源于美国西雅图华盛顿大学，效应描述的是该校的教授们放弃其他高校的高薪待遇，而宁愿选择到薪水相对较低的西雅图华盛顿大学本校就职，究其原因是教授们更偏爱这里优美的环境，而不是多出的那部分薪资。美好效应是雷尼尔效应的引申，描述的是人们会认为外表俊美的人在其他方面也会很出色。在人际交往中，我们无法实事求是地评价一个人，通常根据自己对对方的了解去进行推测，从对方的某个特性泛化到其他特性上，由局部信息推断出较为完整的印象，就会出现一好俱好或一坏俱坏的极端现象。

美好效应对旅游决策产生影响，政府旅游门户网站上对植被、生物和景区环境设施的新闻和图片展示等均会对消费者造成先入为主的概念。随着良好的环境资源保护日渐被重视，自然资源、动物和植物等环境资源展示成为影响旅游的关键因素，完美的环境资源展示会对消费者造成极强的雷尼尔效应（Mathis 和 REE，1996）。虽然美好效应多来自口碑相传，但由于口碑相传存在信息不完全、模糊以及受污染等问题（Burt 和 Knez，1995），通过第三方权威机构采集和整理的资料，由于不受相关利益的驱使，更突显其客观和公正，有助于消费者构建美好的认知和信任。基于美好效应，消费者是如何透过第三方信息来辅助信任的判断，是本研究的关注点。

（三）多看效应

多看效应（又名重复曝光效应或熟悉定律）指当某个人 / 事物在自己的眼前出现的次数越来越多时，自己越容易对其产生偏好和喜爱，从而倾向于信赖它。人们会单纯地因为自己熟悉某个人 / 事物从而产生好感，表现在人们对与自身习惯相近的事物更具亲近感。

在旅游经济中，多看效应对消费者的影响体现在消费者会倾向于选择阅读和信任与 Hofstede 的文化价值相近的网页，因为这些网页更符合自己的习惯（Francisco 等，2014）。由于不同地区的 Hofstede 文化价值相互之间差异较大，人们更愿意选择和信任与自己的 Hofstede 文化价值相近的产品和服务（Hofstede，1984）。因此，如果旅游地或网站开发者对自身和网页使用者的文化价值认识不到位，没有实现习惯的信息数据转化，一方面无法突出本区域的文化精髓；另一方面会因不良的网页文化价值表现而错失潜在消费者。为此，本研究拟将多看效应纳入影响消费者信任的因素的研究中，考察 Hofstede 文化价值对信任的影响大小。

三、行业竞争的影响作用

行业竞争程度高低与社会信任作用大小存在相关性。社会信任对管理者恪守职业操守产生影响，从而减少损人利己的机会主义的发生几率。高水平的社会信任敦促良好社会规范的形成，并进一步约束管理者机会主义行为，进而降低行业竞争和企业管理中不当行为发生的可能性（刘宝华等，2016；Dong 等，2018）。在高度信任的社会环境中，管理者们对社会公平和社会规范的敏感程度更高，避税等行为会得到抑制（Kanagaretnam 等，2018），并进一步影响管理者对其他企业的认知和期待。影响生鲜企业 O2O 平台化的关键分是环境因素、产品因素、平台因素、用户因素，各自承担着驱动、保障、支持和主导作用，如图 2-1 所示。模型认为，作为主导因素的信任对驱动因素中的行业竞争产生影响。但遗憾的是，研究仅停留在模型构建阶段，相关实证研究没有进一步展开。

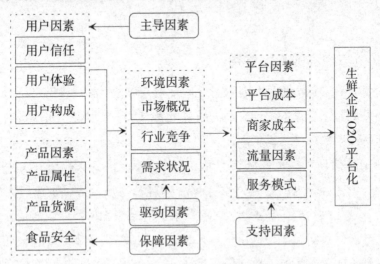

图 2-1 生鲜企业 O2O 平台化影响因素模型[①]

社会信任提高信息公开的程度高低度受制于地区法律环境、行业竞争程度等因素，社会信任在行业中的竞争程度越高，其作用越强（韩艳锦和冯晓晴，2021）。行业壁垒越高，企业自愿信息公开化的意愿越高（Leuz，2004）。实际情况是行业竞争环境高的企业，极少发布盈余预测（Verrecchia 和 Weber，2006）。例如，在美国研发投入高的 IPO 企业，出现过修改提交美国证监会的注册文件信息的事件（Boone 等，2016）。也有学者认为市场竞争越激烈时，隐瞒有关销售和销售成本等信息的几率越大（Dedman 和 Lennox，2009）。当企业组织面临的行业竞争度越高时，相关管理者披露研发信息的私有成本越高，则信息公开的可能性越大，社会信任度越高。社会信任度与企业研发信息披露之间呈现出正相关关系（韩艳锦和冯晓晴，2021）。

已有研究证实行业竞争与信任存在相关作用。旅游行业属于完全竞争行业，其竞争激烈程度是极高的。行业竞争程度可以实现调节社会信任与企业风险投资

① 丁慧平．基于扎根理论的生鲜企业 O2O 平台化影响因素研究 [J]．中国流通经济，2019,33(10):33-42.DOI:10.14089/j.cnki.cn11-3664/f.2019.10.004.

水平关系的作用，特别是在不确定程度比较低的行业，管理者对风险的感知较低时，起到了强化社会信任与管理者风险承担关系的作用（刘诺，2018）。高竞争程度的旅游网络信息行业，其经营过程中面临的风险和不确定性因素也就越多，导致旅游管理者对风险的预期更敏感和强烈。但学界对此关注度和研究有待进一步加强。

四、生态经济的影响作用

旅游消费者对旅游地的信任在一定程度与其环境行为、生态经济有联系，信任是激励人们愿意合作的关键，而高质量可靠的生态制度似乎可以成功地增加信任。已有研究大致可分为以下两类。

第一类是信任对绿色、低碳、可持续等生态经济的影响研究。研究以信任为切入点，基于不同理论，综合各个研究内容和视角，揭示主体行为的内在机制。旅游开发导致的村庄环境污染和生态破坏等被感知成本，政府信任对旅游感知成本有显著的负向影响（贾衍菊等，2021）。旅游消费者的环境信任对环境行为有较为显著的正向影响（黄炜等，2016）。旅游业是阿瓜布兰卡社会生态恢复力的催化剂（Ruiz-Ballesteros，2011）。在旅游实际工作各环节，培养对环境的态度，学习二者融合过程发生的适应变化和不确定性；社区实践的经历和信任服务于重组、更新、培育生态多样性；导游作用在于综合不同种类的生态知识；社区委员会致力于为自我创造机会。旅游活动一方面可以巩固生态实践的行为和记忆；另一方面增加了旅游消费者与目的地管理者之间的相互信任。它们都为潜在的重组和更新培育生态多样性，这是社会生态系统恢复力的关键。专长信任正向地影响居民低碳消费态度和居民低碳主观规范，品质信任正向地影响居民感知行为控制，最后对居民的低碳消费行为产生影响（刘志其，2016）。该研究将企业在低碳技术的技能的特长界定为专长信任，将企业对居民利益的维护以及关注社会环保事业的品质定义为品质信任。因此，在高人际信任环境下，道德义务感和人际信任对驱动生态行为意愿具有重要作用。旅游者自我责任易于转化为实施利他行为的道德义务，也就更有可能做出生态的行为决策（张环宙等，2016），如图2-2所示。研究提出除了教育和惩罚，管理方还可以通过向旅游者进行环保知识输送，强调不当旅游行为对生态环境影响的严重性，普及生态保护的意义和责任。

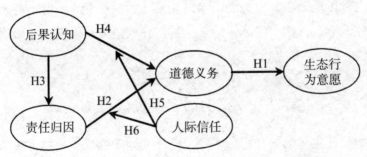

图 2-2　自然旅游地游客生态行为内生驱动模型[①]

　　第二类是绿色、低碳、可持续等生态经济对信任的作用研究。研究成果相对于前者较少，但已有研究证实生态理念及经济会对旅游消费者的信任产生影响。低碳产品的可选择性、低碳知识的可习得性、酒店低碳规范对旅游者酒店入住期间低碳感知信任有正向影响，感知信任对低碳消费意愿又进一步产生正向影响（李超，2018）。其中，研究将低碳产品的可选择性界定为旅游者在酒店时可接触到低碳产品，并且可以选择或者不选择使用的权利；将低碳知识的可习得性定义为在酒店环境内，旅游者可以通过各种方式，学习到的有关低碳的相关知识；酒店低碳规范被定义为对旅游者心理产生影响的外在环境，如图 2-3 所示。

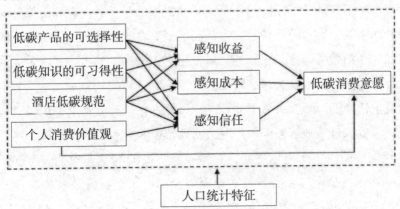

图 2-3　酒店低碳消费意愿研究模型[②]

　　以上研究证实，生态经济与信任之间存在着联系。Al-Ansi 等（2021）也证实包含生态和环境因素的文化遗产掠夺现象对政府信任有显著影响，而政府信任

①　张环宙，李秋成，吴茂英. 自然旅游地游客生态行为内生驱动机制实证研究——以张家界景区和西溪湿地为例 [J]. 经济地理，2016,36(12):204-210.DOI:10.15957/j.cnki.jjdl.2016.12.029.
②　李超. 旅游情境下游客酒店低碳消费感知及低碳消费意愿研究 [D]. 浙江工商大学，2018.

又进一步对社区旅游参与有显著影响，并最终影响可持续旅游支持的多重且相互影响的关系。这为生态经济作用于旅游信任的研究提供理论基础支持和研究可能。

第二节　案例访谈研究假设提出

从影响信任主体的信任视角来看，信任的倾向变成了一种重要的行为。是否信任他人或他物，以及在多大程度上信任他人或物，是个体经常需要面对的抉择。通常受个体的不同成长经历、文化背景以及人格特质等因素的影响，不可避免地出现信任倾向上的差异。这种信任倾向并不单单基于信任者对某一特定对象的经验或认证，更是基于信任者在以往的生活过程中的一般经验与社会认知积累。当信任主体对于某一特定的信任客体缺乏深入的个人了解时，这些隐形因素就变得尤为显著。

一、首因效应下独特旅游资源的竞争优势影响

对于消费者，在信任建立的初期，首因效应极大地发挥着影响作用。资金不足或管理水平不高的政府旅游门户网站，其提供的服务、内容和功能等均无法满足消费者的需求，会导致消费者产生负面情绪。在旅游行为发生前，地区旅游和网站状况对于消费者而言是未知的，属于陌生人网络。又由于首因效应的影响，消费者甚至会扩散性地认为该区域旅游状况不好，相应的旅游风险指数也较高，进而造成信任降低而不愿去旅游的可能。因此在信任建立初期，消费者辅助判断最直观的感受来自该地区旅游门户网站的独特旅游资源的网站表现。

从管理者的视角研究也证实，独特旅游资源的网站表现是极为重要的。以Osborne 和 Plastrik 为代表的新公共管理理论提出了企业家政府理论，该理论主张政府在提供公共服务时应以顾客为导向，将竞争机制注入到提供的服务中，通过资源优势的获取来提升当地旅游经济。美国 New JerseyNewark 州立大学电子政务协会、韩国 Sungkyunkwan 大学全球电子政务政策协会和联合国经济社会发展部公共行政与管理司等机构于 2003 年 12 月联合发布政府门户网站测评报告。报告对全球 82 个国家的 84 座城市的政府门户网站在可用性、安全/隐私、在线服务、站点内容和公众参与 5 个一级指标进行系统评估，每个一级指标包

含了 14~20 个关键特征，研究发现表象强的网站在内容、导向设计、功能和功能建设等方面获得消费者更多的认可和信任，从而带来更高绩效。Wei（2011）对包括我国在内的 5 个国家的旅游对外贸易的显示性比较优势指数（Revealed Comparative Advantage Index，RCA）进行研究，认为相对于西班牙和美国等国，我国的旅游产业作为服务产业的一部分长期处于被忽略的地位。研究认为，鉴于我国旧有的旅游基础和管理的不完善，政府旅游门户网站至今对旅游产业的发展辅助作用不明显。要达到西班牙等旅游强国的旅游产业和旅游电子商务的服务和信任水平，构建旅游网络的优势表现是关键。可知，包含门户网站在内的区域旅游整体状况以及这些状况通过网络传递的强弱变成了影响信任建立的重要因素。

在未实施旅游行为前，了解当地独特旅游资源最常用渠道就是网络。随着现如今网络的飞速发展，技术等已不再是获得优势的关键，表现焦点更多地集中在网站信息的构成和展示方式上，以及消费者的使用感受和获得满足的程度上。消费者通过使用感受的对比，对各个机构及其门户网站的独特旅游资源的网站表现的竞争优势给出心理定位和排序，在心中形成首因效应，造成对该政府及其网站先入为主的印象，以及竞争高低的排序，相关研究总结整理如表 2-1 所示。

从表中看到，基于评价指标的不同，每个研究中对各省的排序是不一样的，消费者对各个网站独特旅游资源的网站表现和感受也随着评价体系的不同而出现差异，即网站的表现优势是动态的和可变的。虽然政府旅游门户网站的竞争表现大小仅是该区域整体竞争力的一个部分，但由于首因效应和美好效应的存在，各个研究均认同网站及其传递的优势对消费者是有影响的，且会泛化地认为该区域的其他方面也具有相应水准。政府旅游门户网站旅游资源的网站表现到达哪个水平，旅游消费者才是最终的裁判，旅游者通过自己的使用为网站做出权威的裁决。Croes（2011）在构建竞争模型将其与经济价值的变化进行影响研究时，发现政府旅游门户网站的竞争不仅仅是对消费者点击率和浏览率的争夺，其胜负也取决于网站带来的经济绩效等指标。

表 2-1　对政府旅游门户网站优势表现研究汇总 [①]

排名	观测点 / 省份名称 / 得分				
	旅游目的地需求和功能维度额综合评价 李君轶（2010）	地方政府网站营销功能评价 高静等（2007）	政府旅游网品牌塑造评价 吴相利（2012）	省级政府网站评估 工信部（2013）	省级政府旅游门户咨询网影响力 杨文森（2014）
1	云南 3.522	贵州 21	江苏 84.2	北京 79.7	河南 0.41947
2	北京 3.429	湖北 20	四川 84.2	上海 72.8	天津 0.38329
3	山东 3.415	云南 20	西藏 82.6	四川 71.9	上海 0.37663
4	贵州 3.402	广西 19	安徽 81.3	福建 69.3	辽宁 0.37098
5	天津 3.360	天津 19	河北 79.6	湖南 68.2	广西 0.36923
6	上海 3.357	福建 19	青海 79.3	海南 68.2	北京 0.33808
7	广西 3.330	浙江 19	重庆 78.7	广东 68.8	山西 0.33560
8	广东 3.324	河南 18	山东 77.2	湖北 64.8	浙江 0.33367
9	西藏 3.147	江西 18	湖北 77.0	安徽 61.1	重庆 0.32299
10	宁夏 3.091	广东 18	海南 75.6	陕西 53.0	山东 0.31445
11	福建 3.030	四川 18	北京 75.0	江苏 47.0	湖北 0.30666
12	江苏 2.949	江苏 18	山西 73.8	浙江 43.0	福建 0.30615
13	浙江 2.939	宁夏 18	河南 70.4	云南 42.6	安徽 0.28419
14	山西 2.938	北京 17	云南 69.2	广西 41.2	江西 0.28098
15	湖北 2.872	重庆 17	吉林 68.8	辽宁 40.0	宁夏 0.27835
16	四川 2.844	海南 17	甘肃 68.2	山东 39.3	吉林 0.27177
17	河南 2.802	山西 17	江西 66.9	黑龙江 39.3	河北 0.26065
18	辽宁 2.801	西藏 17	广西 66.4	贵州 38.2	陕西 0.25183
19	河北 2.765	青海 16	宁夏 65.4	天津 37.9	江苏 0.23893
20	吉林 2.750	湖南 16	陕西 63.3	新疆 36.8	贵州 0.23255
21	海南 2.728	上海 16	辽宁 62.3	内蒙古 36.8	西藏 0.21625
22	安徽 2.692	河北 16	天津 59.1	山西 35.9	内蒙古 0.21234
23	青海 2.631	陕西 16	福建 59.0	青海 35.3	黑龙江 0.20243
24	新疆 2.625	辽宁 16	湖南 58.4	江西 34.5	云南 0.20230
25	内蒙古 2.607	黑龙江 16	内蒙古 56.9	甘肃 34.0	广东 0.19281
26	重庆 2.592	山东 15	贵州 56.2	重庆 33.5	湖南 0.18583

①　资料来源：本研究提出

续表

排名	观测点 / 省份名称 / 得分				
	旅游目的地需求和功能维度额综合评价 李君轶（2010）	地方政府网站营销功能评价 高静等（2007）	政府旅游网品牌塑造评价 吴相利（2012）	省级政府网站评估 工信部（2013）	省级政府旅游门户咨询网影响力 杨文森（2014）
27	陕西 2.560	安徽 15	黑龙江 55.3	吉林 29.1	甘肃 0.18552
28	甘肃 2.256	内蒙古 15	广东 54.6	河北 27.7	新疆 0.18464
29	黑龙江 2.190	新疆 15	上海 52.8	河南 27.3	青海 0.17954
30	江西 2.173	吉林 12	浙江 50.9	宁夏 24.5	海南 0.15927
31	湖南 2.116	甘肃 5	新疆 N/A	西藏 17.0	四川 0.08030

综上分析，以休闲娱乐为主要目的的消费者受首因效应和美好效应的双重影响，会认为政府及其政府旅游门户网站独特旅游资源的网站表现明显的地区，其地区经济实力及政府的调控管理能力也具有相应的优势；反之，消费者是不愿冒险尝试的。独特旅游资源的网站表现是建立信任阶段的关键影响因素，但是表现力高低与消费者的信任是否存在相关性尚无明确解释，为此本研究提出下面假设命题1。

假设命题1： 消费者更信任独特旅游资源的网站表现强的政府旅游门户网站。

二、多看效应下网站文化价值影响

旅游的主要目的是感受与自身生活环境不一样的异域风情，但在决策阶段消费者更多地是受到自身习惯和已有印象的影响，这些影响因素通常是自身生活环境、使用习惯和地域文化价值的表现，即具有相近的 Hofstede 文化价值。诚如中国的俗语所说，"物以类聚，人以群分"，消费者长期受到所处环境和文化价值的感染，形成多看效应，更为偏好与自己的 Hofstede 文化价值相近的选择。

Hofstede 文化价值是与使用者自身文化和环境紧密相关的习惯，是可变的。这些习惯包含善恶观、对个体和群体的感受、文化的表达方式、信息的传递方法以及与当权者的距离感受等方面。不同区域的文化价值是有差异的，即使在相同区域，由于小环境的不同，其 Hofstede 文化价值也会有所差异。横向上可包含以娱乐文化、群体文化、企业文化、校园文化、军队文化和旅游文化等行业特征明显的文化价值，纵向上也有物质文化、观念文化、行为文化和管理与制度文化等多个方面的价值体现。同一区域 Hofstede 文化价值随着时间的推移也会发生改变。Ling 和 Huery（2013）认为各类建筑的结构形式、建造工艺、图案雕饰等建筑元素，以及神话传说及诗词歌赋等旅游文学，都折射出极富特色的文化内涵和价值，是文化价值的发展史，承载着不同年代地域文化的精神、性格、伦理道德和心理，充分地表达了当地不同时期的文化价值。Fernandez 等（1997）在 Hofstede 提出文化价值框架的 25 年后，再次用该理论对原研究的样本国家重新研究，发现同一个空间的文化价值会随着时间而改变的。研究举例在"不确定性规避"维度中，美国由原来的不确定性较弱的国家变成了不确定性较强的国家，而日本和墨西哥恰好相反，由原来的较强变为了较弱。分析认为 20 世纪 70 年代初，美国经济接连受到复苏、通胀和石油危机、滞涨的影响，这些震荡使得美国人由于害怕不确定的风险和环境，变得不那么愿意冒险，价值观开始朝着回避不确定性较强的方向转变。而同一个时期的日本和墨西哥却出现相反的变化。究其原因，日本随着经济实力的增强，日本人越来越自信，对于不确定的事物更为宽容和开放，也更具有冒险精神，愿意接受新事物。墨西哥则鼓励政府和居民拿出更多的冒险精神来接受不确定的事物，以抵御日益衰败的国内经济。

网站 Hofstede 文化价值的定位是一个过程，要兼顾提供者和使用者两个方面，需要将当地区域文化和市场分析及研究变成常态，还需要深入分析网站的目标受众群及其文化价值特征。肖亮等（2009）对比选取的 41 个台湾和大陆的政府旅游门户网站和综合性网站，得出网站的定位会直接影响其文化价值的表现，研究认为网站会依据其目标市场的区别和受众群的不同而在网页的主题和文化价值方面有不同的表现，目的是最大限度地从使用者的文化价值视角表现自身特有的文化，以获得更多的认同。面对 Hofstede 文化价值风格迥异的网站时，Moura 等（2014）认为消费者更倾向于到与自身文化不一致，但网页 Hofstede 文化价值表现一致的网站的目的地去旅游。旅游网页的文化价值表现除了要表现出当地的文化和风俗，还需要结合目标受众群的 Hofstede 文化价值观念，设计出符合其阅读习惯、偏好和语言表达的网页，才能获得浏览者的关注和认可。

综上分析得出，消费者通常愿意到与自身文化价值迥异的地方旅游，但又更愿意使用与自身 Hofstede 文化价值相近的网站。但是，我国旅游消费者 Hofstede 文化价值的特征，政府旅游门户网站的 Hofstede 文化价值表现状况，以及这种文化价值表现是否会影响消费者的信任，目前均尚无明确研究成果，需要进一步实证，对此提出假设命题 2 如下。

假设命题 2： 政府旅游门户网站 Hofstede 文化价值的相近表现有助于消费者建立信任。

三、雷尼尔效应下低碳视角的环境资源影响

低碳被广泛地用作应对全球气候变化的"代名词"。低碳经济视角则指在获得更多的经济产出的同时，以更少的自然资源消耗和环境污染为代价。低碳旅游，即生态旅游或可持续旅游，均借用了低碳经济的理念，是倡导以低污染和低能耗为基础的绿色旅游。伴随着我国长期的宣传，以及相关政策和法律法规的出台，低碳思想已深入人心，低碳旅游和环境资源状况也逐步成为人们旅游出行重要的考核和评价指标。低碳且美好的环境资源是消费者旅游的动因，并对其形成雷尼尔效应。环境资源的过度消耗和破坏，会导致潜在消费者旅游意向的消退和旅游决策的终止，进而降低该区域的旅游整体收入。

低碳旅游环境资源评估的常用指标即旅游环境承载力，可用于衡量环境资源优劣，指在没有减少游客满意度，引起资源的负面影响，以及对该区域的社会文化经济构成威胁的情况下，一个既定范围区域资源的最大使用水平，包含游客密度、旅游收益强度和旅游用地强度 3 个指标。但遗憾的是旅游环境承载力只是模糊地指出既定范围区域资源的最大使用水平，并没有给出具体的计算方法。随着低碳研究的深入，对旅游环境承载力的研究达成从环境科学角度入手的共识，即用生态足迹等理论和方法来测定环境资源。因此，本书拟借助环境经济学中生态足迹的测量方法，从宏观的角度测量地区旅游承载力，通过计算生态足迹与产业经济之间的联动来推测出环境资源与旅游经济之间的内在影响和规律。

（一）研究方法

Wackernage 等（1997）和 Hunter 等（2007）认为生态足迹法是测量环境资源的最佳方法，生态足迹赤字则表示资源使用供小于求，环境资源状况不佳。将生态足迹用于研究环境资源与包含旅游的第三产业两者之间的关系是具备一定的可行性的。由于旅游经济的相关指标与生态足迹的核算体系在核算范围和口径上是存在差异的，因此，需要做出以下调整。

（1）旅游经济在我国经济核算体系中过于分散，但大部分仍集中在第三产业中，因此，本研究中拟使用第三产业的相关指标来代替过于零散的旅游业。

（2）虽然生态足迹核算体系存在一定缺陷，参看以往生态足迹研究中存在的问题，并在后续的核算过程中加以修正，且本环节中仅研究环境资源与第三产业经济之间的影响问题。

（3）由于我国幅员辽阔，各地生态核算指标的不一致，为了精简和提炼出环境资源对旅游的影响和作用机制，避免数据过多造成的干扰，故本研究仅以河南省为样本，进行小范围精确核算。同样的方法用于更大范围的测算也是可行的，仅需根据地域环境条件变换均衡因子和产量因子即可。

（二）计算方法

生态足迹核算体系有多种核算方法，本书拟采用综合法，并在此基础上进行方法的改进。结合 Van（1999）将生产面积折算加入研究的方法，再以 Erb（2004）提出"实际土地需求（Actual Land Demand）"的概念，用区域的生物产量替换全球平均产量，以及用样本相关数据代替等价因子和生产力系数。

本研究计算体系包含生产生态足迹和生态承载力两个部分。

生产生态足迹是指，要维持一个人、地区或国家的生存所需要容纳的人类生活生产所排放的废物并具有生物生产能力的地域面积。具体算式为：

$$EF_P = EF_{PB} + EF_{PC} \quad (2\text{-}1)$$

式中，EF_P 为生产生态足迹；EF_{PB} 为区域物质生产所需要的土地面积，定义为表达为（2-2）：

$$EF_{PB} = \frac{P_B}{Y} \times EQF \quad (2\text{-}2)$$

式中：P_B 为特定地区生物质产品收获数量；EQF 为当年度各类土地利用的均衡因子；Y 为当年度全球该生物质产品的平均产量；EF_{PC} 为吸纳区域生产活动排放的二氧化碳所需要的土地面积，公式可表达为（2-3）：

$$EF_{PC} = \frac{P_C \times (1 - S_{ocean})}{Y_C} \times EQF_C \quad (2\text{-}3)$$

式中：P_C 为特定地区二氧化碳排放数量；Y_C 为当年度全球林地平均二氧化碳吸收能力；EQF_C 为当年度碳吸收用地的均衡因子（等于林地的均衡因子）。S_{ocean} 为特定年份下，人类排放二氧化碳的海洋吸收分数，本研究采用被广泛认可的 Monfreda 的 1/3 系数。

生态承载力则是指一定区域能提供给人类的生态生产性土地面积的总和，其核算包括耕地、草地、林地、渔业用地（包括内陆水域与海洋）与建设用地（如水利建设用地与基础建设用地）五大类。

$$EC = a \times YF_L \times EQF = N \times \sum a_j \times EQF \times YF_L \ (j=1, \ 2, \ 3, \ \cdots, \ 6)（2-4）$$

式中：a 为区域土地利用面积；N 为人口数；j 为生物生产面积类型；EQF 为均衡因子；a_j 为人均实际占有的生物生产面积；YF_L 为当年度区域土地利用的产量因子，即国家或地区某类生物生产土地的平均生产力与同类土地的世界平均生产力的比值。

生态赤字，指生态足迹与实际生态承载力相减，差值为正，由透支未来的资源来补偿。即表示在这一区域，若人类所占用消耗的环境资源大于生态系统自身能提供的资源，即为生态赤字；反之，差值为负，表示人类占用的环境资源在生态系统承载力允许的范围内，为可持续发展状态，称为生态盈余。

$$ED = EF - EC（2-5）$$

（三）均衡因子和产量因子取值

均衡因子的取值直接关系到结果的准确与否。由于不同国家、不同地区的不同用地类型的均衡因子都各不相同。在我国，南北、东西跨度大，各地各产业发展状况、气候和地形特征都不一样。因此，在计算河南省生态足迹时不宜采用国际或我国通行的标准，而应结合河南省的 NNP 实际情况，采用适合省情的均衡因子，本书采用的是刘某承等研究所得的河南区域的均衡因子，所述中国河南区域生态足迹均衡因子如表 2-2 所示。

本研究采用区域静态产量因子。将河南省每一年的粮食和水果的平均产量与全球平均产量相比较，分别得出耕地和园林的产出因子为 1.66；而建筑用地大都来自耕地，因此其产量因子取值与耕地相同；其余土地类型的产量因子通过文献研究汇总，分别使用取值草地为 0.19，林地为 0.91，水域为 1。

表 2-2　全球生态足迹均衡因子取值一览表[①]

土地类型	Wackernagel	WWF	Wackernagel	WWF	刘某承（2010）	
	2001	2002	2004	2005	中国区域	河南区域
耕地	2.17	2.11	2.19	2.39	1.74	1.81
林地	1.35	1.35	1.38	1.25	1.41	1.05
草地	0.47	0.47	0.48	0.51	0.44	0.64

① 资料来源：本研究整理

土地类型	Wackernagel	WWF	Wackernagel	WWF	刘某承（2010）	
	2001	2002	2004	2005	中国区域	河南区域
水域	0.35	0.35	0.36	0.41	0.35	0.5
建筑用地	2.19	2.11	2.19	2.39	1.74	1.81
能源用地	1.38	1.35	1.38		1.41	1.05

（四）数据来源

通过对 2000—2011 年的《河南省统计年鉴》、FAO 各年度数据、WWF 的 *Living Planet Report* 和 *National natural capital accounting with the ecological footprint concept* 数据汇总整理，结合 Wackermagel 对世界单位化石燃料土地面积及能源用地的转换系数标准，得出河南省历年生物量、人均消费量等值。

（五）结果及分析

研究结果发现，环境资源与第三产业关联密切。将六大资源及产业结构分别与生态足迹和生态承载力做关联度分析，所得结果如表 2-3 所示。表中显示，耕地、水域、建筑用地和能源用地的生态足迹与总生态承载力均在 0.9 以上，属正相关。只有林地的生态足迹与总生态足迹和总生态承载力负相关。

表 2-3 研究样本生态足迹与不同产业关联度一览表①

类别	单项生态足迹		单项生态承载力与总生态承载力
	与总生态足迹	与总生态承载力	
耕地	0.950565	0.912319	0.972483
林地	−0.55454	−0.68549	N/A
草地	0.380426	0.538246	0.654303
水域	0.973472	0.827561	0.801209
建筑用地	0.988847	0.885698	0.904879
能源用地	0.99749	0.8989	0.904856
第一产业	0.9699	0.8433	
第二产业	0.9857	0.8561	
第三产业	0.989	0.8577	

由表可知，通过对样本区域河南省的环境资源与产业发展的研究，得出三大产业与生态足迹及生态承载力均呈现出正相关，即经济的发展与环境资源使用量大小直接呈正相关关系。尤其是占旅游经济比重较大的第三产业，相关系数最大，即证实旅游经济与生态足迹，即环境资源呈正相关关系。环境资源的被破

---

① 资料来源：本研究提出

坏，会导致旅游意向的消退和旅游决策的终止，旅游行为的改变从而降低该区域的旅游收入，进而也会影响旅游企业的发展和地区经济结构。在可持续发展的环境下，首要在量上减少环境资源的使用，但为了保证旅游经济发展的平稳，需要通过提高资源的使用效率和积极地扩大林地面积来弥补资源用量的减少。可见，环境资源对旅游企业有着极大的影响力和作用力。

综上分析，低碳视角的环境资源的优劣对第三产业和旅游业是存在促进或限制等影响作用的。基于雷尼尔效应，以及自身的经验积累和对当地环境状况的知识存量，潜在消费者会据此判断网站图片和信息的真实度，将判断结果美好效应扩散化，造成"一损俱损，一荣俱荣"。可知低碳视角的环境资源的展示对消费者是有影响的，但网页中环境资源的图片展示和信息是否影响消费者的信任尚不明确，由此本书提出假设命题3如下。

假设命题3：旅游地良好的环境资源展示对建立信任有积极的影响作用。

四、感知政府服务能力的影响

政府服务能力表现是旅游消费者判断政府能力高低的指标。受儒家思想的影响，我国消费者认为当权者权威级别是最高的，消费者对其有积极的倾向和信任。政府组织提供的服务涵盖以政府为主的公共权力组织向居民提供的公共产品和服务，范围极广。对旅游产业而言，旅游行政管理部门的服务能力还体现在经济管理能力、制度的约束力和资源调控等方面（汪永成，2002；周天勇，2004），包括收集、处理和发布旅游信息的能力（金太军和徐婷婷，2013）。虽然无法在旅游门户网站上直接获知，但消费者通常根据日常的信息积累，辅助门户网站信息的影响来综合判断政府服务能力高低，并对其信任度进行权衡。结合信任理论的能力、善行和诚实三个维度，本节分别从政府对经济的控制力、对制度的约束力和对信息资源的协调能力来综合评价消费者对政府的感知服务能力，并找出服务能力中作用于信任的因素。

（一）感知能力与政府对经济的控制能力

政府对经济控制会影响旅游，政府对经济的调控是多渠道的，通过人口资源、就业结构和环境资源等宏观和微观调控实现直接或间接的对市场产生影响。只有让消费者感觉到政府有足够的能力维持旅游经济的平稳发展，应对各种突发状况，才能达到增进信任政府能力的目的。

政府对经济的控制能力通常通过政府对劳动力市场、资本市场和环境资源三个市场的调控，实现区域经济结构的一般均衡。鉴于经济市场有产品市场和货币市场等众多指标，在此仅用资本市场代表区域经济做进一步研究，同理也可用产品市场来代表区域经济进行研究。而劳动力市场的稳定源于居民生产和生活的稳定，人口的总量和质量与劳动力市场是密切相关的，因此，用劳动力市场来代表人口资源状况。根据上节环境资源的研究结论，结合表 2-3 输出结果，以一般均衡理论为基础，画出环境资源、人口资源（劳动力市场）和经济市场（资本市场）的一般均衡图，分析政府控制旅游经济市场的渠道和方法，如图 2-4 所示。

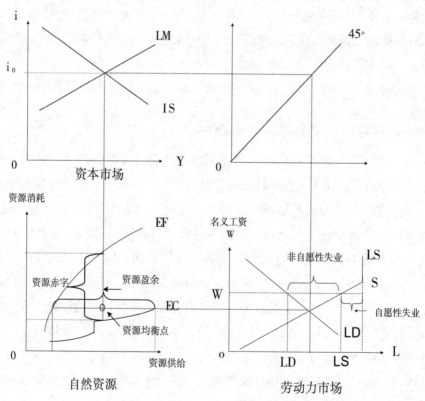

图 2-4　环境资源、资本市场和劳动力市场的一般均衡图[①]

如图所示，区域经济的重要指标 GDP 是地区关注的重点（图 2-4 左上角），资本市场均衡是关键，其均衡点为 i_0。经过 45° 均衡线的传递（图 2-4 右上角），假设在劳动力市场（图 2-4 右下角）也可实现均衡（LD 和 LS 交叉处）。

---

① 　资料来源：本研究提出

即在理想状态下，资本市场和劳动力市场同时处于二者的均衡点，实现局部市场的均衡。从环境资源（图 2-4 左下角）可知，由资本市场均衡点 i_0 延伸下来的环境资源是处于赤字状态的（EF>EC），而由劳动力市场均衡点延伸过来的环境资源是处于盈余状态的（EF<EC）。为了保证资本市场和劳动力市场的均衡，就必须提高 EC 或降低 EF，否则资源赤字就会加剧；反之为了维持环境资源均衡，就会导致资本市场或劳动力市场的不均衡或均衡点降低的后果。由此可知，资本市场、劳动力市场和环境资源是存在联动关系的。

如果一味地采取唯 GDP 论，环境资源将继续被过度消耗，只有辅之以劳动力市场的协助调控，才可以实现一般均衡的可持续发展。以研究样本河南省为例，其生态承载力在发展阶段出现一次大的提升，造成了当时环境和劳动力市场的大幅震荡，地方政府汲取此经验，后采用缓和的政策使经济环境和就业市场平缓上升，在实现生态保护的可持续发展的同时，也增强了居民对政府的信心和信任感。由此可知，政府对经济的控制力是政府服务能力的直接表现，且会影响消费者的信任。

（二）感知善行与政府对制度的控制能力

旅游经济的有效运行高度依赖于社会经济系统的制度安排，政策不断调整的目的是更好地服务于经济，但政府还需要让消费者从政府制定的政策中感受到来自政府的善意，使他们认为政府政策的制定是从公民利益的角度出发的，目的是提供更好的服务。

政府在政策上的规划、引导和保护，是旅游经济和门户网站发展的前提和保障，政府的制度支持是发展旅游电子商务，提高旅游信息大数据的保证。Wei（2011）指出在用户层中，能得到来自政府方面的支持是发展旅游电子商务的有力保障。我国推出的"金旅工程"就是政府为旅游电子商务发展营造的必要的制度环境。国务院《关于加快发展旅游业的意见》（国发〔2009〕41 号）等文件的制定也为旅游业及旅游信息化发展铺垫了坚实的制度环境。

政府对恰当的旅游经济和门户网站制度等规章条文的合法化，会增强旅游产业的竞争力，提高其独特旅游资源的网站表现的竞争优势，甚至扩大旅游市场的范围。相反，不当的政策规定会导致产业的失衡。Schittone（2001）研究了佛罗里达 Stock Island 和 Key West 两个区域旅游业和渔业的博弈经过，发现由于政府偏好和垄断集团干涉，虽然增强了两个地区旅游业的市场竞争力，但也最终导致该地区渔业的弱化和转移。陆林（2007）研究认为只有将政府规划和旅游经济融为一体，即把旅游经济视作当地规划的一部分，旅游与地区发展之间的矛盾才能降至最低。旅游者与社区居民之间的相互影响存在一种独特且复杂的多元文化的相互作用（庄军等，2004），在处理二者之间的微妙关系上，政府对地方特色保护和关系协调上的效果是远强于一般企业和民间组织的。

我国政府在旅游网络建设的制度控制表现尚可。唐晓云（2014）在对1949—2013年我国范围内发布的379个旅游政策及文件研究分析（见图2-5所示），发现旅游政策的目标与我国经济发展的战略目标走向是一致的；随着制定旅游政策的部门范畴在不断扩大，政策力度亦呈现出波动趋向平稳的态势，旅游资源配置实现从行政化到行政约束下市场化的转变；旅游政策工具在微观管理和制约上表现强劲，但对资本和技术等生产要素的宏观调控能力依然不足。制度是随着经济波动调整的，目的是更好地服务于旅游经济，借此让居民感受到来自政府在政策方面的善意，才会获得他们尽力的配合和信任，使旅游制度最大限度地发挥效力。

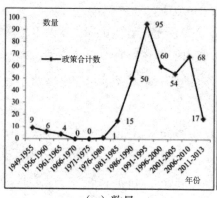

（a）数量

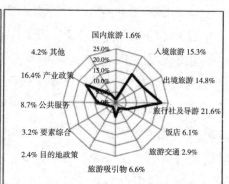

（b）按内容分的结构分布

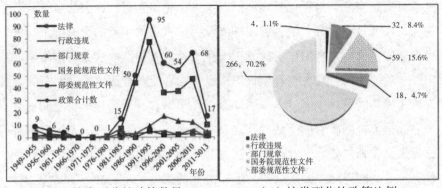

（c）按类型分的政策数量　　　　　（d）按类型分的政策比例

图 2-5　1949—2013 年我国旅游政策数量分布图[①]

（三）感知诚实与政府信息资源的控制能力

完善的和公开的信息表现可以使居民相信政府部门会竭尽全力地履行承诺，进而促进居民对政府产生信任（Sitkin，1995）。我国消费者认可政府对信息资源的控制能力，政府部门要如何做到信息的不欺瞒和不夸大，保证旅游信息的权威度和真实性，是消费者信任构成中诚实维度的体现。

消费者通过网页、电视或报纸等媒介全方位感知政府对信息资源的调控能力，判断信息的可信程度。Hojeghan 和 Esfangareh（2011）研究发现，随着现代旅游消费者消费经验日臻完善，以及自主意识增强且识别品位的提高，追求新奇和个性化的心理特征等需求更为细化和明确，信息资源越来越被重视。消费者通过积累的信息对区域管理部门、旅游环境和生活环境等与旅游相关的因素产生清晰的轮廓和印象，或留下粗略的感知印象。良好的信息传递会对消费者产生正面的影响，刺激消费者的旅游出行。信息传递的不畅通则会导致消费者感知模糊并引发不安，甚至因失去信任而取消旅游计划。

信息资源的诚实度是可以被消费者感受的。Michael 和 Page（2009）研究发现，区域旅游管理部门通过网页传递的旅游管理及相关能力、浓厚的旅游信息和文化，会起到吸引人、感染人和打动人的效果。Chen 等（2013）认为中国政府网站信息的影响力在社会科学范围内较高，但在人文科学中影响较低，因此，居民对国内展开的"智慧旅游"项目有诸多感受。国家信息中心吕欣等（2013）

---

① 唐晓云．中国旅游发展政策的历史演进 (1949~2013)——一个量化研究的视角 [J]．旅游学刊，2014,29(08):15~27.

对国内各级信息中心、信息化管理部门以及信息化研究机构开展的电子政务信息资源共享的实证分析发现，便利程度和安全因素等是最主要的影响因素，法律法规、组织间的信任保障和信息资源的标准化等是尚未健全的较重要的影响因素。同时，Kim 等（2014）发现政府在收集来自不同渠道和来源的数据时，缺乏标准的软件或跨机构的解决方案，面对诸如数据在不同政府部门和机构之间的共享问题，参与数据整合的政府部门和机构之间的沟通问题，能应用于不同政府部门的系统分析数据能力的集合问题，以及从离散的数据集中地提取有用信息问题，均无法解决。虽然国务院《关于加快发展旅游业的意见》（2009）的文件指导旅游业寻求以信息技术为纽带，对旅游产业体系与服务管理模式进行重组，但消费者依然抱怨政府诚实信息公布的时滞，对政府的态度和信任骤降，消费者对其信息服务的质疑也就成了必然。

（四）政府的其他控制能力

还有一些因素是消费者感受更为直接，且会形成较大的冲击和影响的能力表现，他们也是政府服务能力的构成因素。

政府的宣传推广能力。政府的推广和宣传具备商业宣传所无法比拟的高度和权威。巴黎市政府就是最好的例证，他们利用各种国际性赛事将旅游业和文化艺术展览联手推广出去，将这类活动作为城市形象、经济发展和文化传承打包营销的重要手段（阮伟，2012）。陈秀琼等（2006）认为政府在促进区域旅游发展上具有巨大发挥空间，范围涉及旅游区域的基础设施、口岸开放、促进区域间的旅游合作等。政府可以通过制订发展规划，引导旅游资源要素向目标区域转移，为各区域扬长避短，在将企业投资引导到国家政策框架之下的同时，发挥出区域的产业优势，使该区域既具备了微观投资效益，又符合区域旅游产业发展的大方向。

政府的综合集成能力。对于那些具有较强旅游集成能力的政府而言，挖掘和把握诸如奥运会等隐含了大量旅游商机的机会，将其运作成一场旅游利润的"盛宴"，规划出令人咋舌的"范伯伦旅游需求曲线"，是需要较高综合能力的（王慧敏，2007）。因此，不同的旅游行为主体应当构建不同层次的集成界面，政府旅游管理部门在其中扮演的就是公共服务产品平台的提供和整体综合集成的掌控者的角色。政府通过制定产业服务标准、权威信息发布和服务质量认证等方法，集成具有外包功能的旅游单元，再将集成后的单元市场化。

综上分析，政府服务能力包含经济调控、制度建设和信息资源等多个方面，是组织在政治安排上的重要考核维度，公民对政府的感知服务能力的评估会直接影响他们对政府行为的信任，服务能力的不平等为阻碍居民的信任创造可能。在旅游门户网站中，网站自身信息构建以及政府的服务能力二者是否也能影响消费的信任尚属未知，由此本文提出假设命题 4 如下。

假设命题 4：消费者倾向于信任感知服务能力更强的政府及其旅游门户网站。

五、访谈假设命题理论框架

通过分析可知，针对旅游经济休闲娱乐的享受性特征，对政府旅游门户网站而言，潜在消费者的信任除了受到文化价值的影响，更受到首因效应、雷尼尔效应和多看效应等多个社会心理学效应的多重的综合的影响，同时还需要考虑到政府门户网站的管理者的服务能力等问题。因此，对政府旅游门户网站的信任是一种复杂的感觉和情感表达，受到多种主客观因素的共同影响。

综合以上分析，消费者对政府旅游门户网站的信任受到四个方面的影响。在信任构建过程中，受到来自门户网站独特旅游资源的网站表现、Hofstede 文化价值表现、环境资源和政府服务能力表现的影响。总体上，本文提出消费者对政府旅游门户网站信任构成的理论框架，如图 2-6 所示。

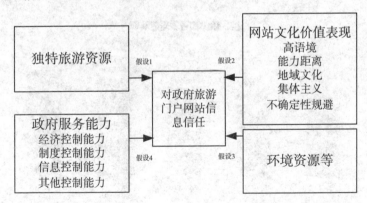

图 2-6　政府旅游门户网站对消费者信任影响因素的研究框架[①]

---

① 资料来源：本研究提出

第三节 案例访谈研究方案设计

一、案例研究对象情况分析

Mayer 等（1995）将信任别人的一方称为施信方（即本章中定义的信任主体和消费者），而被信任的一方则称为受信方（即本研究中定义的信任客体和政府旅游门户网站）。在案例访谈前，首先在对信任主体的基本情况进行分析。

根据 CNNIC 第 47 次报告显示，如图 2-7 所示。截至 2020 年 12 月，我国网民总规模已达到 9.89 亿，互联网普及率也达到 70.4%。据 CNNIC 统计，我国旅游预订用户 2020 年 12 月已经达到 34244 万人次，占互联网用户的 34.6%。虽然旅游电子商务的使用人数增加了，但与网络用户的增长相比仍较为缓慢，所以与 2016 年相比旅游电子商务预订占总量在比例上基本是持平的。我国发展到 2017—2018 年（如图 2-8 所示），无论是从使用总人数上看，还是从占网络使用人数的比例上来看，旅游电子商务的使用得到提升。艾瑞咨询报告指出中国旅行者预订正在从线下向线上转移，但与网络使用人口总量相比，使用旅游电子商务的人数总量仍然不高，而美国早在 2010 年，其旅行电子商务预订的用户就已经达到 66%。可见，我国旅行网络预订的增长率仍远远低于网络购物等的网络交易的发展，依然处于发展的劣势。

图 2-7 中国网民规模与互联网普及率

图 2-8　中国旅行预订用户规模及使用率[①]

研究发现在线旅游用户的大规模增长主要得益于以下几个方面。

首先，得益于国民经济与旅游需求的联动效应。有研究显示，当一国人均GDP 达到 5000 美元时，整个社会的消费结构将发生大的变化和调整，旅游休闲和文化消费的需求会大幅度上升，旅游行业也随之步入成熟的度假旅游经济时期。而我国，早在 2012 年人均 GDP 就已经超过 6000 美元。可见，我国居民的休息消费娱乐已进入休闲游、观光游和度假游的多元化发展时期，居民的旅游预订需求已经全面释放。

其次，旅游电子商务网站的旅游信息供应全面且丰富。在商业旅游网站上，媒介旅游攻略的实用性、景区信息的丰富程度、线上和线下价格差的诱惑，更有在线支付方式的便捷性等都极大地提升了用户体验和在线预订的比例和热情。

最后，多种多样电子商务形式的推出，从感官上刺激消费者猎奇的心理。随着用户互联网综合使用和接受能力的提高，更有实体企业的营销推广和手机 App的丰富活动，均促使线下预订用户逐渐向线上转移。如图 2-9 所示，2013 年通过 PC 终端搜索旅游方面信息的用户比例较上一年增加至 35.3%。

---

① 来源：中国科学院 .CNNIC 发布第 47 次《中国互联网络发展状况统计报告》[EB/OL].
[2021-02-03].https://www.cac.gov.cn/2021-02/03/c_1613923423079314.htm.

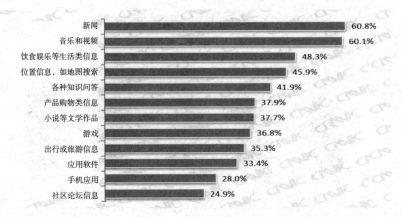

图 2-9 PC 端用户网络搜索内容统计[①]

与此同时，手机在中国的上网用户数字不断扩大。从 2007 年的 5 亿成长到 2012 年的 10 亿，MIIT（Ministry of Industry and Information Technology）的统计数据说明，短短 5 年的时间，中国手机增量翻了一倍。随着 2009 年 3G 业务的推广，移动互联网用户的大量增加，极大地促进了手机网络的发展，也形成了旅游电子商务良好的基础环境。如图 2-10 所示，2013 年手机用户用于旅游搜索的比例增加到了 31.7%。

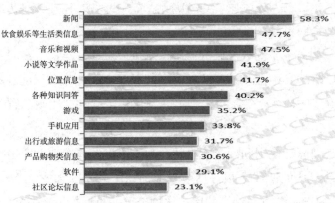

图 2-10 手机网络用户搜索内容统计[②]

综上所述，我国消费者（即本研究中的信任主体）的经济基础已经具备消

① 中国科学院 .CNNIC 发布第 33 次《中国互联网络发展状况统计报告》[EB/OL]. [2014–01–01]. https://www.cas.cn/xw/yxdt/201401/t20140120_4024916.shtml.

② 中国科学院 .CNNIC 发布第 33 次《中国互联网络发展状况统计报告》[EB/OL]. [2014–01–01]. https://www.cas.cn/xw/yxdt/201401/t20140120_4024916.shtml.

费旅游和文化休闲的能力，且电子商务的硬件、软件条件和 PC 使用途径也已被消费者认识、接受和使用，旅游手机终端等新兴技术也得到了广泛的推广和运用。这标志着政府旅游门户网站在硬件设备、技术标准和客户资源等基础的显性的环境都已准备就绪且发展成熟，已经不再成为旅游门户网站发展的瓶颈和桎梏。因此，网站信息构成和表达传递方式等隐性因素的改善和研究就变得至关重要。

二、案例研究方法选择

案例研究作为一种研究策略，是管理学领域的基本研究方法之一。案例研究有着显著的特点，即研究要通过现实生活中的现象去探究隐藏在其中的科学问题，尤其是当这种现象与所处的背景之间的界限模糊的时候。案例研究又是一个从数据到理论的归纳过程，需要深度地沉浸于现象之中，所以就有其适用的研究范围（Eisenhardt，2016）。

Yin（1981）认为案例研究适用的场景，只适合于回答"为什么"和"怎么样"这两类问题，而并不适合于回答"应该是什么"等问题。对于案例研究的使用范围，Yin（2007）结合 Eisenhardt（1989）的研究结论，给出了五个适用范围：第一，对某一评估活动的本身进行再评估；第二，以描述的形式来评估一些主题活动；第三，描述某一现象及其所处的现实生活场景；第四，解释调查或试验中无法解释的各个因素之间假设存在的联系；第五，在因果关系不够明显或因果联系过于复杂时，对事件本质进行探索。

毛基业和陈诚（2017）归纳出案例研究的特点：第一，案例研究适用于缺乏已有理论的新研究问题，或是现有的文献或者理论存在缺陷，以至于无法帮助解决所研究的问题。如在 20 世纪 80 年代，管理者需要快速制定决策以抓住微型电脑快速发展的契机，但当时的管理理论体系还没有快速决策相关研究，Eisenhardt（1989）就运用案例研究方法进行了探索性的讨论。

第二，适用于关注构建过程理论的研究。适合于研究问题是要就某一管理现象随时间展开的构建过程模型研究，过程模型包括探讨管理现象的具体流程机制即纯过程模型，也包括探讨管理现象发展过程中不同因素变异水平之间影响过程的因素模型。

第三，案例研究适用于现有理论无法充分回答的研究问题，或现有的理论存在缺陷或缺口，对相关问题不能给出有意义的解释。Ozcan 和 Eisenhardt（2009）发现当时获取合作伙伴的文献都是从大公司或著名企业的角度介入，缺乏对新生企业或是小公司获取合作伙伴的研究视角，遂采用案例研究填补了相关研究的缺口。

第四，适用于核心构念难以测量的问题，相关研究问题涉及悖论或身份认同等难以具体测量的构念。

第五，适用于复杂的管理过程的研究。在其他实证方法无法探讨的复杂研究中，可以考虑使用案例研究。Davis 和 Eisenhardt（2011）探讨了亚马逊和思科等大型企业间如何进行研发合作。

第六，适用于需要深入挖掘或极端现象的问题，如 Petriglieri（2015）展开的罕见灾难中的管理实践等。

总的来说，案例研究适用于探讨"怎么样（Why）"和"如何（How）"等问题，而并不适合探讨调节变量作用大小或因素作用强度等"是什么（What）"和"有多少（How Much）"等问题。

根据研究目的的不同，案例研究可分为探索性案例研究、描述性案例研究、评价性案例研究和解释性案例研究四个类型。具体来说不同类型其目的是各有侧重的：探索性案例研究侧重于用新观点去评价某些现象，或是寻找事物的新属性；描述性案例侧重于对客观事物或者情境做出更加精确的描述；评价性案例侧重于对研究的案例给出自己的看法和意见；解释性案例侧重于对现象或研究的发现进行归纳、解释和结论。

案例研究从数量上还可以划分为单案例研究和多案例研究，其中，单案例研究用于对一个独特的新现象进行探索性研究，或者是对一个被广为接受的理论进行批驳和否定。多案例研究是在案例研究的基础上，强调案例的多次重复性实验。第一，从性质上来看，多案例研究是重复的准实验，为了判断案例研究结论的可靠性，就需要通过比对多次重复性实验结果的一致性来判别。第二，从研究结论来看，多案例研究结果更加可靠，且更具有普遍意义。在建构性研究为主的案例研究中，多案例研究通过"重复实验"使建构性解释在反复的检验过程中不断地得到检验和修正，从而更加准确地描述经验中可能存在的模式和规律。由此得到的模型也更容易增加对经验世界多样性的理解。第三，从概率上来看，由于案例研究条件的非可控性，多案例研究与单案例研究相比，前者的优势在于得到的结论更加可靠和准确，也就更容易得到定量分析且能增加对经验世界多样性的理解。

本研究拟在已有研究的基础上，结合案例研究的使用范围，对本研究进行扩展和补充，目的在于探讨信任主体对政府旅游门户网站信任的主观的影响因素和构成。因此，探索性案例的研究方法更适用于本研究。

（一）访谈提纲设计

基于半结构式访谈的特性，即要求在访谈中不硬性地规定表达方式以及提问顺序，是以一种自由开放的方式，能更有利于受访者围绕与研究主题密切相关的问题进行沟通和发散式交流。本文拟采用这种方式，而此方式在经济研究中也被广泛地采用，如 Bishop 等（2008）在研究建筑企业有效的知识管理的关键要素时，通过文献回顾，以及与 10 位知识管理著名学者和行业代表定性多案例访谈后，得出有效知识管理的 8 个关键领域：理解和界定知识管理、建立知识管理部门且须获得高层支持、满足员工和业务对知识的需求、使知识管理活动融入组织和员工的日常工作中、营造知识管理文化、向员工证明知识管理的好处和确定合适的激励制度，实现信息技术与人之间的平衡。

良好的访谈得益于所要研究的问题和理论假设，以及所设计的访谈提纲的全面性，其中包括问题、提问次序以及针对可能的回答设置追问式问题的设计等环节。因此，本文在正式访谈前，首先咨询了一部分政府旅游行政主管部门的管理者、商业旅游企业的管理者和个体旅游消费者，分别了解政府旅游门户网站在各层面的定位和心理预期，预设了访谈大纲，见表 2-4，根据各方面的意见修改并确认的访谈大纲，详见附录 1。

表 2-4　访谈问题设计 ^①

受访层	访谈主题	访谈目的
旅游行业主管部门	基本情况	• 旅游管理部门的门户网站的定位、建设情况 • 旅游管理部门的对商业旅游企业的监管情况 • 对门户网站的设计要求和实施过程遇到的问题 • 对门户网站的形象树立和广告宣传等意向 • 自身在区域经济中，以及旅游产业中的定位
	文化价值表现	• 景区文字、图片和视频等文化元素的表现和暗示 • 传统文化和礼仪的突出，与其他元素（影视作品、名人效应等）结合的表现 • 实时解答、留言板等网页互动交流的提供 • 与被管理者之间的网络沟通和交流 • 与旅游出行相关的本地医院、酒店和交通中转等信息的丰富 • 网站设计风格和美学的考究，及网络新兴技术的使用
	能力、独特旅游资源的网站表现等	• 旅游经济合作、制度的制定等方面信息的公示 • 与旅游相关产业的协调能力
商业旅游企业	基本情况	• 企业自身情况，包括年营业额、员工数和企业网站建设历史等情况 • 对旅游管理部门的认识，实际业务办理过程中遇到的问题
	文化价值表现	• 企业自有网站的功能、定位和优势，与政府旅游门户网站的区别 • 对政府旅游门户网站的认识，使用频率和使用事由
	能力、信任、独旅资源网站表现和环境等相关	• 是否关注政府门户网站上公布的信息 • 与旅游主管部门传输文件的方式 • 旅游管理部门在旅游发展过程中的协调能力 • 是否信任政府门户网站上暗示的能力表现 • 是否满意政府门户网站上展现的景区介绍等旅游产品
潜在消费者	基本情况	• 职业、旅游次数、旅游前网络搜索次数、出行偏好类型（自助游、跟团游、自驾游等）
	文化价值表现	• 对政府旅游门户网站的关注度，以及与商业旅游网站的区别和比对 • 更偏好的网页文化价值表现形式
	能力、独特旅游资源的网站表现、信任和环境等相关	• 对旅游规划、监管、处罚和治理等方面的执行力的感受 • 对旅游服务、当地治安和旅游地生态治理等方面的执行力的感受 • 政府遵守和兑现承诺的力度 • 政府在旅游中问题和危机的处理能力 • 是否信任政府门户网站上展现的景区介绍等旅游产品 • 是否满意政府门户网站上的景区等旅游介绍

① 资料来源：本研究提出

（二）访谈对象选择

本文采用的是半结构式访谈的方式，通过与消费者进行访谈交流，用从现实中收集到的一手数据资料，弥补文献研究中存在的不足，进而更好地确定本文所要分析的研究主体对政府旅游门户网站的信任和使用，及其形成过程和影响因素。

为保证案例的有效性和准确性，三角测量的方法是最佳选择方案，其主要原理是通过多种数据的汇聚和相互的验证来确认新的发现，避免由于偏见而影响最终的判断。因此，本研究为了避开由于受访层面单一造成的结论局限等问题，在选择受访层面时也进行了设计：除了对一般消费者的访谈外；为了充分了解政府旅游门户网站的管理意图，加入了旅游行政部门管理层的访谈；另外，商业旅游企业虽然不是网站的直接消费群，但是基于其长期直接与消费者的接触和交互，故其能更全面了解消费者的偏好和顾虑，聚焦消费者旅游中关注的问题，同时他们也是政府旅游门户网站的特殊消费群体。因此，在访谈对象的选择上，将有过旅游经历的个体消费者、旅游商业企业中层及以上管理人员和政府旅游管理部门的管理人员确定为访谈对象，以便交叉验证，详见表2-5。

表2-5 案例受访者的角色和背景要求 [①]

受访者角色	受访者背景要求	建议访谈数量
旅游行业主管部门	·所在省已开设旅游政府门户网站 ·熟悉旅游管理相关制度和业务 ·了解本区域旅游规划及未来发展目标	管理部门，每个部门1~2人
旅游企业	·所在公司具有本公司的旅游网站，或开设旅游电子商务业务 ·熟悉本公司旅游业务设计和具体流程 ·参与制定或了解本公司未来规划及发展动向 ·从事旅游业年限在2年及以上者	企业，每家企业2~3人
潜在旅游消费者	·有3次及以上国内游的经历 ·有2~3次以上的国内旅游出行前网络搜索的经历 ·6个及以上不同行业的从业者，每个行业1~3个访谈样本	90人以上

根据这些标准，研究联系到了河南、黑龙江、广西、安徽和上海等17个省市20余位旅游行政主管部门的管理人员、30家不同类型旅游企业的90余位从业者（涉及旅游国企、私企、院校和企业所属旅游集团、旅游电商等类型），和

---

① 资料来源：本研究提出

150 余位一般旅游消费者作为访谈对象。访谈的对象或承担不同级别旅游行政管理部门的职务，或身处不同类型的旅游公司的不同职位，或为来自不同行业的旅游爱好者，基本能够满足案例研究对访谈数据"三角测量"的需要。部分访谈对象的基本属性见表 2-6。

表 2-6　部分访谈对象及所属公司简介 [①]

访谈对象	职位 / 学历 / 企业性质	旅游网站方面的相关经验背景
A1	A1₁ 处长 / 博士 / 省级旅游管理部门 A1₂ 主管 / 本科 / 省级旅游资讯公司	GDP 总量连续 9 年位居全国前 5，农业大省，有 5A 级景区 9 个。所在省份旅游网络化轨迹大致为：2004 年成立省属旅游资讯有限公司，2011 年运行省内"年票"项目，2013 年开始运行全国范围内"年卡"项目。下属资讯公司 2004 年成立，2009 年公司建立省级旅游视频网，成立了旅游影视制作中心发售"旅游联票"等旅游产品
A2	A2₁ 科长 / 本科 / 县级旅游管理部门 A2₂ 科员 / 本科 / 县级旅游管理部门	1988 年被批准为国家一类口岸后，经济以农业和林业为主。旅游门户网站为县政府政务网中的二级页面，管理归属县政府的政务信息化建设管理服务中心。旅游从业人数达 5000 人之多
B1	B1₁ 项目经理 / 硕士 / 旅游国企 B1₂ 管理人员 / 本科 / 旅游国企	总公司成立于 1986 年，国务院国资委直接管理的国有重要骨干企业，以旅游为主，辅之以房地产、实业投资和物流贸易等投资的国内外知名的大型企业集团。所在区域分公司区域排名前 5
B2	B2₁ 董事长 / 本科 / 旅游国企、私企 B2₂ 项目经理 / 专科 / 旅游私企	B21 曾任旅游国企：2006 地方市委、市政府和市旅游局共同筹建，区域国内前 3。B21 现职 B2 私企：房地产业主在 4A 级景区新投资的旅行社项目，开设网络 2 个月
B3	B3 常务副总 / 专科 / 国企下属旅游企业	旅游部门成立 20 年，区域十强企业排名第 1，无专用旅游电子商务网站
B4	B4₁ 外联经理 / 专科 / 旅游私企 B4₂ 主管 / 本科 / 旅游私企	企业成立 10 年，公司网站运营 6 年，年营业额 100 万左右
B5	B5₁ 总经理 / 研究生 / 旅游院校校属企业 B5₂ 经理 / 研究生 / 旅游院校校属企业	以旅游院校为依托的旅行社，2010 年成立，无自营网站

[①]　资料来源：本研究提出

续表

访谈对象	职位/学历/企业性质	旅游网站方面的相关经验背景
B6	B6 管理人员/本科/网络旅游企业	公司及公司主页 2008 年成立，是一站式旅游服务航母公司的子公司。目前为国内自助游和 B2C 旅游知名的电子商务网站
C1–154 潜在旅游消费者	教师、在读本科生、专职猎头、工程师、在读研究生、销售经理、自由撰稿人、私营业主、工人、总经理、区域经理和财务人员等	• 年龄在 19~67 岁范围内均匀分布 • 有 3 次及以上国内游的经历 • 或有 2 次以上的国内旅游出行前网络搜索的经历

（三）访谈过程设计

在访谈前，将针对不同层面的半结构访谈大纲预先发放给受访者，详细说明访谈的程序、要求和目的，清楚地告知对方研究目的及保密义务，让受访者了解此次案例访谈的目的和主要内容，使其不用担心泄露商业秘密，再以受访者为主进行自由开放的半结构式访谈。

半结构式访谈的特性，即要求在访谈过程中不硬性地规定提问顺序以及表达方式，用一种自由开放的方式围绕大纲与受访者进行沟通和发散式交流。在访谈前，将不同层面的正式访谈大纲发放给受访者，详细说明访谈要求，得到许可后开始访谈。若受访者表示不使用政府旅游门户网站，研究可以通过假设的方法来引导受访者联想日常积累来，启发其对政府旅游门户网站的印象和记忆；条件允许的情况下，会打开某些政府旅游门户网站供受访者亲自浏览和对比，再让其根据自身使用后的感受展开访谈。

实际访谈过程分两阶段，即 2013 年 5 月 1 日到 2014 年 3 月 31 日，2016 年 2 月 10 日到 2016 年 6 月 15 日分阶段持续进行。访谈小组主要由三名成员组成，其中一位成员来自国内某高校的教授，具有丰富的实战经验和研究经验，主要掌握访谈的整体节奏，并对访谈问题进行补充；一名成员来自国内某高校的博士生，负责访谈问题的提出；另有一名来自国内某高校硕士研究生，负责访谈内容的笔记和录音。研究时，分别独立地与受访者围绕着访谈主题展开。为避免集体访谈带来的干扰，研究团队多采用单独访谈的方式，以确保访谈信息的准确性。访谈主要遵循三角验证原则，即同一问题至少征询 3 个受访者的观点，以确保收集到的访谈数据的有效性。每位被访者的访谈时间控制在 30 分钟到 45 分钟，研究中用 A—C 来代表受访对象。并对访谈过程进行文字记录和实时录音（在受访者许可的情况下），在每次访谈结束后，研究团队对访谈录音进行文字整理，将访谈内容整理成电子文档，形成案例研究所需要的质性资料。

三、案例访谈数据收集设计

本文使用归纳式主题编码的方式，结合定性数据分析方法，通过对数据的整理、数据的提炼、数据的归类和数据的匹配四个环节对每个访谈内容进行细致的分析。

数据资料主要来源于 2 个方面：①直接访谈资料。直接与一般旅游参与者，以及旅游主管部门的管理者和不同类型旅游企业从业者进行访谈，收集其网络旅游信息浏览的感性认识。②间接利用其他资料。为保证数据收集的"三角测量"，本书作者在访谈前会查阅受访管理部门和企业的相关信息，包括部门或公司的总体结构介绍和各类规章制度，通过收集到的案例背景来验证访谈内容的有效性。为了得到更客观的结论，依据提纲，本研究还事先对我国的部分政府旅游门户网站进行浏览，对我国旅游门户网站信息现状进行了统计和汇总。

多样化的数据来源可以保证收集的数据的相互补充和交叉验证，以进一步提高案例的效度。其中，比重最大的数据来源是半结构化的访谈。研究团队分别对相关受访的旅游企业进行了近 3 年的跨时段追踪访谈，这既有助于准确捕捉企业的关键信息，也能实时观察和搜集信任感变化的轨迹。对于消费层面数据的收集，既包括旅游企业访谈和潜在消费者访谈，但以潜在消费者访谈为主。之所以将旅游企业群体纳入访谈对象，主要原因在于，潜在消费者是最大的政府旅游门户网站的使用群体，但旅游企业也是政府旅游门户网站的特殊用户群，他们既了解潜在消费者，又对政府旅游管理者有着不一样的信息需求。除此之外，对于关键受访人员，如对在政府旅游管理部门从业 5 年以上的中层管理者，研究团队会通过追加访谈次数的方式强化收集到的数据。

首先，按照旅游管理部门、商业旅游企业和一般消费层 3 个层面分别整理访谈记录；其次，分别从三类受访者的访谈记录中提取竞争特征、感知政府服务能力、文化价值表现和环境资源等方面的描述；再次，将旅游者、商业旅游企业管理者与行政管理者在网站的信任倾向和使用情况进行分类汇总，验证政府旅游门户网站管理方和使用方的供需对接情况，找出消费者信任政府旅游门户网站的有效信息和环节，进而验证本文提出的理论框架以及对应的假设命题；最后，通过对访谈记录的分析，寻找政府旅游门户网站的主要受众群和未来的目标受众群。

初定的访谈问题提纲如表 2-7 所示，在经过讨论和修改后，详细访谈提纲定稿见附录 1。

表 2-7　访谈问题样例

受访层	访谈主题	访谈目的
旅游行业主管部门	基本情况	• 能否介绍贵地区旅游业的基本情况和机构设置，如组织机构、管理人数和管理结构？ • 您能否介绍一下当地旅游业的独特旅游资源的网站表现？这些信息如何传递给消费者？
	网站相关	• 建设政府旅游门户网站的目的和宗旨是什么？与商业网站的区别？ • 贵网站发展经历了哪几个阶段，你认为信息化在实体旅游业发展中起到了什么样的作用？请举例说明
	能力相关等	• 政府服务能力体现在哪几方面？他们对旅游有影响吗？ • 政府对旅游服务是否有明确的条款？是否有监督机制和惩罚处罚条款？
商业旅游企业	基本情况	• 请先介绍一下您具体的工作职责，所在企业的具体情况，以及旅游网站在您企业中的应用情况。
	网站相关	• 贵公司旅游网站投入运营后，贵公司业务量中有多大比例来自网络？ • 您觉得政府旅游门户网站应该侧重在哪方面？请举例说明。
	能力、信任和环境等相关	• 您认为地区旅游行政管理部门的服务能力对旅游经济有影响吗？以何种方式传递给消费者更有效？
		• 贵公司与政府旅游管理部门通过哪种方式互动和交流（如上报材料或下达指令等方面）？请举例说明。
一般消费者	基本情况	• 请先描述一下你的职业和旅游相关经历。旅游消费行为偏向于自助游还是跟团游？
	网站相关	• 您是否使用过旅游商业网站、政府旅游门户网站和旅游论坛？请详细说说几者的异同。
		• 您在使用网络搜索旅游资讯时，能清晰地区分政府官方的旅游门户网站和商业旅游网站吗？ • 您为什么会使用政府官方旅游门户网站？请说明原因。
	能力、信任和环境等相关	• 在您看来，政府旅游网站的设计风格、色彩搭配、3D 视频技术等的技术使用对您有影响吗？请举例说明。 • 从您以往的旅游经历看，在政府旅游门户网站获得的有关旅游目的地的信息与现实有差别吗？请举例说明。
		• 旅游地重游时，你发觉政府官方门户网站对您的影响有变化吗？

---

① 资料来源：本研究提出

案例研究方案和访谈对象确定后，开始具体的访谈数据收集工作。在案例数据收集过程中，依据受访者旅游经历的差异，有选择地开始访谈。在访谈过程中，以获取案例研究内容为目的，以受访者个体特征和交谈思路为主。必要时在研究方案范围内乱序访谈，辅以引导式的提问，将访谈内容尽可能地集中在案例研究的范围内。

研究者首先向受访者介绍案例访谈的目的，并解释政府旅游门户网站的定义和包含范围，以及政府服务能力、网站文化价值和独特旅游资源的网站表现等含义及特点。由于使用政府旅游门户网站的用户不仅仅是个体消费者，更有商业旅游企业，需要统一考量他们对政府旅游门户网站的基本认知和使用感受，及通过网站中隐含的旅游经济规划、旅游制度执行、旅游信息资源控制和旅游环境资源等管理和维护能力对他们造成的影响。而对旅游管理部门的访谈则更侧重于政府旅游门户网站构建的目的、目标和意义，运行的实际效果以及旅游相关新闻信息发布的倾向等方面。

在一些访谈过程中，若受访者直接表示不使用政府旅游门户网站，研究可以通过假设的方法来引导受访者联想日常积累，以启发其对政府旅游门户网站的印象和记忆；条件允许的情况下，可以打开某些政府旅游门户网站让受访者亲自浏览和对比，再让其根据自身使用后的体验和感受来设想旅游出行准备阶段的行为动向。在与一些旅游企业管理者访谈时，受访者会结合具体的事例来说明其对政府旅游门户网站或政府能力的认识，研究即通过分析事例来间接评价其信任倾向。另外，为保证数据收集的"三角测量"，本研究在访谈前会注意查阅受访管理部门和企业的相关信息，包括部门或公司的总体结构介绍、旅游企业文化和各类规章制度，通过多方面多渠道收集到的案例数据来验证本研究访谈内容的有效性和真实性。

四、访谈数据分析过程设计

研究采用内容分析法来提取描述基于文化价值的政府旅游门户网站信任相关的高频特征词。内容分析工具以其中一个关键因素为目标，通过程序游历所有访谈收集的数据，去寻找诸如能力、风俗、低碳等能够涉及该目标的相关的词语。具体步骤详细阐述如下。

1. 文本预处理。将所有相关评论整合到一个文本文件中，以识别各个观测指标的关键影响因素。

2. 解析。研究进一步采用由中国科学院计算技术研究所开发的 ICTCLAS2011 版（http://ictclas.org/）进行中文分词、新词识别以及词频统计工作。ICTCLAS 采用层叠式隐性马尔可夫模型来进行新词识别、中文分词、命名实体识别以及词性标注等功能。针对本研究，专门制作 Java 程序对已得到分词的文本进行词频统计分析，得到既定文本中相关指标的高频词。

在得到的分词结果中，有些词是没有意义的，诸如"很""这些""那些"等，以及一些错误的分词。为此，研究建立了过滤词库来剔除掉这些无意义的词语。

在研究过程中发现由于中文的同义词众多，需要对相关结果的同义词进行再处理和统一，采用人工检查的方式对照同义词词典，将高频词统计结果中的同义词进行合并处理，用其中一个具有代表性的词来统一替代，其频数统计量为所有同义词的频数之和。

3. 关键因素的识别。本研究依据观测指标从高频词库中选出具有较大影响作用的关键因素。建立访谈——因素矩阵以考察访谈中提及的关键因素的情况，矩阵中的行代表一条评论，列代表一个高频词，即关键因素。"1"表示该访谈提及此列中对应的因素，"0"则代表没有提及，计算出每个关键因素在访谈中出现的频率，相对地也印证了该关键因素的重要程度。

以信任理论、Hofstede 文化价值理论、政府服务能力和社会心理效应为基础，依据消费者对旅游经济及政府旅游门户网站认识的内在规律，提出包含了独特旅游资源的竞争优势表现、Hofstede 文化价值表现、低碳视角的环境资源和感知政府服务能力四个因素在内的对消费者信任影响的假设命题，提出理论框架并将其作为后续研究的基础。研究同时对案例访谈的对象、访谈方案以及文本分析过程进行说明。

第三章　政府旅游门户网站信息信任受损案例访谈结果分析

根据访谈记录汇总获得的主题编码，统计和汇总访谈结果，找出潜在消费者对政府旅游门户网站信任受损的原因，逐一分析消费者信任受损的表现，验证提出的假设命题。

第一节　信息信任受损一般机理

一、信息信任受损的界定

信任受损是一种信任损耗，通常在信任主体预期与被信任客体的结果相悖或不相符的时候（熊焰和钱婷婷，2012）。李俊杰（2019）认为，在公共危机情境下政府信任受损的机理分为信任受损动因，包含耦合因素诱发多元、多重的利益诉求；信任受损路径，包含公众在诉求表达途径上的博弈与依赖；信任受损关键节点，涉及涉事方、政府与第三方的回应惯性与策略选择；信任受损实质，诠释政府在能力、善意与正直评价维度上的缺失与衰减；信任受损外部条件，特指特定个人因素、社会背景与僵化体制机制之间的矛盾冲突，如图3-1所示。

信任受损事件指导致信任受损的一系列事件（彭志红，2014）。信任受损是影响较为严重的一种类型，会显著削减信任主客体双方之间后续合作行为，减少信任主体积极行为，甚至导致报复等破坏性行为（Yousafzai等，2003）。政府信任涉及政府与公众之间的两大主体关系。两者的关系受损情况大致可分为三类：①将公众作为主体，政府作为客体，认为政府信任是主体对客体行为的一种评价、认可或信念，体现了主体对客体的信任程度。南瑞琴（2019）中国财经媒体的信任受损主要分为能力信任损害和道德信任损害。其中，能力信任损害是指因为财经媒体或者记者能力不足引起的信任受损，使得用户对财经媒体失去信任。道德信任损害是指财经媒体或者记者利用"采访权"和"话语权"等特权，进行有偿新闻、新闻寻租或者新闻敲诈的职业失范行为，由此引发的信任损害被称为道德信任损害。②政府作为主体，公众作为客体，将政府信任视为政府赢得公众认可和认同的属性或能力，是政府拥有的一种无形的权威性资源（程倩，2005）。这种信任与文化属性结合紧密，一般情况下，信任不易受到外界冲击，但是一旦信任受损，就是整个社会文化的巨变。③是前两类观点结合，将政府信任视为公众对政府的信任程度，也是政府赢得信任的属性或能力。不能将客观存在的事物（即政府公信力）与对事物所持有的信念（即政治信任）混为一谈（马得勇和孙梦欣，2014），否则信任受损研究将难以准确度量。

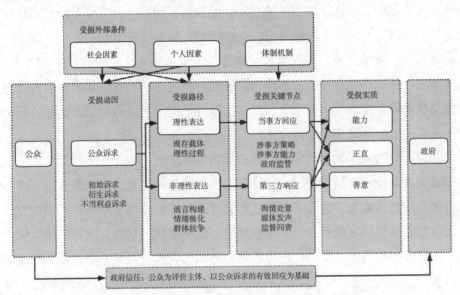

图 3-1　公共危机情境下政府信任受损机理模型①

本研究拟采用第一类信任受损研究视角，将旅游消费者作为信任主体，政府旅游门户网站作为信任客体，研究旅游消费者对政府旅游门户网站信任及信任受损问题。

二、信息信任受损造成的连锁反应

中国传统文化中的"仁、义、礼、智、信"等思想是历个朝代推崇的主流文化，直到现代社会发展迅猛的当下，依然发挥着重要作用。在这传承了千年的观念中，价值位阶由低到高的排序是"情—理—法"。因此，当负面事件发生后，大众潜意识中会按照"违背天理—违背人情—违背国法"的顺序去评判和对

---

① 李俊杰.公共危机情境下政府信任受损机理及其修复研究 [D].重庆大学,2019.
DOI:10.27670/d.cnki.gcqdu.2019.002331.

标（范忠信，1992；范愉，2003）。官方信息信任受损势必会引发一系列的连锁问题。

第一，导致社会信任水平的整体下降。

随着经济时代的发展和文化的变迁，传统道德基础上的社会信任受到巨大冲击并发生改变，当今的社会步入礼崩乐坏的状态——不信任感充斥社会关系的方方面面，对政府信任的下降难以避免（李俊杰，2019）。尤其是西方社会，在选举方面尤为突出。恶性竞争、互相攻击、贬抑对手、口水漫骂等手段已经成为家常便饭。Cynkin（1988）调查发现，当时已经有超六成以上的美国人对选举的争执感到厌恶。就连对警察高权威职业的信任也悄然发生着改变。李想（2019）将警察违法事件和违情事件的视频作为刺激物分组进行实验室情景模拟，对比测量受损信任水平，发现警察违情事件比违法事件造成了更强烈的公众负面情绪，对信任破坏也更加严重（黄静等，2010；张少卿，2016）。

第二，政府承诺与实际绩效差异的惯性思维。

当官方的承诺无法兑现，或者官方提供的信息与客观事实相距甚远，或者信息过于隐晦，藏匿细节过多等，最终都会导致政府信息信誉下降。诸如西方政府机构中普遍存在的官僚作风、官本位思想、低效浪费、贪污腐败等问题，使得公众对政府公职人员廉洁奉公性产生怀疑，进而引发政府信任受损，最终形成信任危机（蔡晶晶和李德国，2006）。结合 Weiner 的归因理论，负面的刺激事件会引起公众的归因认知，公众会基于感性认知将事件判定为消极负面的结果，进而会基于负面事件产生的原因进行重新认识，分化并衍生出愤怒、厌恶、悲伤和恐惧等更加复杂的负面情绪，最终导致信任水平的再次降低（李辉等，2018）。

第三，新闻媒介监督作用的丧失。

随着网络新媒体的快速发展和普及，包含网络自媒体在内的新闻媒介在政府信任过程中起着重要的作用。究其原因，主要是因为媒体作为第三方，凭借其专业性，更能掀开运作复杂且隐蔽的政治黑箱，揭露负面事件的本质。公众主要凭借新闻等报道了解事件的始末。当官方信息的不公开、不及时，信息不对称、不透明，新闻媒介采取扒粪与揭弊的策略（Haesevoets 等，2016），那么，媒介传播或公开的政府信息反而会成为公众质疑的对象，这种行为在侵蚀公众对政府能力的信心与信任的同时，势必对新闻媒介的中立和监督形象造成负面冲击。关于解释水平和内部归因交互影响受损后的警察信任，李想（2019）发现解释水平的高低层次不同，会影响公众的关注重点和认知过程，从而使对警察的信任受损程度出现差异。研究认为，在高解释水平的人群中，公众的思维特征更为抽象，关注的重点趋于本质化，倾向于特质归因。因此，无论发生警察违法还是违情的负面事件，高解释水平群体的公众都认为是警察自身引起的，对警察信任下降程度没有显著变化。对于低解释水平的群体，内部归因的高低对警察信任的影响不会产生显著差异（Libby 等，2009），警察违情事件比违法事件更严重，导致信任下降程度更大（Agerström 和 Björklund，2013；Eyal 等，2008）。

第四，制度的缺失与倾斜恶化。

制度在利益方面倾斜极易引发公众对政府公平性的怀疑，并进一步引发政府的信任危机。在中国文化情境下，公众对警察违情事件的容忍度变得越来越低，警察如果做出违背伦理道德的行为，是触犯了公众心中的底线和冲击了公众的道德情感的负面事件（黄静等，2010）。尤其是当政府制度缺失和乏力，不能成为控制政府失信行为的强力制约因素时，造成政府信任恶化并受损，是政府信任缺失的外在的、直接的因素。即如果现行的政府体制存在可能使政府失信于民的制度纰漏，并缺乏一套行之有效的政府信用评价制度来约束政府，无法有效地落实政府对公众的责任，是政府及其信息的失信事态得到及时、有效制止的重要原因（张成福和边晓慧，2016；程倩，2005；张婷，2016）。

第五，公众诉求多元化和异质性的道路受阻。

认知一致性理论（Festinger，1957）认为人们总是倾向于使事件在其认知范围中发展。如果公众发现警察的表现与其预想不一致，在心理上会倾向于否认客观现实，从而缓解其冲突焦虑感（杨汉麟，1998）。此时，若对警察的初始信任较高，那么即使发生涉警的负面事件，公众仍倾向于坚持原有的观点，即认为警察依然值得信任（李想，2019）。在采取信任修复策略时，对警方的否认和道歉的接受度也较高，较为容易原谅并继续信任，保持内在心理认知的和谐一致。但随着社会经济从工业社会进入信息社会，激发了人们表达自我和实现自我的想法，伴随着西方官僚制下的行政体制及管理能力呈下降趋势，引发了新的矛盾与冲突。公众的价值追求开始向政治、生活和社会环境的质量等方面外延（Haesevoets 等，2016）。另外，如果公众对政府的需求进化到螺旋上升趋势，那么即使政府绩效保持稳定，公众对其满意程度也会下降（Bottom 等，2002；Maddux 等，2011）。也正是这种公众要求的多元化和异质性程度增加，使得政府更难确定合适的政策模式来满足其公众需求。

三、信息信任受损研究方法

李想（2019）在研究信任受损问题上，采用实验研究＋对比分析＋回归分析的组合方法。在第一阶段实验研究中，研究编制问卷量表对公众的解释水平、负面情绪、内部归因倾向和警察信任等因素进行测量，对所得的数据展开统计分析。第二阶段的对比分析，具体采用横向和纵向比较研究的方法，发现警察信任发展变化的客观规律。横向比较方面，就警察违法和违情事件对警察信任破坏程度的差异、否认和道歉策略的信任修复效果差异、解释水平高和低的人群对警察信任水平展开差异化研究。纵向比较时，比较分析初始警察信任、受损后警察信任和修复后警察信任的时间轴纵向异同。第三阶段的回归分析法中，研究采用 t 检验和方差分析对警察信任水平分组比较，进一步采用线性回归探究公众负面情绪、内部归因和信任修复感知对警察信任的总体影响程度，以及警察信任、受损、修复后的影响程度。

第二节　旅游信息信任受损的影响因素

一、独特旅游资源竞争优势的影响

对访谈调研数据汇总发现，虽然三个层面受访者，即管理者、旅游商业企业和消费者均认同独特旅游资源的网站表现是消费者选择旅游地和旅游企业盈利的重要因素，会影响初始信任的建立。但管理者、旅游商业企业和消费者对独特旅游资源的网站表现关注点是不一致的。

管理者：行政管理部门 $A1_1$、$A1_2$、$A2_2$、A8 和 $A15_2$ 等均提到旅游地区的治安是旅游经济发展的根本和基础。行政管理部门都对自身优势了如指掌，并认为是领先或区别于其他地区的方面。如"我们的优势在于拥有＊个 5A 级景区位居全国第＊的省份，不仅涵盖了人文景观和历史景观，也有自然景观。而且作为＊＊文化的发源地，这是得天独厚的旅游资源优势。在 2004 年成立了省属的旅游资讯有限公司，专门负责旅游行业主管部门的信息化管理工作，随后进行了阶段式的旅游信息大创新和改革。景点宣传应该是商业网站的行为，政府旅游门户网站不需要做这些（受访者 $A1_1$）。受访者 $A2_1$ 也能明确地指出所在区域的旅游优势，"** 县生态良好、区位独特、人文深厚尤其是恐龙文化、界江文化绵远流长，具有发展生态旅游得天独厚的优势"。独特旅游资源的网站表现更多的是集中在客观存在，忽略了网站表现。

旅游商业企业：旅游商业企业重视与官方合作的机会，通过获取优势，拉大与竞争对手的差距，提升利润和整体实力。获得优势的主要途径为：首先，借助网络效力，提升整体水平。"我目前所在的公司，是今年 3 月份才开始注重网络宣传，之前的网站完全是个空壳。虽然目前效果还没能马上显现，但是之前所在的公司的例子证明网络宣传是绝对有用的。在那个公司时，我专门招聘网络管理类的员工负责网络宣传，3 年后这个部门利润排在全公司前 3 名，客流量排在第 1 名。总结来看，网络服务的成本低，利润空间大，还是有显著优势的。"（受访者 $B2_1$）他同时还指出，之前公司的工作常态，即"企业（国企）里很注意收集旅游政策等相关细节，都经常去看各类官方信息，针对每个部门从不同角度寻找政府的开辟的商业机会，还会开视频会议交流所得"。其次，加强宣传力度，增加官方合作机会。"借助官方宣传和电视视频宣传二者获得的效果完全不一样。之前我所在的企业，有政府背景，也很注重宣传机会。比如我那时就参与过一个项目，要在 ** 市内增开多条双层旅游大巴线路，这个事需要和公交公司洽谈，协调旅行局路线问题、协调车辆生产厂商车型的问题，细化到车身广告内容和形式等等。最后终于艰难上马，带来的效益和影响力是巨大的。"（受访者 $B2_1$）

旅游商业企业认为独特旅游资源的网站表现是需要政府出面培养、保护和传递的。首先，政府可营造旅游市场的良性竞争氛围。"目前，在市场的长期作用下，形成品质和价格两种旅游产品。但消费者在消费观念上是有问题的，他们既想要享受低价格，但又想要高价格的品质，这完全是矛盾的市场。旅游管理部门应当通过政府旅游门户网站注重宣传和引导消费者正确地选择旅游产品，进而去影响市场，改变产品结构，在源头上就掐灭这种混乱的局面，引导正确的旅游消费观念。"（受访者 $B1_1$）明确指出了旅游行政管理部门在其中的作用和规范旅游市场的先导式的方式和方法。其次，政府对文化等资源优势的保护是必要的，优势的淡化会导致消费者的流失。受访者 $B1_2$ 和 B6 均认为："据我统计发现，近几年外国来中国旅游的游客越来越少，他们宁可去泰国、韩国以及中国的台湾和香港等地去找中国文化，也不来中国大陆这个文化的发源地。为什么？就是因为我们现存的文化传承有些还没有台湾和香港保留得完整。可见，旅游商业企业认为独特旅游资源的网站表现更多地集中在管理和保护等软件条件方面，言谈中隐含他们对政府保护相关举措和力度的不满。

消费者：消费者也普遍觉察到我们正在合法地流失原本固有的旅游资源优势："我们国家现在的建筑已经没有任何特色了，到处都是一样的颜色和光感，没有一点地域特色和文化气息，更加没有一点民族的东西在里边。大老远跑西南去了，看到一群人穿着和自己一模一样的连衣裙高跟鞋的人，还有什么游玩的兴致。如果连仅剩的竹楼都变成一样的砖瓦，那就彻底没有传统的文化在里边了。"（受访者 B4）C_6 专职猎头也指出，"在国内旅游到哪里感觉都一样，景观一样、建筑一样，人穿的衣服也一样，连纪念品都一模一样，实在没有什么意思。我去过欧洲后，感觉文化差距比较大，风土人情大不一样，连服务都不一样，比我们国家哪个城市都有新意和心意"。与此同时，政府旅游门户网站也被期待着有所提升，实现信息的全面化和权威化，更加贴合消费者的需求。"也需要考虑好目标群体，针对以省内和省外的模块分开，有针对性地为全家游、老年游或夫妻游推出相应的服务。风格要借鉴一下商业网站，再增加和突出一下政府的权威优势。"（C_6 专职猎头）C_7 教师也指出，"政府旅游门户网站需要在功能上考虑能给用户提供什么，他的目标受众群应该是对目的地有一些了解，还需要更深入了解的这一群人"，言语中明确了独特资源表现的影响作用而非决定作用，独特资源表现仅起到扩大或减少优势对心理的影响。特别是在与国外政府旅游门户网站对比之后，消费者的认识得到了拓展，信任在逐步改变，对独特旅游资源优势的认识和心理预期也发生了变化，也渐渐地与管理者和经营者的认识发生偏离。

综上所述，在对独特旅游资源的网站表现的认识上，三者出现分歧：政府行政管理部门倾向于用客观存在，忽略了建立消费者的初始信任的独特旅游资源的网站表现；而商业旅游企业更认可文化表现、市场秩序和消费的引导带来的独特资源；但是消费者更多将关注集中在地域风情等文化优势方面。从访谈还可知，消费者认为独特旅游资源的网站表现只能起到促进和扩大影响力的作用，对信任网站和旅游行程的设定起不到关键的影响作用，即代表假设命题 1 消费者更信任独特旅游资源的网站表现强的政府旅游门户网站不成立。

二、文化价值的影响

在访谈资料整理过程中，受访者一致认为旅游地文化及其网页上的文化取向表现是旅游的动力。相关内容大致表现在网页现状、网页 Hofstede 文化取向的表现、历史文化表现、食物文化表现、名人效应、地域特色和互动能力几个方面。

第一，对政府旅游门户网站的认识。管理部门普遍认为信息化非常重要，但是根据行政级别的高低、投入的财力和人力的区别，工作绩效也有差异。"政务网站现在提供一些基本的信息服务，但是还需要完善。例如当地旅馆、医院和汽车站等相关机构的详细信息还要细化。在网络回答网友提问等互动环节上，由于业务分工产生的滞后也要改进。"（受访者 $A1_1$、$A1_2$、$A7_1$、$A15_1$）同时，省级旅游管理部门受访者 $A1_2$ 还指出，"信息化很重要。在政府旅游门户网站发展中最大的问题是内容和更新，这一点是有别于商业旅游网站的"。相对而言，由于县级政府旅游管理部门管理者 $A2_2$ 辖区范围较小，认识上也稍有差别，她认为，"在我们县的政府旅游门户网站中，更注重的是宣传本地特色旅游资源，尽可能多地提供旅游咨询、旅游资讯、旅游常识和受理旅游投诉等这些服务。但是鉴于人力和能力的有限，我们旅游局只是县政府的二级页面，仅有 1 名办公室指派的工作人员负责维护、更新和完善网站信息"。受访者 $A1_1$ 同时指出虽然网页是非独立的，但是"政府对旅游门户网站的建设和维护的态度是'大力支持，精心指导'"。

但行政管理部门的尽心，却得不到来自旅游企业和个体消费者的认可，在网页需求上出现供与求不对接的局面。"政府旅游门户网站的好坏对我的出行没有什么影响，但是我需要的细节上边都没有。"（C_{12} 销售经理）受访者 $B2_1$、C_2 均指出，"如果不是强制性地要求通过网络办公的话，我是不会主动去使用网络的。一般只有全省排名前 10 的旅游企业才会更关注政府旅游门户网站，一方面是捧场，另外就是想寻找更多的优惠"。由访谈可知，商业旅游企业管理者和个体消费者对政府旅游门户网站也有独特的认识。受访者 B5 指出，政府旅游门户网站的"旅游文化感太少。虽然有部分介绍，但是不得不说景点介绍非常粗略，没特色。网页在具体出行方面又没细节，所以整体参考性不大"。"政府性质和对纳税人的态度决定了政府旅游门户网站的功能。国外政府旅游门户网站有大量的吃、住、行等特色的介绍，而国内仅仅是蜻蜓点水，一带而过。我国政府旅游门户网站没有真正运营，加上公务员'多做多错，少做少错'的普遍思想和态度，所以注定政府旅游门户网站只是一个空架子"（受访者 $B2_1$）。可见，政府旅游门户网站出现了明显的信息供需不对接。

第二，网页 Hofstede 文化价值的表现。大部分消费者对于旅游官方网页的文化价值表现及风格没有既定的要求，鉴于现阶段网速瓶颈基本不存在，所以这类问题不再构成大的影响。而长期大量的网页审美疲劳，消费者更强调整体感和舒适度。"赏心悦目是基本的，那些 3d 视频对我影响倒是不大"（C_8 动画设计师）；"网页风格、整体设计感、图片什么的对我影响不大"（C_{11} 工人）；"百度上直接搜，只看内容不会关注是哪个网站。我也不怎么考虑环境和网页的介绍，旅游环境的改变更重要"（C_7 教师）。"网页的设计风格、3d 什么的对我影响不大，只要网速可以就行"（C_9 教师）。访谈还发现政府旅游门户网站整体风格设计的好坏，对行程的变化没有太大的影响，但网页文化价值表现的距离感会让使用者感到不适。"去哪里基本上是已经定下来的，不会因为官方网站设计的好坏而取消行程，对行程没有太大影响，但是心里会不安或者感觉不舒服。"（C_9 教师）"景点基本都已经定下来了，政府旅游门户网站的好坏对我没有什么影响。但网页设计和平时习惯有差异时，会感到不舒服。"（C_{12} 销售经理）文化价值表现上的惊喜总会给人留下深刻印象。"网页的设计风格，只要舒服就行了。我一般就按照目的地搜索后，看下边的评论。个别官方网站的图片和文字都描述得都非常好，定期更新不同季节的照片和图片，看了之后让人更加想去了。"（C_{14} 总经理）由此可见，若政府旅游门户网站用心设计和维护，从目标消费者的文化价值视角设计网页，会大大地提升消费者的满足感。

第三，网页中地域文化的展示。无论是在现实旅游，还是在网络虚拟旅游信息和图片的渲染和展示上，消费者对此看法是一致的，即文化差异越大，则旅游的满足感越强烈。"当周围景观和生活习惯差别很大的时候，对我吸引力更大，会有震撼的效果"（C_{14} 总经理），C_2 自由撰稿人指出，"敦煌那边和内地真的不一样，五彩沙、兰州拉面、到处是沙漠、不一样的画等。这一点网上没有很好地展示出来，可惜了"；C_6 专职猎头也认为，"在国内旅游到那里感觉人都一样，景观、建筑、穿的衣服，连纪念品都一模一样，实在没有什么意思。我去过欧洲后，感觉文化差距比较大，风土人情大不一样，连服务都不一样，比国内哪个城市都有新意和心意"。甚至旅游目标的确定也会与文化差异的大小相关，C_{20} 司机选择了自驾进藏游，"因为大家都没去过，旅途中发现当地气候和文化太不一样了，算是最神秘的地方吧，与我们生活的环境截然不同，我们用车轮和对讲机去冒险"。C_{17}退休老人也提及了地域特色的吸引力问题，"我们几个退休的朋友会跟团去一些怡情雅致的地方，或者在当地传统节日的时候过去感受气氛"。

但是这种特色却在消失殆尽，作为商业旅游企业管理者也意识到了文化渐失的问题，"文化的表现和传承太重要了。这几年韩国中秋节的仪式和泡菜制作过程的申遗，让我们倍受打击。虽然后来我们多了中秋节的假日，但是中秋节这天和其他日子却没有什么不同的地方，除了吃月饼，什么都没有剩下，文化仪式的传承已经没有了"。受访者$B1_2$还指出这不是商业企业可以改变和挽回的局面。遗憾的是，关注这方面的管理部门还是较少，虽然他们认识到"政府旅游门户网站是对本地旅游品牌形象塑造和传播的一种方法，要表现出本地旅游品牌形象、内在特点和独有的文化风情"。受访者$A2_2$同时指出，"虽然我们县旅游局的网站很小，但是网站上会大力宣传与本地传统密切相关的旅游主题和相关新闻，例如'情定龙乡·有缘一生'中俄国际集体婚礼"，来突出地域文化的特点。但是管理层$A11$认为，"国家对政府网站设计有专门规定，地域特色和文化活动仍然应该是商业网站的主打行为"。

第四，网页的互动能力。能力距离感受较为直接的是来自网页的互动。但访谈可知消费者对网页互动需求的有别于其他，消费者对网页中常用电话的需求程度更为显著。C_9教师就其亲身经历指出："我在政府旅游门户网站上问过问题，也得到了回复！但是我觉得没有电话来得直接，这个还是慢，但是有总比没有好吧？"C_1在校本科生也指出："在去北京故宫旅游的时候在他们官网上咨询过，得到的答复很满意。"他们认为，能通过网页的帮助清晰化未来行程中的不确定性因素，是缩短消费者与管理者之间能力距离的一种表现。

第五，网页历史文化的表现。访谈中多位受访者均表示通过历史名人、名言或知名事件等图文介绍，用故事的形式加深阅读者的认同感和集体归属感，同时也起到宣传当地人文景观的作用。"网页上卧龙岗、诸葛亮的雕像图片及《出师表》的文字介绍可以增加我对南阳的感觉。"（C_1在校本科生）受访者$A2_2$指出，该县的"网站也很注重宣传与传统礼仪、风俗习惯和礼节相关的相关新闻，打造'鄂伦春'文化，提升**旅游产业文化内涵。网站也会在显著位置介绍与本地旅游景点有关的历史故事或历史上的风云人物，例如：沙俄入侵、抗日斗争、剿匪斗争，以及在**县图博馆陈列的抗联战士群雕和抗联无名小英雄雕像"。但来自行政管理部门的受访者 $A1_1$ 对此持反对的意见，"国家对政府网站设计有专门规定。大力宣传与本地传统密切相关的旅游主题相关新闻，或与传统礼仪、风俗习惯和礼节相关的新闻，或在显著位置放上名人到本地出游的图片，以及介绍与本地旅游景点有关的历史故事或历史上的著名人物等，这些应该是商业网站的主打和行为，政府旅游门户网站主要在于信息公开，最主要宗旨是为民服务"。管理者和用户对此各执一词。

第六，网页中名人、典故效应的表现。权威者发布的意见对我国消费者产生的影响是巨大的，因此利用名人旅游的效应，制造名人营销是旅游提高的最好方式。这也是很多区域政府和部门加入"名人争夺战"行列的原因，可以看到各个地区争夺名人或与之相关的景点冠名，实质上是争夺隐含在其中的旅游经济利益和效益。但在这个问题上，管理者和个体消费者出现了截然不同的观点。管理层 $A1_1$ 认为，"国家对政府网站设计有专门规定。在显著位置放上名人到本地出游的照片应该是商业网站的主打和行为"。但是消费者分歧较大，分为受这类信息影响和不受这类信息影响完全对立的两类。不受影响的人认为"我对新闻和名人之类都是免疫的"（C_{14} 总经理及 C_{19} 售货员）。

但消费者均认为商业网站不会起到对目的地形象做宣传的作用，只有依靠政府旅游门户网站等官网，并且这种推广对旅游的推进是有帮助的。C_9 教师就认为，"对我没有影响，因为我个人偏好自然类景观。但是说实话还是有效应的，比如四川的《卧虎藏龙》和《来自星星的你》拍摄地点不都是因为名人效应火起来的吗？可以说这是炒火旅游景点的一种方式"；"我去敦煌和月牙泉的自助游，出发前到网上认真地做了行前准备工作。选择那里的原因，一是喜欢西北，再则平时接触的小说和电影中讲述敦煌的东西比较多，被吸引很久了"（C_8 动画设计师）；"电视剧的拍摄景点也是比较吸引人的，比如我去海南和杭州玩的时候还特意去《非诚勿扰》的拍摄地看看。名人来过这里，还是有一定的影响和谈资的，我会主动向同行的人介绍"（C_{15} 警察）。

第七，网页中食物文化的表现。美食虽然不是旅游的主要环节，但是一直是旅游中不可或缺的部分，是旅游诱因的一种表现。C_{16} 工人和 C_{17} 退休老人都提到跟团旅游过程中饮食方面的遗憾，"跟团吃饭像打仗一样，难吃还得抢，不抢都吃不饱，真是很扫兴"。政府旅游门户网站等官网上美食的推荐是一种吸引力，如 C_3 认为，"当地特色美食对我来说是别样的体验吧，我出发前除了做路线攻略，美食攻略也必不可少，要不就少了一份旅游的快乐了"。"但是我觉得这个和年段相关，比如我带我妈去九寨沟，她竟然想吃饺子，她不觉得当地食物是一种体验"（C_{16}工人）。另外 F2 自由撰稿人提到，"这趟去敦煌，包车和美食都是网络搜到的，但是网上大家推崇的沙洲夜市一点都不好"。可见，部分用户的需求是强烈的。

对消费者旅游决策心理变化有重要影响的是多看效应，即消费者对眼前出现次数越多的事物，越易产生喜爱和信赖，尤其对具有相近文化特征的事物更易产生喜爱和信赖。网站设计会受当地文化的影响，Hofstede 文化价值理论是衡量文化的理论之一。相近文化的反复冲击具有多重效应，相近 Hofstede 文化价值网站构建将更有利于目标文化访问者的互动，消费者就会更信任与自己 Hofstede 文化价值相近的网页。依据我国国人的文化价值特性，研究进一步依据 Hofstede 文化价值中的高语境、能力距离、个人/集体主义和不确定性规避四个指标对政府旅游门户网站进行分析，归纳如表 3-1 所示。

表 3-1　基于文化价值的政府旅游门户网站信息需求关键因素[①]

观测指标	一般消费者	旅游企业从业者	行政管理者
高语境	文字感染力弱（85.33%）；图片处理不足（80%）；地域特色表现力差（58%）	不注重语言表达（42.22%）；文字过多，图片过少（40%）；卫星模拟效果等新技术运用较快（38.89%）	处理能力不一，级别越高能力越大（80%）；客观详实的报道方式（40%）
能力距离	互动沟通难（34.67%）；线下惯常作风痕迹明显（33.33%）	线上线下有统一宣传片（60%）；无官方推荐住宿和餐馆（55.56%）	专人负责网络解答（95%）；管辖领域分工明确（35%）
个人/集体主义	团圆和温情等群体活动渲染力不足（74.67%）；明星等领袖意见少（60.67%）	旅游资料收集种类和数量严重不足（60%）；旅游历史沉淀资料翔实（50%）	主题活动均有图文解说（70%）；政府旅游门户网站不以图片资料为主（65%）
不确定性规避	具体旅游指导过于粗略（60.67%）；必要机构或组织（如医院、汽车站等）有效信息少（58.67%）；无预警机制（53.33%）	息事宁人做法大于防患思想（78.89%）；处罚违规等事件上避重就轻（48.89%）	各种规章制度的制定和发布（25%）；对负面事件的及时处理和回复（25%）

由表可知，三类用户对文化价值的关注点和需求是不一致的。一般消费者普遍对政府旅游门户网站的文化价值感知印象不佳，矛盾集中在"高语境""个人/集体主义"和"不确定规避"；旅游从业者中关注度较高的则是政府旅游门户网

①　资料来源：本研究提出

站的"不确定性规避"和"能力距离"因素；而行政管理者更注重政府旅游门户网站的"高语境"和"能力距离"因素。

整体而言，政府旅游门户网站文化价值表现是薄弱的。一般消费者使用"找不到"和"弱"等负面词语来表达对相关信息文化价值需求强烈的诉求，更可以看出三类用户对文化价值的关注点和需求是不一致的。文化价值作用于消费者对政府旅游门户网站的信任影响因素，如图 3-2 所示。

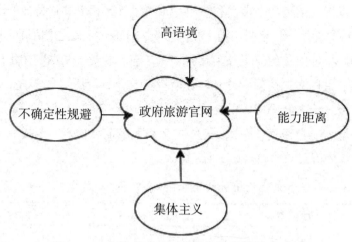

图 3-2 文化价值作用于消费者影响因素[①]

一般消费者使用了"不足""不佳""弱""找不到"和"少"等负面关键词来表达对相关信息文化价值需求强烈的诉求。正如 C_2 自由撰稿人指出的，"敦煌那边和内地真的不一样，五彩沙、兰州拉面、到处是沙漠、不一样的画。但这一点政府旅游门户网站等官网并没有很好地展示出来"。特别是在我国旅游产业持续增长，出国游猛增后，对官网感知差异就更为明显，特别是对"高语境"和"个人/集体主义"的需求度最高。受访者 C_{86} 也认为，"我去过欧洲的一些国家和新加坡，感觉文化差距很大，特别这些国家的政府旅游门户网站上的介绍，让我能很清晰地罗列出感兴趣的景点、美食和活动。对比国内旅游网站，各地从景观、建筑、服饰到纪念品都一模一样。国内政府旅游门户网站这类官网就更别提了，基本长得一模一样，和富有感染力的新加坡国家旅游局官网没得比"。针对新加坡国家旅游局官网，受访者动漫设计师 C_{100} 也赞誉有加，情之所

---

① 资料来源：本研究提出

至还亲自打开网站，根据自身经历进行解说："平心而论，新加坡只有烈日，没有标志性的长城或者富士山，但是新加坡国家旅游官网设计符合旅游者需求，将普通场景从邻里、艺术、购物、住宿和节庆活动等很好地进行提炼和展现，色彩明快，挑起人想去当地旅游的冲动。在群体吸引上，用秦岚吸引年轻族群，用李小鹏和女儿 Olivia 的亲情和童真感染温情群体。我们国家政府旅游门户网站就没有这种刺激人心的感染力！"可见，一般消费者更注重政府旅游门户网站使用过程中的体会、感受和感染力等隐性因素。虽然行政管理者访谈中多次出现"专用资金""专人"和"规章制度"等关键词，以强调其对政府旅游门户网站信息的重视程度。

现实是虽然我国政府旅游门户网站拥有充足的人力和财力支持，但工作效果依然没有获得其他消费者的认可。我国政府旅游门户网站在一般消费者心中停留在文化表现差、满意度低、需求无法满足的印象中，最终导致使用率的低下，这也印证了一般消费者在首因效应调查中反应平平的原因。即高初始信任保证了使用的高起点，但通过不满意的实际使用感受，形成的不良首因效应和多看效应，最终拉低了消费者的持续信任和后续使用。

从表中还可以看出三个层面用户都关注的"信息内容"指标，受访者普遍认为国家对政府网站设计和发布消息有专门规定。旅游官方网站最主要是信息公开，宗旨是为民服务。而旅游商业网站由于遵从的是市场调控和市场指导，故其网站充斥了以盈利为目的的旅游产品信息。最终导致旅游信息供给市场中广大一般消费者最为关注的旅游资讯和地域特色等信息缺失，旅游地形象塑造和营销的重要构成信息平台空缺。有受访者指出，这些问题的根源在于行政管理者权力过于弱小和不作为。受访者 $B15_2$ 表示，"就我曾经手的多个旅游投诉来说，个人感觉旅游局的权力太小了。和旅游基础设施相关的东西，旅游局根本没有决定权，它是所有政府机关中权力感最弱的一个部门"。主管部门权责的限制，无形中极大地打击了旅游信息市场的互动。从业受访者 $B81_3$（管理人员／本科／网络旅游企业）指出现有政府旅游门户网站成功案例的关键因素，"'好客山东'和浙江省政府旅游门户网站，都是由政府牵头启动的全省性项目，其政府旅游门户网站表现效果大大优于其他政府旅游门户网站"。受访者 $B49_1$（管理人员／本科／旅游国企）就自身经历有感而发："如果商业企业有意愿加强旅游资源联合，旅游管理部门却表现出不做比做好的姿态，那企业的热情再大也是无济于事的。我公司曾有个项目是某知名旅游网站提出整合整个 ** 省旅游资源的合作意向。合作公司希望项目能以官方文书的形式出现，便于与当地各个景区洽谈相关事宜，但是被管理部门否决了，项目黄了，损失的不仅仅是一个公司呀！"显然管理者信息的文化价值表现、准备和供给等工作，仍远没有达到一般消费者或旅游从业者的需求标准。可以看出政府旅游门户网站信息的文化价值表现在供和需双方间出现了分歧，但却是消费者需要的信息表现方式，也是网站使用的重要影响因素，并进一步影响消费者的持续信任。

综上所述，旅游地文化的差异和文化价值表现的相似是旅游的动因，也是三个层面都关注的因素。但地方文化在网页上的传播渠道方式和文化价值表现在旅游管理部门、商业企业和消费者之间存在较大分歧。旅游管理部门专注的坚持，与旅游商业企业和消费者的需求不符，进而导致他们对政府旅游门户网站失望。由访谈汇总可知，商业企业和消费者均表示倾向于信任与自身文化价值表现相似，且文化价值表现显著的网页，即假设命题 2 政府旅游门户网站 Hofstede 文化价值的相近表现有助于消费者建立信任是成立的。

三、低碳视角下环境资源展示的影响

在环境资源对信任的影响问题上，三者的意见是一致的，均认为低碳视角的环境资源状况在消费者之间的言语传播或客观数据的公布都会影响信任。通过访谈记录整理，研究还发现了其中特有的中国式的现象。

"基础设施的好坏会影响旅游业的整体发展水平，当地的治安环境也同样会影响到旅游，再加上生态环境，三者都是旅游发展的基础。我们当然希望这些基础条件更好，对旅游发展也就越有利。但是我们只能呼吁，毕竟旅游局的职能十分有限"，管理部门 $A2_2$ 认为。受访者 $A1_1$、$A1_2$ 也均指出："当地的基础建设（如道路建设、公共设施休憩等）、治安环境以及生态治理的好坏（尤其对以自然资源为卖点的景区）都会影响到旅游业，并且这个环节非常重要。"由此可知，管理层在意识上已经具备了旅游资源的保护意识和整体协调性的观念。

但是旅游商业企业却不认可管理部门在相关方面的努力。受访者 $B1_1$、B3、$B4_1$ 均认为："政府是否能够为当地旅游业的发展提供支持完全取决于其决心和想不想做等主观能动性。"表达出了对旅游管理部门改善旅游环境的现状的不满，并指出其中的原因是"旅游局管理的范围和能力很有限，他们只能对旅游进

行评定、整合和监控，但是没有权力修改这些东西"（受访者 $B5_1$）。有的受访者直接谏言道："吃、住、行、游和购这些资源的整合靠旅游局一己之力是实现不了的，更不用说公路、治安管理之类的了。如果要整体提升基础建设，需要从省政府的层面去统筹协调。例如浙江省就是由旅游局提议案，经省委批准，最终项目才获得成功的。"（受访者 $B1_1$）。

消费者的判断标准相对要简单一些。"政府对旅游业的管理很重要：从业人员的素质和热情度，卫生（我去过这么多海边城市感觉厦门是最好的，比青岛、日照、威海、大连都好）、治安（商贩，有的地方都不敢问价，问了不买怕被打，可见我对那里的治安不放心到什么程度）、当地人的素质、交通（黑车、监管的不到位，比如设有区间车的景点，不预测人流量地出车，又没有人维护秩序，造成乱哄哄的挤推，影响心情和景点形象）。"（C_{10} 自由职业者）在访谈的对象中，几乎所有个体消费者均认为，这些资源需要保护和关注，但是提及旅游中个人相关行为表现时，能言行一致的仅占少数。不难看出，消费者意识上已经具备环境资源的保护意识，但是自身在付诸实施时的动力稍有欠缺。

综上所述，三个层面的声音一致认为以低碳为目标的自然资源和公共设施等资源及其管理等环境资源问题会对消费者的信任产生影响，即印证了假设命题3旅游地良好的环境资源展示对建立信任有积极的影响作用。但是从访谈的结果来看，管理部门仅仅有认识但鉴于职权范围过小，无法进行管理；商业企业有认识但不去引导消费者，相反的只在等待；更有意思的是个体消费者认识到问题的存在，但仅限于评判他人而不愿从自身做起。在这样的状态下，低碳环境资源等维护意识虽然已经具备，但却处于缺乏执行动力和监管处罚机制不到位的尴尬局面。

四、感知政府服务能力的影响

政府服务能力表现因素，诸如宣传能力以及行业管理能力等与消费者息息相关的影响因素也会影响消费者的信任。

第一，对官方宣传需求方面的落差。

消费者认为旅游地的官方形象宣传是十分有必要的。"目的地的选择和那里的知名度大小、距离远近和旅游成本相关"（C_5 会计师）；"政府在电视媒体、报纸等纸质媒体和网络媒体上的官方正式广告或宣传对我会有一点用，但是要做得有特色才行，文化传统要更加明显一些。那些纪录片和领导来访的广告让人没感觉。现在大家更愿意接受'软文'等网络写手的潜在影响（也就是网友推荐），或者知名节目和电视台合作（比如爸爸去哪儿了），这样的软广告效果更具影响力"（C_6专职猎头）；"虽然我基本上不看政府官方网站，但是官方的存在却是很有必要的和基本的。毕竟政府旅游门户网站等官网是一种标杆或者气质，是必要的宣传，没有宣传的基本氛围就不会有美誉度和知名度吧，太差了社会影响也会不好"（C_9教师）；"为什么去是在平时中累积的，比如是朋友介绍、电视上介绍得到这个信息，大致确定下来后还不太明朗时会到官方去再了解一下。看到别的文章介绍到了，我才会决定西宁之行，然后去官方搜好玩的和路线"（C_{15}警察）。消费者希望在日常生活中获得更多官方的有效的旅游资讯。

旅游商业企业对现有官方宣传成绩进行了评价，"旅游官方网站以资讯为主，商务以商业为主。但是作为旅游的官方网站并不完全是严肃、客观和冷漠的代名词"。例如，"好客山东"作为与去哪网合作最早的省级旅游局，为省属每个城市都设计了一个口号，形式上非常新颖，做得也很突出；浙江省做得比较好，整个旅游信息数据库是完整的；澳洲的官方网站做得也很好，主体鲜明且突出，简单明了让人感觉很活力"（受访者 $B5_1$）。这个层面普遍存在不看好这类宣传形式的声音，"对于宣传概念，官方公布的信息效果不大，而实际上真正成功的招商引资很少有来自网络的，大部分还是以地面活动为主"（受访者 $B5_2$）；"这种官方宣传视频一般企业拍不了，因为要调动的资源太多，花钱也不会少，效果还不一定能达到预期的目标"（受访者 B6）。同时也指出其中存在的问题，"对于电视上的这些所谓的官方整体旅游宣传视频，我们讨论普遍觉得山东等地方拍得的确不错，但是看多了就感觉太雷同了，没有新鲜感，都是一些高大上的东西。对我们的实际业绩没有一点效果"（受访者 B3）。但是，旅游企业很渴望类似的宏观宣传环境，同时还流露出对宣传效果的失望，"旅游管理部门的支持，是区域内旅游知名度得到推广的最好途径。但是如果商业企业有意愿从事旅游资源调配和旅游形象塑造，省旅游管理部门却表现出不做比做好的姿态，完全不在意形象推广和资源的整合，那企业的热情再大也是无济于事的。说一个外公司的例子，有一个项目是去哪儿网提出的合作意向，目的在于整合整个 ** 省旅游资源。在与省旅游局接洽后，对方希望项目能以官方文书的形式出现，便于与当地景区洽谈项目的事宜，但是被省旅游局否决了，项目也就没有开展下去"（受访者 B6）；受访者 B1$_1$ 也指出，"旅游管理部门的形象宣传是非常必要和有效的，是省级形象的表现，特色文化和旅游资源的宣传，也是实力的表现。近一段时间，旅游对外宣传和旅游广告在电视上反复推送，我比较喜欢的是多彩云南、七彩贵州和好客山东。但是遗憾的就是宣传频率太低。**省旅游局在掌控上有问题，他们没有像其他省一样，将资源以省的名义汇集统一宣传。而是各自为政，各级部门自行拍摄和播出，就让人看到很多不知道哪个省的'中国**'"。企业一致认可官方统一形象宣传的行为，但是却不认同现有的宣传模式和效果，同时还表现出希望获得宣传的支持和合作的意愿。

但是，来自部分政府旅游管理部门的声音却让人颇感费解。"政府旅游门户网站对本地经济发展会产生积极影响，所以十分有必要在网络上进行推广宣传，网络的力量是强大的，宣传的目的是让更多的人了解"（受访者 A2$_1$、A2$_2$）。可是，"现如今的旅游业政企分开已经实行多年。也就是，政府不再从事经营活动，同时也不干涉企业的活动。所以，政府门户网站应该在于政务不在于经营。政务网站一般不需要宣传"（受访者 A1$_1$）。因为他们认为，"对于目前旅游门户网站对旅游业的支持达到什么程度，和能否为就业计划和未来经济战略规划提供决策支持，这个问题不好定性和定量，所以不太明确，但是影响的确是有的"（受访者 A1$_1$）。这也导致该区域的旅游形象宣传片以各个地市和景点的形式零散地出现在电视屏幕上，没有以区域的形象整体出现。尽管商业旅游企业认为网站的开启为他们带来了利润，"旅游电子商务的开启，让旅行社的工作量加大了，但范围没有太大变化"（受访者 B1$_1$、B1$_2$、B2$_1$、B2$_2$、B4$_1$、B4$_2$），但是政府旅游网站的建立，对商业企业却没有太多的帮助，"网站在旅游业的发展上有没有帮助，有是有，但是对旅游发展形势和实质性内容没有太大影响，只是一个政府形象或者旅游形象塑造的问题。而一般的游客对政绩和政策并不太关心"（受访者 E）。

第二，旅游管理问题上的频频曝光。

企业和消费者均认为旅游资源涉及范围太大，而旅游管理部门自身的权限太小，在整个资源调配上只能起到呼吁和请示的作用。近几年，香港导游辱骂游客、江西旅行社拼团乱象等旅游管理问题频频出现，暴露出旅游管理上存在的漏洞和旅游服务的不规范等问题。受访者 C$_3$ 工程师就指出其亲身的旅游遭遇，"丽江那边是地接团，在由昆明去往丽江的路上，在半山腰前后都没人影的地方，地接人员就要求大家交 300~400 元不等的团补费，不给钱的就直接下车。还真的有人不交钱下车了。后来我们谈了半天每人交了 300 元，司机这才开车继续往前走。但是，我们下了车马上打电话给报团的旅行社。可是后来双方就互相推诿，我们的钱最后也没退。投诉也没有得到回复。一直到近期被媒体报道出来，地方政府才有了些姿态。只能说我们的旅游行业资源很丰富，但是相应的服务却完全对不起这些好的资源"。这传递出了消费者对旅游企业和管理部门的不满。也有管理较好和好口碑的旅游区域，例如 C_2 自由撰稿人在敦煌游的经历中提到，"这边的民风还是很好的，不让外地导游过去。我们都是背包客临时拼车，包车师傅价码公道，每个景区备有导游和工作人员，基本上没有冲突。虽然路途远，但是坐车包车非常方便"。除此之外，消费者也纷纷表达了对旅游管理部门的期许，C_6 专职猎头提到，"当地治安和人的素质很重要，需要靠政府去治理，把民风培育得淳朴些，重点打击和治理骗子，这样我才敢向朋友推荐呀"；C_{10} 自由职业者也提及，"我去过这么多地方，只有九寨沟好于预期。四川和云南是我仅有的反复去过多次的地方。旅游和管理是相辅相成的，我觉得政府只能起到宣传的作用，管理就根本谈不上"。

对此，企业方也传递出了对旅游管理现状的不满。对于管理存在的漏洞，企业有应对的方式，"如果在消费者投诉前，就已经内部消化掉矛盾，旅游局根本不会知道我们管理规范不规范"（受访者 $B4_1$）。有受访者 $B5_1$ 指出其中问题的症结所在，"政府旅游管理部门对我们商业企业是有监管和处罚的。但大部分省旅游管理部门的特点是只监管，不引导，即只在事后处理，而不是在事前发挥正确的引导作用。那最后的结果也只能是针对单个事件和企业，对市场是没有任何影响作用的"。这同时传达出了对旅游管理部门在旅游管理上的失望和能力的不信任。"管理部门的态度是旅游业发展的关键。我在公司中主要负责景区营销中心电子商务，这也是我亲身经历的。2013 年，我们公司推广的"** 易游"自驾游护照项目，持本可享受免费或打折。这个项目在陕西、宁夏等地方都已经全面铺开，但在与 ** 省旅游局下属机构接洽时，呈现出来的状态就是不积极、不阻止和无动力。作为企业方有项目和推广的渠道，但没有足够影响范围；作为景区方有资源和宣传需求，但因为成本问题无法推行；而管理部门没有一点宣传的意愿，那项目的效果大打折扣"（受访者 $B1_2$）。企业有旅游管理规范化的需求，但是管理部门无法实现管理和监督到位，那么企业的规范只会导致利润的降低，最终导致大家都不愿意遵守市场秩序。

旅游管理存在的漏洞问题方面，管理部门的态度则较为平缓，受访者 $A1_1$、$A1_2$、$B1_1$ 均指出，"对于旅游企业的行为规范，现阶段国家有旅游法，省级的则有各种旅游条例来约束和监督"。相对的，商业企业受访者 $B1_1$ 指出，"旅游管理部门会不定期地给商业旅游企业的中高层开会，传达指示。这种会议是自上而下的接受式的传达指示和精神，不会是征求意见"。借以说明在旅游市场的管理问题上，政府旅游管理部门的确有在持续开展各项整治工作。

第三，其他能力的渴望。

旅游资源牵涉的范围很广，涉及很多细枝末节的方面。在访谈中，个体消费者们纷纷给出了不同的看法和建议。例如，C_6 专职猎头认为，"政府部门要考虑到旅游的陌生感和方便性，每个交叉路口都应设立清晰的指示牌，在各个景区的游客接待处和大厅处明码标价"。C_7 教师认为在网页中还需要注意，"一般不需要当地的旅行社、饭店、旅馆、医院、警察局等这些信息，但是遇到事的时候就非常需要，政府旅游门户网站官网上需要能够查得到"。C_9 教师也认为，"政府旅游门户网站主页上有一些基本机构的联系方式非常有必要，而且消费者会对这个信息绝对信任。我就按照上边留的联系方式打电话给交运集团问过时间和班车次。所以真的希望每个省都做好，但是有的省就不太在意这个东西"。旅游商业企业管理者 $A2_2$ 对此持赞同观点，"我个人觉得政府旅游门户网站需要提供当地旅行社、饭店、旅馆、医院和警察局等相关机构的详细信息，这样一来，会为来本地旅游的游客提供更便捷和周到的服务"。

综上所述，消费者感知的政府服务能力在理想与现实之间存在差距。个体消费者非常关注政府旅游部门各方面的能力表现，"政府能力行不行、旅游到底规范不规范，到那里去游玩到底值不值得是需要口碑传递的"（C_6 专职猎头）。C_{11} 工人认为，"政府的有所作为在网页里能表现最好了，但是他们估计都怕被揭短。只在新闻里看过，比如 2013 年关于凤凰的治理，虽然不能全部整顿规范到位，但是政府的风向标和潜在影响力还是发挥出来了"。但是，商业旅游企业受访者 $B4_2$ 和 $B2_1$ 表达了对某些区域旅游管理部门能力的不满。$B4_2$ 认为，"国家旅游局推广的工程有快 10 年时间了，但是 ** 省没有成果，在于其没有主观能动性和实施的意愿"。受访者 $B1_1$ 也指出，"所在地区旅游局下设有旅游企业，也与他们曾经合作过。他们作为第三方，在与他们沟通的时候会得到一些旅游经济发展意向和项目动向等消息。作为旁观者来看，挂靠在省旅游局这么好的一个平台，但是他们做出来的旅游项目的效果，旅游资源的协调情况，看了都让人很恼火"。但以商业旅游企业资深人士 B2₁ 为代表，指出了其中的症结，"旅游局的权力范围太有限了。举个例子，投诉价格时，是由工商局去核查，而不是由旅游局去查，他只有权力处理消费投诉，再没有其他实际效力"。他同时举例，"我经手过的 ** 市旅游双层巴士的案例，就说明旅游局的权力太小了。和旅游基础设施相关的东西，旅游局根本没有决定权，他是所有政府机关中权力感最弱的一个部门"。"一般商业企业从网上得到的资料要比现实中通过沟通得到的资料要晚很多，等到网上新闻发布时已经晚了"（受访者 B3）。

虽然感知政府服务能力不会直接显示在政府旅游门户网站中，但是却隐含在网站中，如日常的信息和图片展示，以及消费者的口口相传中。消费者特别提出感知旅游管理能力问题。访谈时发现，消费者在感知旅游管理能力出现争议时，比感知其他服务能力更为激烈，有的受访者甚至认为这是本质性的问题。但是有一点是明确的，消费者更倾向于选择旅游服务能力更强、管理更规范且服务到位的旅游目的地，即旅游管理能力更强的区域。这也证实了假设命题 4 的成立，即消费者倾向于信任感知服务能力更强的政府及其旅游门户网站。

第三节　旅游信息信任受损的表现

一、基于信任理论的信息信任受损表现

本研究进一步基于 Mayer 信任理论对收集到的数据展开分析研究。Mayer 信任理论认为信任主体对信任客体的信任由能力、善行和诚实 3 个维度构成，根据该理论可知信任客体（政府旅游门户网站）有意愿按照信任主体（消费者）的方式和想法行事，且信任主体相信客体会对自身有利，并愿意承担由此造成的风险。能力维度强调组织的特点、技能和能力等在某一领域具有影响，组织可能会在具有影响力且擅长的技术领域被信任，而在影响力不大且不擅长的领域不能获得同样的信任；诚实维度表述信任客体认同并遵守其所认可的规则，若当客体的某些行为准则不被主体所接受时，那么，其将被信任主体列为不可信的队列；善行维度指信任客体本着不受利益动机驱使，从信任主体角度出发将事情做好的意

愿，即使主体并未感知到被帮助，或客体从中得不到相应的好处，这一做好事的意愿依然存在。只有极大地满足或实现这三个观测指标，方能促使主体真正意义上的信任客体，并进一步提高使用率。虚拟信任研究亦可从这几个维度出发，其本质的最终的信任是来自对其管理实体的信任。研究从消费者的需求出发，基于信任的能力、善行和诚实三个维度展开网站信息构成研究，归纳出访谈内容中信任观测指标频率超过 40% 的关键词，如表 3-2 所示。

表 3-2 基于信任理论的消费者信息需求关键词梳理[①]

观测指标	一般消费者	旅游企业从业者	行政管理者
能力	资源的图片处理能力和感染力；资源的文字加工能力和渲染力；地方传统文化信息；史事信息	优势特色挖掘；推广新闻；合作意向；地区整体形象塑造；传统文化特色建设；明星等领袖信息；相关资源协调	整体统一形象；传统文化特色建设；系列主题活动
善行	旅游官方预约；旅游配套资源资讯；投诉事件处理流程；餐饮资讯；地域特色信息；预警信息	旅游消费导向性信息	时事旅游新闻；景区模拟旅游
诚实	景区景点介绍	政策法规；事务审批处理；经济发展动向	政策法规；办公系统；事务审批处理

由表可知，基于信任理论，一般消费者、旅游企业从业者和行政管理者就信任的三个观测指标，信息需求是不一致的。一般消费者注重善行和诚实维度，旅游企业从业者更注重能力维度，而行政管理者更在意自身工作的衔接方面，信息的供需存在较大的错层。市场营销及客户关系管理理论也指出，同一产品不可能满足所有层次的消费者，即使同一产品其线上和线下的营销方式也应存在差异，需根据客户的需求设计灵活的多通道框架。而政府旅游门户网站既具备办公政务行业的严肃性，又有旅游行业活泼且多变的服务性，其信任信息需求也更有别于一般旅游商业网站。

信息需求可由具体访谈数据整理可知：

由能力维度信息提炼发现，消费者对富含语境和浓厚文化的信息有更大的需求。这也可以解释为什么出现多个区域争夺名人或与之相关的景点冠名，实质上争夺的是隐含在其中的旅游经济利益和效益。各地管理者拟通过提炼历史文化，挖掘历史名人、名言或知名事件等，通过图文介绍或用故事的形式来加深浏

---

① 资料来源：本研究提出

览者的认同感和集体归属感。"网页上卧龙岗、诸葛亮的雕像图片及《出师表》的文字介绍可以增加我对南阳的感觉"（C_{74}业务员）。更有地方旅游管理者通过创造现行文化，与其他媒体或媒介合作，创造出更多旅游文化和热点信息，并在政府旅游门户网站上加以宣传，以期提高当地旅游知名度。C_{86}专职猎头认为，"用热播影视捆绑旅游地是有效应的，比如说四川的《卧虎藏龙》、韩国《来自星星的你》拍摄地点不都是因为名人效应火起来的"。C_{27}销售人员提及，"大家愿意接受'软文'等网络写手或者知名节目的潜在影响，比如去年的'爸爸去哪儿'，几个拍摄地点旅游火爆得不得了"。可见，消费者更认同和接纳以高语境和集体主义形式出现的旅游信息，而这一切的保障则来自官方的能力。受访者$B35_1$（现旅游私企董事长，曾任旅游国企部门主管/本科）指出，"之前我所在的企业，有政府背景，也很注重宣传。我曾经参与过合肥市双层旅游大巴线路项目，需要和公交公司、旅游局、车辆生产厂商等多个部门协调，细化到车型、广告内容和线路等。一般旅游企业根本无法实施，最终项目艰难上马，带来的效益和影响力是巨大的"。从需求的视角，去收集旅游信息和热点，以富含语境和集体主义的图文感染消费者，则获得的旅游宣传效果是事半功倍的。

就善行维度而言，一般消费者和旅游从业者更倾向于对不确定性规避信息的需求。一般消费者注重使用的感受，文化的距离感会让其感到不适，"网页设计和平时习惯有差异时，会感到不舒服"（C_{20}教师）。而旅游从业者认为培养旅游市场良性竞争是减少不确定性的关键因素。受访者$B47_1$（项目经理/硕士/旅游国企）点明，"在市场的长期反作用下，我国形成品质和价格两种旅游产品。但主流的消费观念是畸形的，他们既想要享受低价格，又想要高价格的品质。引导消费者正确地选择旅游产品，进而去影响市场，改变产品结构，引导正确旅游消费观念是旅游管理部门的责任。只有这些根本改变了，网站的信息构成才会改变"。市场是混乱的，旅游信息供给会出现异常倾斜，消费者的信息需求也会受到不良影响，最终导致虚拟旅游信息市场的紊乱，供需无法对接。旅游从业者同时强调了旅游行政管理部门规范旅游市场和信息供给市场的先导式作用，指出由于先导作用的未能实现，导致部分旅游从业者钻营于各种信息供给漏洞中。旅游从业者普遍有旅游管理规范化的需求，但由于相关市场无法实现管理和监督到位，那么企业的规范只会降低本企业利润，最终导致大家都不愿意遵守市场秩序。这点从表中"能力印象"三个高频词语就看出从业者们由期盼到无奈的心理：相关部门"具备管理意向（70%）"，但无奈"线下管辖能力局限（73.33%）"，加上"信息统计能力有限（67.78%）"，最终导致了实际管理效果的大打折扣。可知，政府旅游门户网站中不确定性的规避的善行信息是消费者更为需要的类型。

诚实维度争议相对较少，这与我国传统文化的长期影响密不可分。C_{43}警察代表了一部分人的观点，"对政府旅游门户网站的信任感还是有的，毕竟地位在那放着，注定他们也不会乱说话"，多数人只是认为其中的信息与使用需求不符，或达不到标准，"个人觉得现阶段的政府旅游门户网站首先是政绩的显现，是给上级部门看的，所以一般人根本用不到"（C_{108}会计师），诚实信息类型的不对接导致了持续信任的骤减。网站中诚实维度信息若能富含人性，这种惊喜给人留下的印象将是深刻的。"个别政府旅游门户网站的图片和文字都描述得非常详细，还按照季节更替更新不同时期的图片，看了之后让人更加想去了"（C_{12}销售经理）。即政府旅游门户网站信息的诚实维护，也能提升消费者满足感。

基于案例访谈，得出政府旅游门户网站信任的三个维度都发挥了影响作用，如图3-3所示。但是单一地采用干涩文字或平铺直叙的方式传递已经不能满足消费者需求。他们需求信息的类型和传递方式需要更加明确和富有感染力。

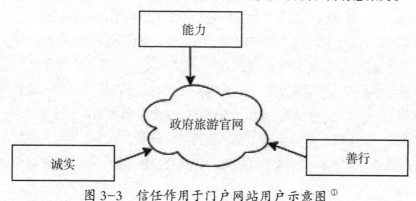

图3-3 信任作用于门户网站用户示意图 [1]

二、消费者信任倾向与信息信任受损

受中国传统思想的影响，我国的消费者通常会更倾向于信任权威级别较高的政府旅游门户网站（Connie等，2000）。在访谈整理中，也不难发现部分受访者

---

① 资料来源：本研究提出

在情感上是信赖政府旅游门户网站的，也会受到相关旅游管理机构发布的信息的影响。管理部门受访者 $A2_1$ 在官方网站的信任问题上就提出，"要保证门户网站在消费者心中的高可信度，需要具备以下几点：一是以政府的名义和专用域名开设网站；二是配备专人负责网站；三是定期更新网站内容，并第一时间内回复消费者的需求信息"。但从访谈反馈的结果来看，现实中消费者没有完全信任政府旅游门户网站，主要原因是现状与管理者的承诺差距较大有关。对政府旅游门户网站的信任问题，参与访谈的消费者的态度大体可划分为以下五类。

第一类，对政府旅游门户网站有信任倾向。

受访者 $B2_2$："不可否认，民众对政府旅游门户网站的信任感还是有的，因为政府旅游门户网站毕竟地位在那放着，注定他们也不会乱说话，但是里边的内容就太制式化了。可以向目前国内做得最好的 3 家商旅即携程、同程、途牛学习一下，抛弃其中的商业化，加入更多的有效信息。但是，我个人觉得现阶段的政府旅游门户网站平台首先是政绩的显现，其次是给上级部门看的，所以普通老百姓和旅游企业根本参考不到。"（关键词：制式化）

C_2 自由撰稿人："我在去敦煌的路上碰到了不同的驴友。大家基本上都是先到政府旅游门户网站查查资料，发现没有需要的东西的时候，才会去其他地方搜索。政府旅游门户网站上除了景点介绍，其他就没有了，而且介绍也不全面，感觉冷冰冰的。商业网站上就都是报价，所以我只到论坛去看人家的攻略，如果配的有图片就更好了，可信度更高了。"（关键词：冷冰冰，有限使用）

C_1 在校本科生："我只会在一个情况下使用政府旅游网站，就是看景区有没有学生票等优惠政策。政府旅游网站挺不错的，因为旅游网站可以让你对该景点有初步的认识，商业网站旅游信息大多对我们的帮助不大，这类网站大多以营利为主，政府的帮助则很大，可以让我们的对景点有一定了解。"（关键词：有助于了解）

C_5 会计师："出去旅行过 8 次左右。只有 20% 是自助游，其他都是跟团出行。大多使用百度搜索景点、酒店和小吃，不刻意关注是不是政府旅游门户网站。跟团的时候最多是在选团的时候到网上搜搜，出来什么是什么。我不知道政府旅游门户网站和商业网站的区别，个人感觉官方比较可靠。"（关键词：没用过，但可信）

C_6 专职猎头："我会使用政府旅游门户网站的原因，主要是因为它官方的身份，信息应该更靠谱一些。但是，现阶段在政府旅游门户网站是看不出来现实中的端倪的，这是一个系统工程，网站只是一个门户和形象。"（关键词：不去刻意关注、感知信任、信任与现实不符）

C_{14} 总经理："政府官方网站总比小网站可信度高吧！但我没有留意过这 2 种网站和他们之间的区别。"（关键词：感知信任）

受访者 $A2_1$："我从事旅游行业 16 年多，目前为 **** 的一家民企旅游企业的总经理（4A 级景区旅行社），以前在 ***** 旅游集散中心（集体所有制）工作。目前企业是获得利润的房地产投资企业开办的旅行社，但是总公司一直以来的工作环境，以及其集团的结构问题等客观原因，目前的工作状况离网络和无纸化办公较为遥远。现阶段工作环境采用得最多的还是传统的文件或电话通知等渠道，但是因为之前的工作经验，我形成了经常上官方网站浏览信息的习惯，一是为了看看有没有激励和鼓励的相关政策，另外一个是为了看看有关行业或项目补贴的相关信息。"（关键词：有利政策搜索）

受访者 $B4_2$："消费者信任政府网站，但是政府网站能获取的信息太少。"（关键词：感知信任、信息少）

第二类，对政府旅游门户网站有不信任倾向。

C_8 动画设计师："以敦煌为主的那条旅游线路，这些在论坛上可以很清楚地查到。包括一些住的地方、坐车的地方这些细节只依赖论坛或者商业网站。政府旅游门户网站对旅游没什么帮助，不靠谱。但论坛和商业网站真的太多了，找花眼了。"（关键词：不靠谱）

C_{12} 销售经理："我不相信政府旅游门户网站等一些官网的东西，太官腔。"（关键词：官腔）

C_{13} 私营业主："政府旅游门户网站根本找不到你需要的信息，更订不到优惠的酒店和饭店。如果当地有人是最好也最方便的。毕竟网上的信息还是太片面，太少。政府旅游门户网站等这类官网几百年不更新一次，论坛上还得依靠勤劳的网友才会看到一些东西。"（关键词：无有效信息）

C_{19} 售货员："能力大小、治安整顿和环境资源的情况这些东西在政府旅游门户网站上根本看不出来。但在攻略里，去过的人多多少少都会提到。"（关键词：无有效信息）

C_{18} 区域经理："现在很少关注官方网站，更倾向用户体验过的分享型的网

站。官方上一般没有什么东西，连景点和城市的总体介绍都没有。"（关键词：经验累积不信任）

第三类，对政府旅游门户网站持中立态度。

C_3 工程师："我不太在意政府官方网站和商业网站的区分，哪里有我需要的部分我就多看几眼。现在的旅游网页太多了，没时间去区分那么多。"（关键词：无所谓）

C_{11} 工人："如果一定要看政府旅游门户网站的话，那就是想通过官网了解必要信息。"（关键词：无所谓）

C_{10} 自由职业者："自助游拥护者，20次以上的自助游出行经历。在选择目的地的时候比较随性，大多通过网络渠道。但是会从订机票一直到下榻酒店，再到换乘的时间和交通工具，全程都有一个详细的攻略计划。我比较倾向于浏览穷游、马蜂窝、十六番这几个大型旅行网站，他们能给我专业意见，方便我的出行。官方网站一般不关注，上边的信息实用性不大。"（关键词：无所谓）

第四类，对政府旅游门户网站有条件的信任倾向。

C_7 教师："很多需要综合去考虑，其实官方有的时候也不可信，因为其更新不及时。信任是相对的。"（关键词：相对信任）

C_9 教师："个人偏好，我不太使用官网。我属于比较细致的人。喜欢去自然景观的旅游胜地，经常上旅游论坛（常用的有磨坊、绿野、快旅、商都等论坛），细致到对比门和门锁等细节。这些东西在网站上都看不出来，政府旅游门户网站等一些官网更不用说了，对我的旅游出行没有多大帮助。但是有一种情况下，我会去官网上找，就是一些交运集团、职能部门和监管电话我会更倾向于上官网。"（关键词：选择性的信任）

第五类，其他态度。

C_{15} 警察："我基本都是通过论坛来了解更为真实丰富的当地人文风情及旅行经验。所以我很少关注政府旅游门户网站。"（关键词：不关注）

C_4 在校本科生："我在百度地图定位后搜周围的酒店，用同城旅游软件App选游玩景点，然后买票、找酒店、选景点，自助玩遍了厦门，不知道有当地的政府旅游门户网站。"（关键词：不知道其存在）

C_{16} 工人："我们每次旅游都是一家老小全体出动，一般都是以近郊游为主。地点上都是听朋友或者新闻介绍附近有这么一个新景点，收拾收拾就出发了，没有去找过什么政府旅游门户网站。我要自己出去就是跟着公司给报的团出去了，那就跟着导游走就是了，也没什么可准备的。"（关键词：无使用需求）

C_{17} 退休老人："我们几个退休的朋友经常出去玩，但是都是跟团去的。听朋友说哪里好玩，就跟团去了，基本不会上网去搜索。"（关键词：无需求）

三、消费者的关注与信息信任受损

根据不同的关键词和受访者的个体特征归纳，具体发现如下。

1.关注是使用政府旅游门户网站的必要条件，而信任则是关注政府旅游门户网站的前提条件。

在表达出对政府旅游门户网站信任或不信任观点的受访者中，将言语中传达或隐含"浏览过 ** 政府旅游门户网站""想到 ** 旅游"或"有上 ** 政府旅游门户网站需要"等字样，有主动意识行为倾向的受访个体归为关注政府旅游门户网站群体，这类群体曾经或正在关注政府旅游门户网站；而访谈中提及"从不刻意浏览""对我没有影响"或在个人旅游经历描述过程中只字未提及"政府旅游门户网站"字眼的受访者归为从未关注政府旅游门户网站群体，这类群体从未使用或浏览过政府旅游门户网站。研究统计相关意见，汇总得表 3-3：

表 3-3　旅游政府门户网站对个体影响的分类汇总[①]

分类	所占比例
关注政府旅游门户网站	68.18%
从未关注政府旅游门户网站	31.82%

统计显示，受到政府旅游门户网站影响的个体达到 68.18%，即无论受访个体对于政府旅游门户网站是信任还是不信任，他们至少都属于关注或留意并使用过政府旅游门户网站的群体；另外，有 31.82% 的受访个体一点都不关心，甚至不知道政府旅游门户网站的存在，他们的旅游信息均来自于商业旅游网站或其他渠道。由此可知，政府旅游门户网站对消费者是存在影响的，只是这个影响可能导致的结果是信任，也可能导致的结果是不信任或有条件信任。同时发现，在信任的群体中，依然有很大比例的人只是潜意识的信任，即在中国文化的影响下他们认为政府是权威的，但并没有通过亲自使用将信任完整化。可知，

---

① 资料来源：本研究提出

关注是使用政府旅游门户网站的必要条件，而信任则是关注政府旅游门户网站的前提条件。

2. 对政府旅游门户网站的高信任并不一定能带来网站的高使用率，但是不信任一定会导致使用率为 0 的局面。

研究进一步按照使用程度对样本群体进行划分，将描述中流露出"经常访问"等表述的列入"经常使用"队列；将明确表示没有使用过的个体列入"不使用"队列中；在剩余使用过的个体中，表述中隐含有"偶尔"或"有时"等言词的个体，将其归为"不经常使用"队列；其余归为"使用"队列。

整体上"不使用"网站的个体占总人数的 54.55%。若将"不经常使用"群体也纳入不使用队列的话，比例则提高到 81.82%。研究发现，即使是在信任群体中，不经常使用政府旅游门户网站的比例依然偏高。如表中，信任群体中"不经常使用"和"不使用"网站的比例占信任总人数的 62.5%。综合访谈结果可知，要提高网站的使用率，需要站在消费者的视角，根据其需求在网站中提供有效信息，且合理的网页布局和设计是关键。研究认为，对政府旅游门户网站的高信任并不一定能带来网站的高使用率，但是不信任一定会导致使用率为 0 的局面。

虽然旅游管理部门一再认为，"商业网站和政府旅游门户网站的宗旨和定位是完全不同的。政府旅游门户网站是政务网站，在于为民服务。而商业网站最大的目的在于盈利"（受访者 $A1_2$）。$A1_1$ 也同样认为，"政府旅游门户网站面临最大的问题是公民能否方便地获得所需信息，并且这些信息是有用的"。但现阶段网站的信息构成及质量远没有达到消费者的要求，长期的落差影响和改变着消费者的信任。网站的被信任程度和使用率远没有达到管理者当初设定的目标，这就导致即使在访谈中暂时信任的消费者，有一部分依然是思想上偏向信任，但实际却从未使用过的情况出现。由此可知，受到长期的意识形态的影响，官方虽然被部分消费者认为是可信任的，但实际的使用率不高，没有达到完全的信任。

第四节　案例访谈研究发现

综合以上受访者的观点和结论可知，独特旅游资源的网站表现只起到扩大影响力和宣传的作用，对信任网站本身与否并无直接的关联，即证明命题假设 1 是不成立的，即门户网站的首因效应对消费者信任影响不大。假设命题 2、3、4 均得到了支持，如图 3-4 所示。通过访谈可知，消费者对政府旅游门户网站的信任影响分别由政府服务能力、环境资源、旅游地文化及网站 Hofstede 文化价值表现三个因素构成。

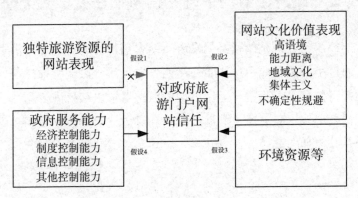

图 3-4　信任影响因素的理论框架[①]

研究发现，首先，Hofstede 文化价值网络表现越明显，对信任主体更具吸引力；良好的低碳视角的环境资源展现对信任有正面影响；信任主体倾向于信任服务能力表现更强的政府及其旅游门户网站；但消费者、旅游企业和管理者对独特旅游资源的网站表现的认识存在较大分歧，且消费者受其影响较小。其次，研究发现政府旅游门户网站的高信任并不一定能带来高使用率，网站的高使用率是建立在信息有效和有用等基础上的。再次，研究还发现旅游企业管理者与跟团游偏好者是政府旅游门户网站的稳定受众群，自助游偏好者是网站未来需重点宣传和培养的目标群体。研究成果为政府旅游门户网站定位目标受众群，指导网站信息构成往更有效影响潜在消费者信任的方向调整，具有现实的指导意义。

---

① 资料来源：本研究提出

第四章　政府旅游门户网站信息信任受损实证研究

找出政府旅游门户网站的目标受众群，结合访谈研究验证过的消费者信任的理论框架，通过小范围目标用户体验使用的方式，对分层随机抽样获得的政府旅游门户网站进行信息受损测量，运用层次分析法对输出结果进行测评，修正信任影响模型理论框架。本研究通过数据的横向和纵向比对，量化我国政府旅游门户网站信任信息受损的程度。

第一节　重视旅游信息　增强竞争力

截至 2019 年，世界上一共有 233 个国家和地区，其中主权国家 195 个，地区 36 个，各个国家的国策、国情、旅游资源和政策等方方面面都有天壤之别。如何挑选既具有旅游竞争优势，又能为我所用的信息是研究开展的重要前提。

显示性比较优势指数是美国经济学家 Bela Balassa 于 1976 年提出的具有经济学价值的竞争力测度指标，将其用于服务贸易，则反映一国服务贸易出口量占世界服务贸易出口量的比重，表明一国服务贸易的国际市场占有率。

其公式为：$RCA=（Xij/Yi）/（Xwj/Yw）$ [1]　　（4-1）

其中，Xij 则为 i 国服务贸易出口额；Yi 表示 i 国全部产品出口额，即包括商品出口额与服务贸易出口额；Xwj 为世界服务贸易出口额；Yw 表示全世界产品出口额。这个指数反映了一个国家某一产业的出口与世界平均出口水平比较来看的相对优势，剔除了国家总量波动和世界总量波动的影响，较好地反映了该产业的相对优势。如果 RCA 指数大于 2.5，则表明该国服务贸易具有极强的国际竞争力；如果 RCA 介于 2.5~1.25 之间，表明该国服务贸易具有较强的国际竞争力；如果 RCA 介于 1.25~0.8 之间，则认为该国服务贸易具有中度的国际竞争力；倘若 RCA<0.8，则表明该国服务贸易的国际竞争力比较弱。用各国进出口数据计算 RCA 指数，结果如表 4-1 和图 4-1 所示。

---

[1]　陈月娥.中国旅游服务贸易竞争力分析 [D]. 北京：对外经济贸易大学，2006.

表 4-1　多国旅游服务贸易显示性比较优势[①]

年份	西班牙	美国	意大利	法国	中国	德国	日本	英国	加拿大	墨西哥
1997	2.7154	1.4373	1.4706	1.1365	0.8938	0.4625	0.3394	0.9439	0.5551	0.9604
1998	2.8066	1.3999	1.4669	1.1512	0.9014	0.4513	0.3161	0.9646	0.585	0.8802
1999	2.8552	1.4282	1.4565	1.2433	0.9701	0.4417	0.2773	0.9235	0.5505	0.7272
2000	2.8699	1.5091	1.5078	1.3295	0.9412	0.4779	0.2584	0.9195	0.5482	0.7455
2001	2.8123	1.449	1.3913	1.3185	0.9586	0.4469	0.2929	0.7914	0.563	0.7914
2002	2.7401	1.4295	1.3873	1.3371	0.9025	0.4357	0.3071	0.826	0.5758	0.8274
2003	2.8829	1.4235	1.4655	1.3626	0.6161	0.4584	0.2921	0.8647	0.5548	0.9079
2004	2.9442	1.462	1.4526	1.3458	0.6906	0.4646	0.3122	0.9513	0.5959	0.9355
2005	3.1209	1.5259	1.5465	1.3515	0.6329	0.476	0.3227	0.9798	0.6099	0.9442
2006	2.8343	1.3701			0.6929		0.2270	0.8931		
2007	2.7126	1.3672			0.6067		0.2302	0.9229		
2008	2.7035	1.4345			0.5856		0.2506	0.8740		
2009	2.5382	1.3216			0.5993		0.2731	0.8174		

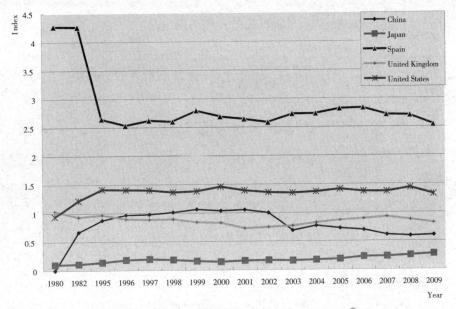

图 4-1　旅游服务贸易显示性优势对比图[②]

---

① 资料来源：根据 WTO 官方网站 DATABSE 数据库（http://www.wto.org）计算得出

② 资料来源：根据 WTO 官方网站 DATABSE 数据库（http://www.wto.org）计算得出

如图所示，全世界波峰波谷集中的 1980 年，此时的西班牙和英国处在波峰值，日本和美国处在波谷值，而中国 1982 年改革开放才打开国门对外贸易，因此，中国的服务进出口贸易在 1982 年以前是 0。改革开放后，中国旅游出口才有所回升，在 1982 年增长至 703 亿美元，并在之后一直保持着增长，直到 2002 年达到历史中的新高 203.85 亿。1982—1998 年这个时间段中，我国一直处于 5 个国家中的第 4 顺位，且呈现出了强劲的赶超势头，并在 1996 年开始上升至第 3 顺位。在 1998 年以后，旅游服务贸易一直保持增长态势，与第 2 位的美国差距在缩小。不幸的是从 2003 年开始，中国的 RCA 开始下降。而从整体上看，西班牙 1985 年 RCA 突然大幅度降低之后，RCA 就一直处于稳定的状态，起伏不大。美国和英国的 RCA 则一直呈现着曲线稳定的状态。日本虽然 RCA 值较低，但也一直处于上升的态势。我国则高低起伏，处于不稳定状态，而这也意味着我国的旅游服务贸易竞争力相对微弱。

我国旅游业发展与特殊国情有着很大的关系，和国外相比，不是经历了逐渐的缓慢的发展过程，而是在国际经济一体化的大环境下，经历了由曲折到步入正轨，到日益成熟的几个快速发展阶段。经过长期的实践证明，我国选择走旅游信息化道路，是一种快速高质量提升旅游竞争力的手段。

第二节　信息信任受损研究目标用户确定

一、政府旅游门户网站信息供需情况分析

产业经济学的 SCP 分析框架（结构—行为—绩效）是企业战略管理研究的重要理论，已被应用到旅游产业的酒店业绩与基础产业特征关系等旅游研究领域。已有旅游研究多将结构定义为包括买家和卖家的数量（供需数量）、产品差异化和多元化、消费者需求等因素在内的基本现状，在本研究中用"信息构成""展示方式"和"管理状况"等"信息结构"指标评价结构指标。行为是金融、运营、营销和管理策略等公司层面的问题。对于网站而言，用"规划情况""营销"等"网络行为"来表示；更能有效地衡量网站行为。绩效指公司的营运资本、收益、股利分配政策等。但鉴于网站的特殊性，收益等指标获取难度大，为此，本研究将采用 BizRate.com 用户直接反馈信息作为绩效指标，即消费者的"使

用意向""需求度""关注度""信任"和"接受度"。综上所述，本研究对多案例访谈结果和关键词进行汇总和梳理，得表4-2。

表4-2　基于SCP范式的政府旅游门户网站信息供需分析 [①]

信息供需	信息供给方现状	信息需求方偏好		
	政府旅游门户网站	一般消费者	旅游企业从业者	管理者
信息结构（S）	·大量新闻报道 ·政策法规、规章制度 ·景点文字和图片介绍 ·滞后的数据统计	·信息和图片信息少，有效信息更少 ·制式化，急需的公共服务类信息过少 ·更新过于迟缓 ·政绩表现过多	·地区行业发展导向 ·有利政策的搜索平台 ·滞后	·官方渠道 ·地区行业发展导向 ·专人专职管理 ·景点等信息的发布非官方行为
网络行为（C）	·网站建设和组成混乱 ·营销及整合能力表现不佳 ·网站建设质量参差不齐，差距极大 ·网页信息更新频率不一	·营销宣传凌乱且同质化严重 ·资源整合能力不足 ·人文化宣传过少 ·地方旅游资源和风俗优势没有得到正确宣传和展示	·网络营销非主流，线下的营销和整合效果更显著 ·线下主导线上 ·主体线下能力所限，需要更高能力者的帮助	·网页运营有相关规定和条文 ·非官网行为 ·有预警等警示
网络效果（P）	·消费者关注度少，依赖程度低 ·政务处理 ·部分行业从业者有忠诚度	·传统文化影响下的感知信任 ·官腔 ·无需求 ·不知道其存在 ·没用过，但可信	·定期查看以寻找商机 ·可洞悉发展动向 ·无旅游消费引导效果 ·感知信任	·流量有提高 ·展示了自身的资源

　　由表可知，对于政府旅游门户网站在信息供需双方出现较大差异，即使在信息需求一方，三类用户的需求和看法也是有差别的。首先，就政府旅游门户网站信息结构现状而言，实验室调研结果与一般用户和旅游企业从业者的态度基本一致，均认为我国政府旅游门户网站存在着诸多的问题，最根本的是由于信息结构与实际需求不符，导致用户的大量流失，引发了后续行为影响的失效。其次，因用户类型的不同，信息的需求也存在差异。访谈可知，虽然主管部门用户意识到政府旅游门户网站对当地旅游经济的促进作用，设置了专门的部门及人员进行管理和发布，但一般用户对这类积极行为的感受是消极。究其原因是用户所需关键信息，诸如景点详细介绍、地区旅游酒店信息、汽车站和预警等重要公共服务信

―――――――――

① 资料来源：本研究提出

息等，在门户网站上无法查询或存在严重时滞。而门户网站上充斥的视察、政策法规等文字信息，虽然满足了旅游企业从业者的需求，但依然存在信息更新滞后的通病。与消费者明确且强烈的信息需求形成鲜明对比的是"景区资料和宣传应该是商业网站的行为，政府旅游门户网站不需要做这些"（受访者 $A1_1$）。C_{108}会计师代表消费者如是总结，"现阶段的政府旅游门户网站平台首先是政绩的显现，给上级部门看的，所以普通老百姓和旅游企业根本参考不到"。

其次，网络行为方面，我国消费者肯定了政府旅游门户网站的权威性和影响力，但同时也指出门户网站并没有充分利用这个优势。台湾大学在 2002—2013年间对东亚和东南亚 10 国政府做的 3 次"亚洲民主动态调查"专项调查显示，我国政府在信任度方面分别得到 3.91、3.58 和 3.24 的高分（满分 4 分），在亚洲各国中是最好的，证实我国消费者对政府的高信任。同样的高信任也应延续到政府主管的政府旅游门户网站中，但访谈却得出截然相反的结论。消费者普遍不认可门户网站的网络行为及效果。一般消费和旅游企业用户认为因网站管理者能力有限，管理混乱，导致宣传效果差，旅游形象模糊，对消费者产生负面的影响，最终削弱了其原有的权威感知。C_{21} 程序工作者提出具体的事例，"四川省九寨沟县旅游局网站整体情况不佳。作为国家 5A 级的旅游景点，九寨沟县旅游局官方网站一片空白，除了多年前的新闻之外，无任何与旅游相关的信息，更没有旅游业务对接的网站接口，也没有旅游形象塑造和宣传，网页设计苍白"。更有甚者，研究在搜索九寨沟政府旅游门户网站时，竟然同时出现 4 个标注为"官网"但域名和网址截然不同的网站。不良的使用经历给消费者留下了极其负面的印象。

再次，在网络效果反馈方面，信息供需双方给出了截然相反的观点。虽然管理者认为通过门户网站的建设和改进，其实际流量上已经有所提升，但遗憾的是，无论是一般消费者还是旅游企业从业者均不认可政府旅游门户网站的网络效果。虽然在我国官方权威的传统文化的影响下，一般消费者户从情感上是倾向于门户网站的，但经过实际使用感受，用户的热情和信心均被政府旅游门户网站的运营现状严重打击和降低。综上所述，研究认为政府旅游门户网站信息供给的调整和改善迫在眉睫。

二、目标用户对政府旅游门户网站的初始信任

社会心理学中的首因效应指个体在认知过程中，通过对最先输入的客体的初始印象产生认知。该初始认知会对后期认识该客体产生显著的影响和心理倾向，即"第一印象"。结合旅游行业及其网站的特性，本研究中将消费者对政府旅游门户网站的首因效应分别用网站设计、信息内容、地域特色和能力印象四个指标进行描述。这些指标在消费者浏览网页时给其留下第一印象的作用最强，持续的时间最长，且对消费者印象的作用力要强于后期其他信息的作用力。

据此，对访谈内容进行分析归纳，将各观测指标中频率出现高的多个政府旅游门户网站感知现状的关键词及其出现频率罗列出来，如表4-3所示。

表4-3　政府旅游门户网站信息印象高频率的关键因素[①]

观测指标		一般消费者	旅游企业从业者	行政管理者
首因效应	网站设计	区分度低，易混淆（59.33%）；感觉舒适（58.67%）；3D动态和视频演示（44%）	过于严肃不符合服务行业特征（63.33%）；同质化严重（58.89%）	专项资金筹建（85%）；网页和微博等多种形式有直达链接（75%）
	信息内容	政务信息过多，旅游资讯过少（58.67%）；更新慢（31.33%）；需求信息不足（29.33%）	政策导向显著（78.89%）；旅游消费引导作用不显著（76.67%）；电子政务属性大于旅游服务属性（51.11%）	信息发布有相关的规定和要求（95%）；专人或专门部门负责日常管理（85%）
	地域特色	特色不显著（74.67%）；特色图文配送效果不佳（73.33%）；景点及餐饮同质化严重（37.33%）	缺乏标志性景点（42.22%）；纪念品等旅游附属同质严重（41.11%）	注重地方历史事迹的宣传（55%）；开展互动主题活动（50%）；形象大使（45%）
	能力印象	重视程度不足（24%）；缺乏管理（20%）	线下管辖能力局限（73.33%）；具备管理意向（70%）；信息统计能力有限（67.78%）	服务于地方整体经济（65%）；领导能力取决制（60%）；行政干预（55%）

由表可知，大多数一般消费者虽然关键词提及率普遍偏低，表明其极少或完全不关注政府旅游门户网站，但从关键词涉及范围程度来看，发现他们仍是认可政府旅游门户网站客观存在的必要性的。C_{19}教师提及，"不能否认政府旅游门户网站的存在是有必要的和基本的，是一种标杆或者气质，是必要的宣传和形象。但现在的政府旅游门户网站就是空壳，一次不好的使用感受，就让我

---

① 资料来源：本研究提出

再没需求。"证实了在网络海量信息的洗刷下，一般消费者对于旅游信息需求，特别是对政府旅游门户网站的需求动机和行为改变的原因。其次，旅游企业从业者也认可政府旅游门户网站的不可或缺性和特殊性，受访者 B3（常务副总 / 专科 / 国企下属旅游企业）认为"旅游官方网站以资讯为主，商务以商业为主。但是作为旅游的官方网站并不完全是严肃、客观和冷漠的代名词。澳洲的官方网站做得很好，主体鲜明且突出，简单明了让人感觉很有活力"。受访者 $B40_1$（项目经理 / 专科 / 旅游私企）认为"政府旅游门户网站对本地经济发展会产生积极影响，有必要借助网络强大的力量宣传，让更多人从多视角的网络信息中全面了解当地"。一再证明政府旅游门户网站存在的必要性和应有的巨大作用。

唯有改变才能改善政府旅游门户网站的尴尬现状，为此，消费者们也提出政府旅游门户网站调整的方向。一般消费者指出，政府旅游门户网站不是必需的，但偶然使用的感受会影响后续的再用。有 C_{106} 大学生就提出改进方法，"政府在电视媒体、报纸等纸质媒体和网络媒体上的官方正式广告或宣传会有作用，但是要做得有特色才行，文化传统要明显一些"，同时要避免一些会带来负效应的信息。例如，"那些纪录片和领导来访的广告是让人没感觉的"（C_{144} 动画设计师）。但若政府旅游门户网站仍固步于"国家对政府网站的信息和新闻发布有规定和要求"（受访者 $A19_1$：科长 / 本科 / 县级旅游管理部门）等类似于政府旅游门户网站只发布视察新闻或消息，仅服务于旅游管理体系内，则势必还将有大量的一般消费者，甚至是旅游企业从业者持续信任的流失。

基于案例访谈，可以看出三类消费者对政府旅游门户网站作为旅游服务行业的组成部分的基本职能虽然存在差异，但均认可了政府旅游门户网站存在的必要性，并从自身出发对此提出信息调整的方案，并强调文化影响的重要性。根据上述分析，研究认为政府旅游门户网站的存在是必要的，但信息调整也是必需的。

在此基础上，研究提炼出文化价值下消费者对政府旅游门户网站持续信任影响示意图，如图 4-2 所示。一般消费者提及的"特色""图文"和"使用舒适"等高频词分属网站设计和地域特色观测指标，属于虚拟网络文化价值中的"高语境"和"集体主义"。与之对应的观测指标，在旅游从业者和行政管理者角度高频词表现为"宣传""活动"和"专项资金或专用平台"，对应隐含了语言"能力"和管理方的"善行"。

一方面，信息内容观测指标中在一般消费者中高频词为"有效信息不足"，

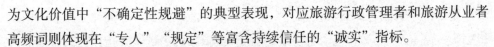

为文化价值中"不确定性规避"的典型表现，对应旅游行政管理者和旅游从业者高频词则体现在"专人""规定"等富含持续信任的"诚实"指标。

另一方面，决定一般消费者是否持续使用政府旅游门户网站的关键因素是"能力印象"，在信息需求获得的第一评价指标方面，则是整体评价不好——"不足"和"缺乏"，这也是文化价值中低能力距离的最直接表现，更是旅游行政管理者和旅游从业者持续信任的管理和协调等"能力"的变量指标。

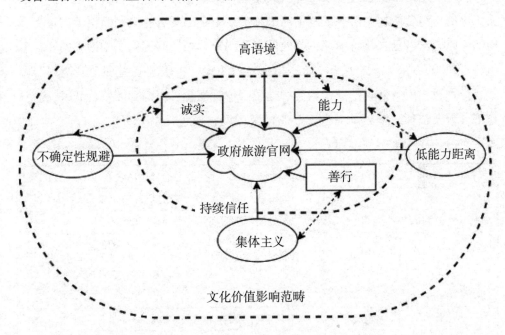

图 4-2　文化价值下消费者对政府旅游门户网站持续信任影响示意图 [①]

我国消费者对政府旅游门户网站信任是一个复杂且长期的过程，这个过程受到我国特有的文化价值的影响，并不断干扰甚至改变消费者现有的持续信任模式。政府旅游门户网站单一地采用干涩文字或平铺直叙的方式传递已经不能满足消费者，除了信息的类型外，更需要相近文化价值且富有感染力的旅游网络信息及有效的传递方式，依托政府平台扩大推广和影响，实现持续使用和持续信任的改善。

三、目标用户浏览政府旅游门户网站行为特征

受访者 C_{19}（教师）指出，"政府旅游门户网站需要更深入了解人们的需

---

① 资料来源：本研究提出

求，需要认识到能为消费者提供什么信息，以及怎么表达，才能让大家有使用的想法"，这点明了需求是门户网站被使用和被依赖的关键，并指出信息表达形式的重要性。Hofstede 文化价值理论是衡量不同文化下信息传递特征的理论之一，由个人主义/集体主义、男性化社会/女性化社会、不确定性规避、权利距离、长期/短期取向和时间取向等几个维度构成。该理论强调在一个环境下人们拥有的共同的心理特征，且这个特征能将其与其他人群区分开来。与自身相近的网页文化价值是消费者初始阶段处理情绪的标准，也是消费者直观判断检验的指标，他们更倾向于自己文化价值相近的政府旅游门户网站。研究依据中国人的文化价值特性，采用指标集体主义、高语境、能力距离、不确定规避和地域诱因五要素，分别对消费者需求信息及信息表达偏好进行衡量，提炼其网络行为特征。对该部分数据整理，将提及率超过 50% 的关键词整理如表 4-4。

表 4-4　基于文化价值的消费者对政府旅游门户网站偏好关键词 [1]

排序	一般用户消费者	比例	旅游企业消费者	比例
1	旅游资源个性化（地域诱因）	89.68%	旅游宣传（能力距离）	90.48%
2	特色风俗、民族文化（地域诱因）	82.54%	旅游政策信息（能力距离）	80.95%
3	特色餐饮图文介绍（地域诱因）	80.16%	引导旅游消费的资讯（不确定性规避）	70.63%
4	民俗活动或盛会图文展示（高语境）	79.37%	统一的旅游形象（能力距离）	69.08%
5	旅游预警（能力距离）	76.98%	培养正确旅游消费观（能力距离）	67.46%
6	星级餐厅推荐（不确定性规避）	76.98%	旅游政府合作信息（能力距离）	65.87%
7	当地公共交通信息（不确定性规避）	76.19%	引导旅游消费宣传（能力距离）	63.49%
8	景点及路线推荐（不确定性规避）	73.02%	独特旅游资源（地域诱因）	62.70%
9	当地酒店信息（不确定性规避）	68.25%	旅游商业合作信息（能力距离）	62.70%
10	监督举报（低权力距离）	66.67%	国内旅游年报等翔实数据（能力距离）	61.11%
11	网站风格有活力（高语境）	65.87%	景点基础数据（能力距离）	57.14%
12	集体活动图文展示（集体主义）	62.70%	景区治理成效（能力距离）	54.76%
13	旅游资源保护能力（能力距离）	60.31%	官方旅游活动和盛会（能力距离）	53.97%

———————————

[1] 资料来源：本研究提出

续表

排序	一般用户消费者	比例	旅游企业消费者	比例
14	旅游生态体系（能力距离）	55.55%	网站风格有活力（高语境）	52.38%
15	网站风格亲切（高语境）	50.79%	国外旅游年报等翔实数据（能力距离）	52.38%
16	3D景点效果展示（高语境）	49.21%	其他旅游相关信息及资源（能力距离）	51.59%

由表可知，不同的消费者对政府旅游门户网站的信息诉求是有差异的。

首先，一般消费者关注度最高的是政府旅游门户网站中"地域诱因"维度下的个性化和特色风俗餐饮等旅游资讯信息，比例均在80%以上，强调地域旅游信息个性化服务的重要性。旅游企业从业者 $B7_1$ 也点出了这个问题，"国内旅游景观、建筑、衣着，甚至纪念品都一模一样，没法做出有特色的旅游线路产品。对比其他文化差距比较大，风土人情保存完整，服务有区别性"。其次，线路和餐厅的推荐信息需求等"不确定规避"问题，有4个指标提及率超过半数。这与旅游者的心理特征是吻合的。外出旅游由于时间和条件的限制，消费者更希望高效地使用有限的时间，避免各种不确定因素造成的时间和金钱的浪费，因此更多的信息收集工作是在出发准备阶段通过网络收集的。再次，图文展示、网页风格和亲切度等"高语境"也是关注的重点，4个指标超过50%，表明了我国一般消费者对网络中汉语言文化意境和表达的含蓄美和朦胧美的强烈诉求。由此可知，一般消费者更关注旅游地区原始且详实的信息，且对表述方式提出了相应要求。

旅游企业消费者则更侧重于门户网站的政策解读和形象宣传等"能力距离"类信息的搜集，表中13个指标均属于"能力距离"维度，占到超半数指标总量的81.25%。旅游企业从业者长期服务于旅游行业，信息需求动机不是单纯的偶发或单次行为，更多是建立在本企业或旅游实际工作长期发展的信息需求基础之上的。由此可知，旅游企业类从业者信息需求更倾向于经过管理部门组织、处理和加工后的二次信息，诸如合作、宣传和统计数据等需要管理部门用能力干预的信息，但从业者对信息的表述和传递方法无特别要求。

管理部门消费者对政府旅游门户网站的信息需求更为集中和明确，需求单一地集中在办公事务处理、文件传达和通知等事务性工作的"能力距离"维度，故此不再纳入后续研究。

四、政府旅游门户网站信息信任研究对象的确定

消费者的认识得到拓展后，对旅游信息需求的认识和心理预期也发生着变化。编号 C_{88} 总经理的受访者主张"政府旅游门户网站需要考虑好目标群体，针对以国内外、省内外的信息分开，有目标的为全家游、老年游或夫妻游等推出对应的景点信息服务"，道出了消费者对门户网站信息区分推广服务的渴望。由此可知，政府旅游门户网站只有明确目标受众群，提供有区别的信息服务，才能使影响和引导效果达到最大。

研究以受访者提及的"关注""使用"和"信任"进行分类汇总。统计发现，受到政府旅游门户网站影响的个体达到 68.18%，即无论受访个体对于政府旅游门户网站是信任还是不信任，他们至少都属于关注或留意并使用过门户网站的群体；其余 31.82% 的受访个体，一点都不关心，甚至不知道门户网站的存在，他们的旅游信息均来自搜索引擎推荐或其他渠道。进一步对受访群体分类：将自助游经历超过 50% 的受访者归为自助游偏好者队列；跟团游经历在 50% 以上的受访者归为跟团游偏好者队列；将二者偏好均等或旅游经历不明确的受访者归到综合偏好者队列中；将管理者和旅游企业从业者划归为第 4 类人群。再依据受访者对政府旅游门户网站的"信任"倾向，归纳如图 4–3。

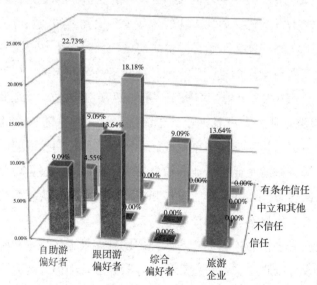

图 4–3　旅游者类型与信任倾向三维图 [①]

---

① 资料来源：本研究提出

由图可知，有信任倾向的主要群体为跟团游偏好者和第 4 类群体，累计占总信任人数的 78.95%。虽然从访谈记录看，旅游企业从业者对门户网站的信息构成和管理能力反应是最激烈的，但依然保有了对政府旅游门户网站的信任和使用。究其原因是旅游企业是一线工作者，对旅游业的发展现状和需求有实际经验和深切感受，寄予管理部门的期许长期无法满足——正所谓"爱之深，责之切"。

此外，在受访群体中，自助游爱好者占总人数的 51.59%，随着自助游市场的火热，这个比例还在增加。仔细研究发现，对政府旅游门户网站持信任和有条件信任态度的自助游偏好者累计占总人数的 22.22%。与其他消费者对比，这类消费者和其他中立或有条件信任区域群体，占总人数的 45.23%，都是政府旅游门户网站应该重点宣传和拉拢的人群。不同的是自助游偏好者的需求是明确的和有针对性。而其他消费群体特征不那么显著，但只要网站信息是以满足需求为目标，改变这类用户的使用感受和信任倾向要比改变其他消费者的难度相对要小。后续的信息信任受损研究将在该群层中继续深入展开。

第三节　政府旅游门户网站信息信任受损度量研究

一、方案设计及研究过程

（一）导致信息信任受损的影响因素量表设计

基于对政府旅游门户网站信任影响因素的假设理论框架，以及消费者多案例访谈的研究结论，从消费者信任的角度采用用户使用体验的方式，结合我国国情以及政府旅游门户网站的信息构成和网络表达的特点，确定信任影响量表。考察网页包含的影响消费者信任的新闻、消息、报道、图片展示等相关内容，充分考虑区域旅游在 Hofstede 文化价值表现（以下简称文化价值）、政府服务能力和环境资源等方面的表现及相关理论研究成果，评估各影响因素的考察点，形成政府旅游门户网站信任影响量表构成的初稿。具体过程如下。

1. Hofstede 文化价值量表的设计

目的地政府旅游门户网站上使用文本和图片被认为是十分关键的（Lee 和 Gretzel，2012）。Cyr（2008）从信息设计、导航设计与可视化设计三方面对电子商务的信任与满意度影响进行研究，对分别来自德国、加拿大和中国的 571 位消费者进行调查，研究发现，与德国和加拿大不同，中国消费者对网络信息的信任受到图片展示和视频介绍等可视化设计的影响。根据对我国消费者已有的Hofstede文化价值研究成果，对比检验我国网站的信息构成是否符合我国消费者的特征。

中国在Hofstede文化价值研究中被列为典型的集体主义国家，所以网页上的礼貌用语、亲切度、景点介绍、当地传统风俗介绍、特色佳肴介绍和监督举报方式等要素是增加我国消费者亲近感的网页构成。

José等（2014）按照旅游网站网络质量指标（WQI）制定出包含了主页、内容的数量和质量、信息构建、可用性和可访问性、网站定位、促销、语言、品牌、语言分析（说服力）、互动性、社交网络和移动通信在内的12项指标去组成网络质量评估体系。

赵振斌等（2012）基于消费者视角对西安网络进行形象分析，得出国内政府旅游门户网站的高频词分别是historical，cultural，famous，warriors，museum，construction，ecological和traditional等感受性的描述，有别于分析其他类型网站时获得的高频词warriors，museum，train，bus，historical，old，great，cultural和famous等的排序。

综上所述，网页文化价值信息质量维度中拟采用景点介绍、特有项目／活动介绍、图片展示、当地传统风俗介绍、网站的命令式交互、特色佳肴介绍、礼貌用语、亲切度、监督举报方式、路线介绍和视频介绍等指标分别对文化价值中的个人主义／集体主义、男性化社会／女性化社会、不确定性规避和权力距离几个维度进行评估。

2.感知政府服务能力量表的设计

参照国内外政府服务能力的相关研究设计政府旅游门户网站中评估政府服务能力的量表。Elliot等（2013）用安全、值得信赖、基本知识介绍（国家、交通、酒店）、风景和吸引力等指标评估地方形象展示质量。研究认为，认知国家形象对产品因素的影响要大于对目的地因素的影响，而情感国家形象对直接接受的影响大于对间接信任的影响。可知，消费者信任在产品信任和目的地接受之间有较强的交叉影响。

Xu（2014）研究认为虚拟社区信任的影响因素：对于在线评论的信任研究，作者按照可信成员数量（多、少）、资料图片（有、无）和评论价（否定、肯定）将参与者进行分类，找出影响认知信任和感知信任的组合方式。研究认为，声誉提示（生态旅游能力等包含感知潮流因素）影响浏览者的认知信任和情感信任，且被证实可直接影响评论的感知可信度；资料图片（景点规划和酒店等包含感知社会存在因素）会影响浏览者的情感信任，而资料图片的感知可信度又依赖于评论价（价为化学用语）。评论价可缓解来自声誉提示和资料图片的影响。

Nunkoo 和 Smith（2013）在对旅游政治经济学研究时，认为感知能力由旅游规划和开发的个人影响力，以及参与旅游规划和开发的机会两个部分组成，研究强调了组织凝聚力作用的同时，还突出了政府在政策层面支持是旅游经济得到提升的关键。

综上所述，政府服务能力维度中拟采用政府支持旅游的力度、当地生态绿化能力、景点规划、所在地安全形象、社会经济发展条件、当地治安管理、当地交通介绍、当地酒店介绍/配图、组织凝聚力旅游形象、当地居民素质及政府形象等指标分别从政府服务能力的经济控制能力、制度控制能力、信息控制能力、宣传能力和治安控制能力等维度去评估旅游门户网站信息构成质量。

3. 低碳视角的环境资源量表的设计

量表在设计时采取逆向思维的方式，不直接用平均旅游天数、游客总人数、游客消费总量、旅游住宿、主要交通工具的载客量、各类交通工具的燃油效率、均衡因子及产出因子等环境资源统计数据，让消费者根据旅游门户网站信息进行评估，而且这些信息通常不会出现在政府旅游门户网站中，而是结合政府旅游门户网站的煽动性宣传和直接刺激消费者旅游意愿的特点，从垃圾回收、自然景观、绿色植被和动物的现状，结合我国消费者更易受到网络图片展示和视频介绍等可视化网页设计的影响（Cyr，2008）的特征，查找政府旅游门户网站中以上信息在文字或图片的展示状况。通过对当地绿化和环境保护能力等方面的调研，反向地从生态承载力的视角评估当地抑制生态足迹的力度和实效。

综上所述，低碳视角的环境资源维度中拟采用相关组织介绍、旅游地垃圾回收展示、旅游地自然景观展示、旅游地动物展示、旅游地植被展示和旅游接待量记录等指标去评估旅游门户网站在低碳视角下的环境资源信息构成情况。

（二）信息信任受损量表的试评及修改

本书初稿形成后，著者分别请多位旅游行政管理部门的工作人员和旅游企业的中层管理对量表初稿的各项二级指标进行讨论，修改了部分指标的措辞，得到政府旅游门户网站信任影响因素量表的修改稿。在对网站正式测评前，邀请4名研究生对修改稿进行试评。试评要求参与者按照评估内容对1~2个网站进行试测评，结合试用感受进行讨论，修改表述模糊或有歧义的部分指标，如所在地安全形象、社会经济发展条件、旅游形象、当地居民素质及政府形象等。在试评中，若出现意见分歧的现象，就再次查阅文献并进行讨论，直至意见统一为止。最终得出政府旅游门户网站的功能测评量表，如附录2所示。

（三）信息信任受损的预调研

我国政府旅游门户网站用户体验评分的样本选取和数据收集具体过程如下。

第一，样本网站的挑选。为了得到更具代表性的结论，样本范围须覆盖我国省级、市级和目的地级（县级）政府旅游网站，须通过分层随机抽样来获得（Hu和Zhong，2004）。根据这个原则，首先通过互联网搜索我国范围内的政府旅游门户网站做基础信息统计。对搜索到34个省级政府旅游门户网站，333个地市级行政单位中的60个市级旅游门户网站，和2862个县级行政单位中的72个县级（目的地级）旅游门户网站进行分地区的分层随机抽样，从中抽取7个省级政府旅游门户网站及该省辖区内的6个市级旅游门户网站和该市辖区内的3个县级旅游门户网站作为研究样本。在对政府旅游门户网站进行统计时，发现政府旅游门户网站的主办单位一般是地方旅游局、地方旅游局下设的资讯中心或旅游协会，或是省政府网站下的二级网页。

第二，专家的权重赋值。邀请5名旅游行政管理部门的工作人员和旅游企业的中层管理人员等专家按照Likert7级评分法对各个指标进行权重赋值，经过汇总平均后得到各个指标的权重值，如表4-5所示。

从表中可知参与权重赋值专家认为，景点介绍0.0488、政府支持旅游的力度0.0489、特有项目/活动介绍0.0469、图片展示0.0463、当地传统风俗介绍0.0452、特色佳肴介绍0.0447、礼貌用语0.0442和亲切度0.0436分别是政府旅游门户网站中最为重要的8个方面。

表 4-5　样本政府旅游门户网站功能测评权重汇总表 [①]

一级指标	二级样本	权重值
Hofstede 网站文化价值 0.4067	景点介绍	0.0488
	特有项目/活动介绍	0.0469
	图片展示	0.0463
	当地传统风俗介绍	0.0452
	特色佳肴介绍	0.0447
	礼貌用语	0.0442
	亲切度	0.0436
	监督举报方式	0.0434
	路线介绍	0.0425
	视频介绍	0.0411
政府服务能力 0.3539	政府支持旅游的力度	0.0489
	当地生态绿化能力	0.0432
	景点规划	0.0431
	当地治安管理	0.0416
	当地交通介绍	0.0427
	当地酒店介绍/配图	0.0423
	组织凝聚力	0.0411
环境资源 0.2394	环境资源相关组织介绍	0.0430
	旅游地垃圾回收展示	0.0434
	旅游地自然景观展示	0.0414
	旅游地动物展示	0.0408
	旅游地植被展示	0.0403
	旅游接待量记录	0.0415

　　第三，网站测评的调整。网站功能以评分的方式为主，为了保证研究的可靠性，在访谈中消费者所关心的部分都应该包含到模型修正预调研研究中。试评参与者和权重赋值专家均提出，对网站正式测评时，若按照层次分析法惯用的 Likert 7 分等级法，在对内容进行评分时容易在 6 或 5，以及 3 或 2 之间模糊和混淆。因此，正式测评时采用 Likert 5 分等级法，去掉易产生混淆的部分，5 分

① 资料来源：本研究提出

表示非常满意、4 分表示比较满意、3 分表示一般、2 分表示比较不满意、1 分表示非常不满意。并增加 0 分项，表示该项功能缺失。

第四，正式测评体验用户选择的原则。正式研究队伍由国内某高校的 16 名成员组成，其中 2 名本科生、10 名研究生和 4 名教师（其中教授 1 人、副教授 1 人、讲师 2 人）。在挑选参与者时，考虑到如果该网站恰好与评分人员有密切关系时，例如，被测评网站所在地为评分人员的故乡，则其评分的客观性就难以保证。因此，我们在选择参与测评的成员时，对其籍贯、性别和旅游经历等基本条件都作出了结构安排，避免籍贯、性别及旅游经历较为集中的可能性。

第五，数据收集过程。由于评估项目和受测评网站数量较多，为了保证评估信息构成，有效减少误差，测评周期定为 2014 年 4 月 13 至 19 日，为期 1 周。在国内某高校的计算机机房中，参与测评的研究组成员在相对独立的环境下根据个人使用感受为样本政府旅游门户网站评分。在开始测评前，用 1 天的时间，让参与研究者对国内现有的旅游网站进行大致浏览，重点关注政府旅游门户网站，目的是让参与人员对政府旅游门户网站有初步的认识和大致的印象。开始测评时，要求参与人员在大致浏览完 3~4 个门户网站后，依据网站整体情况，结合使用感受为网站打出印象总分。然后再按照观测评分项，逐个到样本政府旅游门户网站上浏览、观赏和体验，根据使用后的感受为各个测评项目逐一打分。

（四）信息信任受损的计算方法

研究以用户体验使用的感受为主，尊重用户的原始判断，对评分结果采用层次分析法去分析和评估网站信息构成。

研究文献中对信息构成质量的评估方法较多，总的来说可大致归纳为以下 5 类（Law 等，2010；José 等，2014）。

①计数法：通过验证网站的诸多属性来评估网站性能或确定网站内容的经济性，并根据所得结果由众多评估人员或专家来定义一个新采用或修改的模型；

②用户判断法：组建一支包含专家和消费者的用户队伍，去评估不同层次和方面的满意度和感知质量等，常用的评估方法为层次分析法（AHP）和群组决策特征根法（GEM）等；

③半自动法：借助如内容挖掘、数据包络分析（DEA）等软件和技术，或百度快照、alexa 网站排名等第三方数据统计机构去评估网站，分析访问和浏览方式；

④数值计算法：用数学函数去定义功能、性能合并、网站属性等各方面的重要的程度，构建出网站网络链接等评估模型；

⑤综合法：包含以上方法的组合运用。

本研究以用户体验使用为基础，以用户的原始感受和判断为评判网站信息构成的标准，因此，以用户判断法为核心的层次分析法是最佳选择。层次分析法是用户判断方法中较为常用的一种。该方法的雏形由 T. L. Saaty 于 20 世纪 80 年代提出，其原理虽简单，但有较为严格的数学依据，被广泛用于各个时期各个领域的复杂问题的分析与决策中。运用层次分析法对旅游资源和旅游电子商务进行定量分析的研究也很多，因此，本环节拟用 AHP 来对政府旅游门户网站在文化价值和感知服务能力等方面进行信息构成测评。具体的测算门户网站功能测评的权重的过程如下：

1. 构造判断矩阵

门户网站功能特征属性：景点介绍、视频介绍、图片展示、路线介绍、礼貌用语、当地生态绿化能力、监督举报方式等属性分别用 a_i 来表示，并用功能特征属性两两比较的选择矩阵来构造出判断矩阵如（4-1）。

$$A = \begin{pmatrix} a_1/a_1 & \dots & a_1/a_n \\ \vdots & \ddots & \vdots \\ a_n/a_1 & \cdots & a_n/a_n \end{pmatrix} \quad (4-1)$$

2. 计算算例的功能测评权重

具体计算方法为：首先构建判断矩阵 A，再运用线性代数的相关知识，准确地求出其最大特征根值所对应的特征向量，则所得的特征向量即为各个功能特征属性的重要性排序，归一化后即为对应的权重。在计算过程中，如果判断矩阵阶数较高时，建议采用和积法或根法求特征向量；如果要求计算结果精确，可以采用幂法求特征向量。具体计算过程如下。

首先，判断矩阵每一列的归一化处理如公式如（4-2）所示。

$$\overline{a_{ij}} = \frac{a_{ij}}{\sum_{k=1}^{n} a_{kj}} (i,j=1,2\dots\dots n) \quad (4-2)$$

其次，经过规一化的判断矩阵按行相加，如公式（4-3）所示。

$$B_i = \sum_{j=1}^{n} \overline{a_{ij}} \ (i,j=1,2\ldots n) \qquad (4\text{-}3)$$

再次，对向量 $B=(b_1, b_2\ldots b_n)'$ 做正规化处理，如公式（4-4）所示。

$$C_i = \frac{b_i}{\sum\limits_{j=1}^{n} b_i} (i=1,2\ldots n) \qquad (4\text{-}4)$$

以此，所得到的 $C=(C_1, C_2\ldots C_n)'$ 即为所求的特征向量。

（3）一致性检验

由于对客观研究对象的复杂性或用户认识的片面性，参与评分者给出的特征属性相对重要程度的矩阵无法保证一定有良好的一致性。可能出现 X 比 Y 重要，Z 比 W 重要，而 W 又比 X 重要的矛盾，也就无法保证求出的特征向量（权重值）是合理的。因此，还需要进一步对判断矩阵进行一致性检验。首先，需要求出判断矩阵一致性指标（Consistency Index，用 C.I 表示），如公式（4-5）所示：

$$C.I = \frac{1}{n-1}(\lambda_{\max} - n) \qquad (4\text{-}5)$$

其中，$\lambda_{\max}$ 为最大特征根，n 为判断矩阵的阶数。$\lambda_{\max}$ 的计算公式为（4-6）。

$$\lambda_{\max} = \frac{1}{n}\sum_{i=1}^{n}\frac{(TC)_i}{c_i} \qquad (4\text{-}6)$$

其中，$(TC)_i$ 表示向量 TC 的第 i 个元素，其计算公式如（4-7）。

$$TC = \begin{bmatrix} (TC)_1 \\ (TC)_2 \\ \ldots \\ (TC)_3 \end{bmatrix} = \begin{pmatrix} a_1/a_1 & a_1/a_2 & \ldots a_1/a_n \\ a_2/a_1 & a_2/a_2 & \ldots a_2/a_n \\ \ldots & \ldots & \ldots\ldots \\ a_n/a_n & a_n/a_2 & \ldots a_n/a_n \end{pmatrix} \times \begin{bmatrix} c_1 \\ c_2 \\ \ldots \\ c_n \end{bmatrix} \qquad (4\text{-}7)$$

对判断矩阵的一致性比率（Consistency Ratio）检验公式为（4-8）。

$$CR=C.I/R.I \qquad (4\text{-}8)$$

R.I 为判断矩阵的平均随机一致性指标（Randon Index），通过文献比对，得出的 1~30 阶重复计算 1000 次的平均随机一致性指标如表 4-6 所示。

表 4-6　1~30 阶平均随机一致性指标对照表 [①]

阶数	1	2	3	4	5	6	7	8	9	10
R.I. 值	0	0	0.52	0.89	1.12	1.26	1.36	1.41	1.46	1.49
阶数	11	12	13	14	15	16	17	18	19	20
R.I. 值	1.52	1.54	1.56	1.58	1.59	1.5943	1.6064	1.6133	1.6207	1.6292
阶数	21	22	23	24	25	26	27	28	29	30
R.I. 值	1.6358	1.6403	1.6462	1.6497	1.6556	1.6587	1.6631	1.6670	1.6693	1.6724

$C.I$ 值越大，则表明判断矩阵的一致性就越差；反之则越好。当 $C.I \leq 0.1$ 时，研究认为判断矩阵的一致性较好，否则必须再进行两两比较。但如果 $\lambda max = n$，且 $C.I = 0$ 时，可判定为完全一致。但当判断矩阵的阶数 n 增大时，就会影响判断矩阵的一致性效果。因此，建议对高维判断矩阵的一致性检验引入修正值 RI，并将二者的比值 $C.R$ 作为衡量判断矩阵一致性好坏的指标。当随机一致性指标比率 $C.R \leq 0.1$ 时，认为判断矩阵一致性较为满意，否则就要对原判断矩阵进行重新调整。

二、量化研究发现

（一）一致性检验结果

研究参与者使用附录 2 的评分量表，逐个浏览各级政府旅游门户网站，并逐一评分。经过计算，本次测评的 $C.R = 0.0000$，$\lambda max = 23$，判定为完全一致。

（二）以省为单位的政府旅游门户网站信息信任受损分析

按照统计口径，在对数据进行汇总，将 16 位研究参评人的评分结果整理汇总后，得出政府旅游门户网站的各项功能的整体平均分值和以省份为单位的各项功能的评价分值，见表 4-7。

所有测评样本的整体得分为 2.942 分，7 个研究样本省份的得分依次为：浙江 3.319 分、云南 3.256 分、山东 3.085 分、河南 3.037 分、宁夏 2.996 分、江西 2.963 分和四川 2.26 分。

[①] 洪志国，李焱，范植华，王勇. 层次分析法中高阶平均随机一致性指标 (RI) 的计算 [J]. 计算机工程与应用，2002(12): 45-47, 150.

表4-7 样本政府旅游门户网站信息质量评估汇总——以省份为单位[①]

功能项目名称	均值	山东	河南	江西	宁夏	云南	浙江	四川
景点介绍	0.161	0.160	0.185	0.161	0.162	**0.175**	0.183	0.120
特有项目/活动介绍	0.148	0.155	0.154	0.151	0.152	**0.169**	0.158	0.114
图片展示	0.145	0.156	0.153	0.147	0.149	**0.153**	0.155	0.114
当地传统风俗介绍	0.138	0.153	0.153	0.134	0.136	**0.165**	0.150	0.098
特色佳肴介绍	0.135	0.143	0.126	0.137	0.138	**0.155**	0.162	0.100
礼貌用语	0.132	0.138	0.131	0.127	0.141	0.148	0.153	0.101
亲切度	0.128	0.142	0.124	0.121	0.128	0.154	0.147	0.099
监督举报方式	0.127	0.115	0.134	0.131	0.129	0.133	0.155	0.103
路线介绍	0.122	0.122	0.130	0.126	0.124	0.125	0.142	0.096
视频介绍	0.114	0.114	0.118	0.109	0.118	0.130	0.132	0.091
分项1汇总	*1.35*	*1.398*	*1.408*	*1.344*	*1.377*	*1.507*	*1.537*	*1.036*
政府支持旅游的力度	0.161	0.171	0.165	0.164	0.170	0.168	0.177	0.129
当地生态绿化能力	0.126	0.138	0.123	0.135	0.120	0.139	0.135	0.099
景点规划	0.125	0.125	0.127	0.130	0.136	0.144	0.143	0.088
当地治安管理	0.117	0.125	0.112	0.117	0.121	0.135	0.134	0.088
当地交通介绍	0.123	0.152	0.123	0.121	0.121	0.141	0.136	0.085
当地酒店介绍/配图	0.121	0.131	0.130	0.119	0.124	0.131	0.127	0.096
组织凝聚力	0.114	0.116	0.118	0.127	0.109	0.122	**0.137**	0.077
分项2汇总	*0.887*	*0.958*	*0.898*	*0.913*	*0.901*	*0.98*	*0.989*	*0.662*
环境资源相关组织介绍	0.125	0.126	0.122	0.122	0.138	0.130	**0.138**	0.106
旅游地垃圾回收展示	0.127	0.133	0.132	0.124	0.136	0.134	**0.145**	0.101
旅游地自然景观展示	0.116	0.120	0.114	0.116	0.114	0.125	**0.129**	0.099
旅游地动物展示	0.112	0.110	0.124	0.114	0.107	0.119	**0.125**	0.095
旅游地植被展示	0.109	0.115	0.113	0.114	0.111	0.127	**0.121**	0.078
旅游接待量记录	0.116	0.125	0.126	0.116	0.112	0.134	**0.135**	0.083
分项3汇总	*0.705*	*0.729*	*0.731*	*0.706*	*0.718*	*0.769*	*0.793*	*0.562*
总分	**2.942**	**3.085**	**3.037**	**2.963**	**2.996**	**3.256**	**3.319**	**2.26**

在分项1文化价值方面，以"七彩云南，旅游天堂"为宣传口号的云南政府

---

① 资料来源：本研究提出

旅游门户网站以 1.507 分领先其他样本网站。云南政府旅游门户网站上所传达出的地方浓郁的特色活动、当地风俗活动介绍和特色佳肴等特有的多彩的文化价值表现，对消费者的冲击度和吸引力远高于其他样本省份。浙江省（1.537 分）的文化传递是全方位多渠道的，从传统的图片到视频，从时下热门的淘宝网到二维码、微博、微信和 App 等多个角度，传递的是"诗画江南，山水浙江"的主题。紧跟其后的分别是旅游宣传口号为"老家河南"的河南省和"好客山东"的山东省，均在文化宣传项上获得了一定的认可。其他分项，如"礼貌用语""亲切度""监督举报方式""路线介绍"和"视频介绍"的几个分项汇总偏低于其他项，分值在 0.11~0.13 之间。说明该模块是我国政府旅游门户网站在文化价值方面普遍忽视的部分，这也证实了前章中旅游行政管理者的观点（"国家对政府网站设计有专门规定，地域特色和文化活动仍然应该是商业网站的主打和行为"），说明相关部门仍未认识到当地异域文化展示和同质网页文化价值表现的重要性。

分项 2 政府服务能力中，除了四川省外，各省市之间落差不大，均在 0.88~0.98 之间。测评发现大多数省份已明确划分出旅游资讯为主的形象宣传分站，和以旅游管理和权威发布为主的政府办公分站，职能划分清晰，便于消费者和旅游从业者分辨。浙江省尤其是在组织凝聚力项目上得到消费者较大的认同，反映浙江省政府对旅游行业的支持。其中"政府支持旅游的力度""当地生态绿化能力"和"景点规划"分别是消费者关注的几个重点。"治安情况"和"组织凝聚力"等项目在样本网页中整体表现不佳，获得的分值也相对较低。其中，尤其以四川的组织凝聚力最低，其组织凝聚力指标仅获得 0.077 分。参与体验者讨论认为，四川省的分值偏低主要是其区域内的九寨沟县旅游局网站整体情况不佳导致的。作为国家 5A 级的旅游景点，九寨沟县旅游局官方网站一片空白，除了多年前的新闻之外，无任何与旅游相关的信息，没有旅游业务对接的网站接口，也没有旅游形象塑造和景点介绍的资讯网站链接，网页设计更没有任何亮点和吸引人的地方，组织凝聚力较差。更有在搜索九寨沟政府旅游门户网站时，同时出现 4 个标注为"官网"但域名和网址截然不同的网站的现象，给评分者留下了负面印象。

分项 3 是所有测评项目中分值最低的项目。分项 3 的值均在 0.7 以上，说明省份间在环境资源方面，消费者的认知差异不大。浙江省在环境资源相关组织介绍和旅游地垃圾回收上领先于其他样本省份。说明现阶段各级政府旅游门户网站并不注重本地区环境资源等旅游情况的展示。

（三）以行政级别为单位的政府旅游门户网站信息信任受损分析

将评分结果以行政区划为单位整理，如表 4-8 所示。整体水平是 2.942 分，省级行政级别的政府旅游门户网站为 3.125 分、市级行政级别的政府旅游门户网站为 3.069 分、目的地的政府旅游门户网站为 2.455 分。

表 4-8　样本政府旅游门户网站信息质量评估汇总——以行政区划为单位

功能项目名称	整体均值	省级分值	市级分值	目的地分值
景点介绍	0.161	0.170	0.169	0.134
特有项目/活动介绍	0.148	0.158	0.155	0.122
图片展示	0.145	0.150	0.149	0.129
当地传统风俗介绍	0.138	0.151	0.142	0.109
礼貌用语	0.132	0.137	0.142	0.110
特色佳肴的介绍	0.135	0.146	0.140	0.109
亲切度	0.128	0.137	0.128	0.113
监督举报方式	0.127	0.134	0.132	0.110
路线介绍	0.122	0.132	0.125	0.101
视频介绍	0.114	0.117	0.125	0.094
分项 1 汇总	*1.35*	*1.432*	*1.407*	*1.131*
政府支持旅游的力度	0.161	0.170	**0.172**	0.133
当地生态绿化能力	0.126	0.135	0.136	0.097
景点规划	0.125	0.131	0.129	0.110
当地治安管理	0.117	0.121	0.125	0.100
当地交通介绍	0.123	0.130	0.129	0.103
当地酒店介绍/配图	0.121	0.127	**0.132**	0.095
组织凝聚力	0.114	0.126	0.118	0.085
分项 2 汇总	*0.887*	*0.94*	*0.941*	*0.723*
环境资源相关组织介绍	0.125	0.130	0.128	0.111
旅游地垃圾回收展示	0.127	0.140	0.120	0.113
旅游地自然景观展示	0.116	0.124	0.118	0.098
旅游地动物展示	0.112	0.121	0.114	0.095
旅游地植被展示	0.109	0.115	0.115	0.093

续表

功能项目名称	整体均值	省级分值	市级分值	目的地分值
旅游接待量记录	0.116	0.123	0.126	0.091
分项 3 汇总	*0.705*	*0.753*	*0.721*	*0.601*
总平均分	**2.942**	**3.125**	**3.069**	**2.455**

由表可知，按照行政级别由高到低排列，政府旅游门户网站的得分呈现下降趋势，即政府旅游门户网站对消费者信任的影响随着行政级别的降低而减少。在总评上，省级政府旅游门户网站的得分为 3.125 分，市级为 3.069 分，而到了目的地级别的官方旅游门户网站只有 2.455 分。3 个分项中，分项 1 和分项 3 均呈现出行政级别越高，得分也越高的趋势。唯独在分项 2 中，市级得分以 0.001 的差距领先省级，其主要得分点在"当地酒店介绍 / 配图"和"政府支持旅游的力度"，这也印证了访谈中消费者普遍提及的对旅游实用性和常用功能的需求，即市级旅游管理部门在当地酒店等旅游信息方面，因其管理范围相对省级管辖范围小的原因，故反应上比省级的政府旅游门户网站更迅速。研究参与者认为，一些旅游目的地政府旅游门户网站的表现的确对当地旅游形象产生了负面影响，与其形同虚设地挂着一个"空壳"网站，还不如没有这个网站，将这个地区的旅游形象工程交给省级或市级旅游管理部门来完成，形成集中优势。

由此可以推断，行政级别越高其网站信息信任影响力越大，对旅游的整体资源调控和调配能力也越大，大数据资源和环境控制越容易实现，但区域范围过大也会造成资源统计不全或更新滞后等问题。因此，在门户网站的信息质量控制上，既需要上级部门的鼎力支持，也需要市级旅游管理部门协助。研究也印证信任主体访谈时的观点："吃、住、行、游和购这些资源的整合靠旅游局一己之力是实现不了的，更不用说公路、治安管理之类的了。如果要整体提升基础设施，需要从省政府的层面去出力。例如，浙江省就是由旅游局提出，经省委批准，最终项目获得成功的。"可知，实现数据的精细化、精准度和实时更新是旅游大数据发挥作用的关键。

（四）以研究一级指标为单位的政府旅游门户网站信息信任受损分析

随着公众对网页设计风格和元素搭配等接受程度的逐步提升，各个政府旅游门户网站已经无法在网页和网络技术等方面拉开差距（江泽林，2014）。需要从影响信任和感染性等软指标方面对网页进行重新设计，借以获取新的优势。将测评结果按照一级指标统计汇总，进一步分析消费者感知信任的因素。

通过计算各项原始评分的算术平均值，将分项汇总值分别乘以对应分项的权重，得出加权平均值，按照一级指标汇总，如表4-9所示。按照行政级别划分的一级指标，省级和市级的政府旅游门户网站总评差距不大，甚至在"政府服务能力"区块中二者得分是一致的。相对而言，目的地级的政府旅游门户网站在三个分项上均低于省级和市级得分。

表4-9 样本政府旅游门户网站信息质量汇总——按一级指标加权平均情况[①]

省份	网站文化价值	政府服务能力	环境资源	总评
山东	12.7	7.81	4.17	24.68
河南	12.77	7.31	4.19	24.27
江西	12.19	7.45	4.04	23.68
宁夏	12.51	7.34	4.11	23.96
云南	13.69	8.01	4.41	26.11
浙江	13.98	8.07	4.55	26.6
四川	9.41	5.4	3.22	18.03
省级	13.01	7.67	4.32	25
市级	12.78	7.67	4.14	24.59
目的地级	10.28	5.9	3.44	19.62
整体均值	12.26	7.23	4.04	23.52

如表4-9所示，按照省域划分的一级指标，7个省份的政府旅游门户网站可以大致分为4个梯队，浙江和云南属第一梯队，山东和河南属第二梯队，宁夏和江西为第三梯队，四川为第四梯队。第一和第二梯队之间相差1.5分左右，而第二和第三梯队之间则相差0.5分左右，第三和第四梯队之间差距则为5.5分左右。总评位居第一和第二名的分别是浙江和云南，四川因为受参与测评的九寨沟县政府旅游门户网站的影响被拉低了总分值，位居末尾。

分析可知，浙江省是最早开通旅游门户网站和智慧终端的省份，在旅游数字化方面的实力和竞争力是样本网站中最强且亮点最多的。因此，浙江省的网站文化价值、政府服务能力和环境资源三项指标都以微弱优势位列第一名，各功能

---

① 资料来源：本研究提出

项目得分比较平均。云南则以地方文化价值的特色见长，其"网站文化价值"分项中多个功能得分均高于浙江，说明云南抓住了当地地域文化特点，且成功地将其文化价值传递给了消费者，激发了他们寻找那些对"被遗忘"和"消失了"的秘境的兴趣。山东、河南、宁夏、江西和四川5个省区也均在政府旅游门户网站上展现了地域文化气息和文化价值。但是，相对于浙江和云南，山东、河南、宁夏、江西和四川给参与测试者形成的感知信任冲击力、文化价值的吸引力和旅游门户网站隐含的政府服务能力依然相对弱一些。由此可知，虽然样本网站基本在文化价值、政府服务能力和环境资源三个方面均存在一些差距，但是距离不太明显。说明我国各省旅游管理部门均开始重视政府旅游门户网站，有的省份更是得到省级政府的支持，提前建成了旅游大数据。每个省份的政府旅游门户网站的侧重点也略有不同。例如，浙江突出的是网络新技术的营销和互动，云南更加突出的是其浓郁的文化价值，山东突出的是孔孟理念，河南主打文化发源地的思想，宁夏展现的是雄浑西部风光和秀美塞上江南，江西彰显的是世界瓷都之风，而四川展现的是雄秀奇渊的定位。

（五）其他导致潜在消费者信任受损的因素

在总结讨论中，研究参与者还总结出以下方面存在的问题。

第一，网站的规划和建设等规范性较差。调查发现，全国范围内的政府旅游门户网站在规划或建设上规范性差。有的省份将政府旅游门户网站划归该省政府部门统一规划建设和维护，网站下的各级页面实现了统一布局和风格，如浙江省和山东省等。但是，大多数省份还是没有统一规划，仍是各自为政，各行政级别的官方旅游网站由各级旅游局或旅游协会独立建设，造成技术水平、标准和风格不一的局面，如河南省和四川省等。不可否认，统一的形象是当地政府旅游行政部门管理能力的体现，也是消费者对隐含其中的旅游安全和旅游监管等关注点的一种传递渠道，相关部门应予以重视。

第二，官方网站的功能和定位划分模糊。在样本搜集过程中，调查者发现，很多政府对其旅游门户网站的定位本身就很模糊。例如，山东省的政府旅游官方虽然分成了三个独立网站，分别是政务网（http://www.sdta.gov.cn）、旅游资讯网（http://www.sdta.cn）和旅游体验网（http://www.shandong.travel）。三个网站都是政府旅游门户网站，但相互之间的链接不明显，消费者就无从判断哪一个是对自己有用的。而河南省的政府旅游门户网站，分为旅游局网站（http://www.henan.

gov.cn）和旅游局信息中心的旅游信息网（http://www.hnta.cn）2 个网站，相互之间也没有任何链接。而在其旅游信息网中竟也包含了政府旅游政务模块（http://www.hnta.cn/gov），更是让旅游消费者看花了眼。

第三，政府旅游门户网站在网络中的品牌争夺乱象。国内常用的搜索引擎 Google 和 Baidu 上搜索出来的政府旅游门户网站页面是鱼目混杂的，这些均对消费者产生了极大的负面影响。例如，研究人员在搜索"张家界旅游官网"时，就出现均标注了"官网"字样的三个域名截然不同的网站，分别是 www.zhangjiajie.gov.cn，www.zjjgood.com 和 www.travelzjj.com，且网站的管理部门也不同。消费者有理由认为该区域的旅游管理混乱，进而影响对该区域的感知信任。

研究发现，信任因素文化价值（分项 1）影响始终排名第一。主要由于政府旅游门户网站中的文化价值是吸引和刺激消费者的重要因素，是消费者重点关注的信息构成质量和信任影响要素，会对消费者的信任形成较大冲击。这也是云南能凭借高分值的"文化价值"，超越了"政府服务能力"等因素偏低的影响，获得消费者的信任和认可，位居第二的原因。其次，旅游门户网站中隐含的政府服务能力（分项 2）影响位居第二，网络技术和旅游信息所传递的政府旅游管理部门的经济实力、工作效率和管理能力均会对消费者产生影响。这也就是浙江凭借着领先的旅游大数据、网络技术和良好的旅游统一形象的展示夺得头筹的原因，获得了实验参与者更多的信任。第三，环境资源虽然日渐成为经济和学术界关注的焦点，但一方面实验参与者依然没有将其纳入网站信任影响的考核指标，另一方面在网页自身的展示程度和频率都不高，这也是分项 3 所占比重及得分最低的原因。综上，现阶段分项 3（环境资源）不具备影响消费者信任的能力。

三、实证研究发现

在统计 25 位试用者对题项"对于政府旅游门户网站您更关注"进行勾选时发现（见附录 2），仅有 4 位参与者勾选了环境资源，得票远远低于文化价值和服务能力选项。结合门户网站信息构成质量评估得到的结论，三个信任影响因素中"环境资源"所占分值过低，对消费者信任的影响不大，即原假设理论框架中提出的门户网站低碳视角的环境资源的雷尼尔效应对消费者影响不大。故将信任理论框架中环境资源因素删除，如图 4-4 所示。

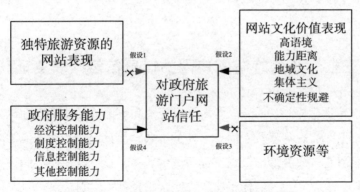

图 4-4　信任影响因素的理论框架 [①]

　　研究发现，文化价值表现及信息构成是影响潜在消费者信任的关键因素。由于低碳视角下的环境资源在修正调研结论与多案例访谈研究得到的结论截然相反，进而在研究过程中对信任影响因素理论框架进行了修正，删除了得分过低、影响作用较小的环境资源因素。研究还发现，政府旅游门户网站的信任信息影响力与行政管理部门的行政级别高低呈同向变化，且行政级别的高低与其门户网站信息构成优劣或文化价值表现强弱也呈同向变化。结论证实并确认网站的信息调整是可以影响潜在消费者信任的，并通过有效因素的验证，缩小了政府旅游门户网站信息调整的范围，对提高网站信息调整的工作效率具有极大的参考价值。

---

① 　资料来源：本研究提出

第五章　政府旅游门户网站信息信任修复实证研究

研究以信任理论、Hofstede 文化价值理论和政治信任的制度理论为基础，采用积极的、正面的影响消费者信息信任的方式，设计消费者对政府旅游门户网站信任的影响因素构成变量，依据实证研究的范式，设计政府旅游门户网站信息信任模型的各个步骤，通过信任正向研究实现信任的修复目标。

第一节　信息信任修复一般机理

信息服务与旅游业的结合是行业发展的必然趋势，随之而来的诸如信任、影响力、引导等行为引发的经济发展迟缓等问题，不仅催生旅游管理的深刻变革，对旅游产业未来的发展也将产生深刻影响。

一、信息信任修复界定

信任受环境、文化等因素的影响，因其动态和脆弱特征，故而容易遭到破坏。信任受损后，原先信任主体和客体和谐稳定的状态被打破，双方原有关系难以继续，往往需要采取相应行动或策略来修复破损的信任。

客户信任修复指信任客体努力地从信任主体已经受到破坏和削减的信任的过程中，进行原谅、和解、释放负面的感情、放弃报复、重新合作等行为，从而使信任主体变得更加积极（Tomlinson 等，2004；Almogbil 等，2005），使信任水平从低点回升的现象（Kim 等，2004）。信任是可以通过各种手段被修复的（Bottom 等，2002；Dunn 和 Schweitzer，2005）。信任修复是指信任发生受损偏差后，为使信任者的信心和信任倾向变得更积极所作出的努力行为，目的在于使消费者的行为和情感等都变得更加积极，恢复重新合作。

已有研究因缺乏理论解释基础，不同的信任修复策略产生的修复效果并不稳定（Gillespie 和 Dietz，2009）。如在警务实践中，涉警负面事件虽然会导致对警察信任度的降低，但若信任修复策略实施得当，则不一定引发信任危机。当负面事件发生后，如果警方没有及时响应修复，公众可能处于信息真空状态。此时，一旦外部有关涉警负面事件的不正确信息传播，填补公众的信息真空时，公众就会基于错误信息进行认知归因，并由此产生更为强烈的负面情绪，进而引发信任危机。研究提出借助信任修复策略主动填补缺失信息，可以有效地弱化负面情绪的扩散。研究进一步发现，相较于信任受损阶段信任的大幅度下降，在信任修复阶段，警察信任水平上升幅度非常小。说明警察信任一旦遭到涉警负面事件的破坏，届时无论警方实施否认还是道歉的信任修复策略，整体上都难以修复到原有水平，正所谓"破镜难以重圆"。但是依然可修复，对于否认感知高的群体，警察信任修复效果更好。道歉更易使公众感受到警方在采取应对措施，但受损信任修复效果不显著（李想，2019）。

不同类型的信任受损，其修复的难度和策略也是不同的。南瑞琴（2019）认为当信任受损害的原因来自外部的，受损程度和修复难度也最小；当信任受损的原因来自内部来源时，则需要在内部长期可控、内容偶尔可控、内部长期不可控和内部偶尔不可控四种情况下进行单独分析并制定应对策略。多种因素的综合可以导致信任受损，破坏信任比建立信任容易，修复信任要比建立初始信任更为困难。因为违背行为导致的信任水平降低，当低于建立初始信任的水平时，届时的信任修复不光要建立对信任主体的积极预期，同时还要克服由违背带来的消极预期。尽管信任的违背方努力展示自身的可信程度，但有关违背的信息依然显著且持续时间较长。

消费者信任被违背后，惯常的信任修复策略包含否认、道歉、做承诺、找借口、沉默、正当化等在内的语言响应，以及包含赔款、依法赔偿、抵押等在内的行动响应两种。在网络中最直接有效的信任修复方式是语言响应中的道歉和否认。

道歉是一种表达歉意并积极承担责任的修复行为，分为内因式道歉和外因式道歉。内因式道歉指企业对自身的信任违背行为感到内疚，并愿意承担由此带来的全部责任。外因式道歉指企业愿意承担信任违背的部分责任，而信任违背行为本身与环境中的其他因素有关。道歉的研究始于 20 世纪 70 年代的西方，存在较大争议的是道歉的构成。获得认同度较高的是在跨文化言语行为实现项目中关于道歉的构成研究。研究分析七国的道歉构成，提出道歉主要包含语言表达、承担责任、解释、补偿和承诺五种成分（Blum-Kulka 和 Olshtain，1984）。道歉对信任的积极作用大于消极作用（Bottom 等，2002；Ferrin 和 Kim，2007；江华妍，2013），也更能抑制信任被伤害者所受到的伤害（Ohbuchi 等，1989）。道歉活动可以从情感层面、功能层面或者信息层面对媒体信任进行修复（南瑞琴，2019）。

否认是企业明确否认消费者的指责，自身的信任违背行为是不存在的，为此不需要作出任何道歉或承担责任，分为直接否认和间接否认两种。直接否认指企业认为消费者提出的企业存在的信任违背是虚假的，并予以直接否认。间接否认是指企业通过证据证实自身的清白，对信任违背事件进行否认的做法。Schweitzer 等（2006）认为道歉会降低自身的可信度，使得关系恶化，而否认由于不承认过错行为，更易于消除消费者的怀疑，是一种非常有效的信任修复。

随着后续研究的推进，信任修复衍生出其他的方式，具体如下。

承诺对即时信任修复是有效的，建立制裁和监督机制、制定规则和惩罚等方式也能实现修复信任。Bottom 等（2002）认为企业的语言响应与行为响应相结合时，能更有效地修复消费者信任。Blackman 等（2001）研究发现订立规则、承诺、设置监督措施等约束措施的方式是信任修复的途径。Xie 和 Peng（2009）提出包含道歉、承诺、否认、表示关心、解释、忏悔等的情感修复策略，包含括退款、免费修理、赔偿、提供优惠券等的功能修复策略，包含澄清事实、提供事件处理信息、提供证据等的信息性修复策略三者相结合的信息修复模式。

信息性修复和情感性修复（南瑞琴，2019）。信息性修复通常指媒体通过与公众进行及时有效的信息沟通，对公众不信任的信息和服务进行解释。解释事情发生的经过、产生失误的原因、对此所做的改进，以重新获取公众的谅解。当媒体信任受损指向能力维度时，信任客体一定要提供积极信息来抵消消极信息的影响。情感性修复指信任客体对于公众等信任主体的积极的情感补偿和回馈。

结合已有的研究成果，本研究认为政府旅游门户网站的信息信任修复，是指当旅游消费者对政府旅游门户网站信息的原有信任关系受到负面冲击甚至遭到破坏性影响后，为恢复到之前的稳定状态，旅游管理部门单方面采取的一系列措施或行动。

二、信息信任修复参与主体

信任的修复效果受到企业修复信任的主动性（Desrnet 等，2010）、消费者教育程度和年龄等特征（Fehr 和 Gelfand，2010）、违背类型及其发生时间

（Desrnet 等，2011）和第三方作用（李小勇，2007）等调节变量的影响。信任修复工作主体还可划分为两个主体，三个层面，即实施主体和实施对象，其中实施主体分为管理层和一线员工，实施对象则是信任受损客户（Winkielm 等，2007）。无论哪种划分方法，消费者信任修复的过程是多层次的（Kim 等，2009），信任修复过程可分为两个研究方向，信任方对信任修复过程及被信任方对信任修复过程的行为研究。

　　信任方，即消费者，是研究者关注的热点。吴娅雄（2010）基于心理学理论，归纳出消费者易于接受的信任修复方式，提高感知公平的修复方式（惩罚、道歉、补偿）、降低感知风险的修复方式（正当化、抵押担保、监督、口头承诺）以及干扰归因过程的修复方式（辩解、道歉、否认）。袁博等（2017）采用元分析探讨道歉对信任修复的作用，结果发现道歉对消费者的信任受损具有中等效应量的修复作用。Bottom 等（2002）通过社会两难情境实验证实，道歉比否认更能有效地作用于短期合作中的信任重建。然而，企业做出的信任修复努力不一定会得到消费者的配合和赞成，甚至出现被抵制的局面。对此，学者们又提出不同的观点。促进消费者信任与合作行为的重要策略是惩罚（Xiao 等，2005），也有研究提出截然相反的观点，认为惩罚是一种妨害信任与合作的行为（Gächter 和 Herrmann，2010）。补偿及补偿额度也是消费者信任修复的关键，研究观点大致可归纳为：部分补偿不足以修复消费者信任（Desmet 等，2011b）、恰当补偿与超额补偿对消费者信任的修复效果没有差异（Haesevoets 等，2013），补偿额度与其修复消费者信任效果正相关（Desmet 等，2011a）。成功的信任修复需要极大限度地减少消费者的负面期望，并重新建立起消费者的正面期望。一味单向的修复方式成功的概率要低于双方共同努力的成功概率，为此信任的修复过程需要综合运用多种修复策略，保证传递表达信息的一致性。

　　被信任方，即企业等主体，对信任修复的研究有强烈的时间序列特点。Schweitzer 等（2006）认为消费者的信任修复是随着时间变化而动态发展的过程。对消费者信任的修复要分为四个阶段，且信任修复效果受可信性维度的多样性和干预措施的一致性两个因素的影响。修复方式在初始信任修复中具有显著影响，而善意信任又在修复方式和重购意愿中起中介作用；修复方式和有无欺骗在后续信任修复中有显著影响，正直信任和善意在修复方式、后续重购意愿和欺骗的关系中起中介作用。信任受损后，持续的信任修复才可以恢复信任，最终让消费者信任形成良性的循环。韩亚品（2014）就产品伤害危机中传播率等对消费者信任修复的影响展开研究，发现感知风险、信息传播、危机严重程度、信任违背发生次数、响应时间等因素对消费者信任修复产生极大影响，以产品伤害危机企业内负面溢出的信任修复效果而言，信号传递得到的效果是不尽相同的。若企业等主体没有进行持续的信任修复，消费者失望加剧，甚至会出现对企业的不信任。

第三方介入的信任修复在信任修复过程中的作用不可忽视，第三方惩罚和第三方补偿一般在实验室中由第三方干预范式来展开。相关研究多基于独裁者博弈范式演化发展，即在原独裁者和回应者之外，添加观察者，而观察者的智能只有选择惩罚或不惩罚独裁者。陈晨（2018）认为在面对不公平事件时，不仅会惩罚信任的违背者，有时也会选择补偿信任的受害者。为此基于第三方的惩罚，研究增加第三方补偿的完整的第三方干预范式，即第三方可以选择惩罚信任的施害方，也可以选择补偿信任的受害方，或同时既惩罚信任的施害方又补偿信任的受害方。

三、信息信任修复机制及策略

（一）信任修复机制

基于情绪和动机归因模型，推演出多种信任修复归因模型和动态的信任修复显现过程。Gillespie&Diet（2009）将时间变量加入信任修复研究中，提出了客户信任修复四阶段模型。研究分别从信任修复阶段、潜在机制、中介调节因素和员工输出四个以时间为先后顺序的层次，解释整个客户信任修复过程的运行机制，如图 5-1 所示。

由图可知，研究将信任修复机制划分为信任修复阶段、潜在机制、调节因素、结果四个环节。其中，信任修复阶段用于事件发生后的应急，分为立即响应、故障诊断、改革干预措施、评价评估措施进展四个阶段；从"消除不信任的基础"与"增加富有信用的行为"两方面考虑潜在机制的中介作用，"不信任"监管机制针对信任修复1、2阶段，管制让人无法信任的行为，"诚信"示范机制针对信任修复第3、4阶段，传递更新增加信任的信号，二者互为补充，发挥修复作用；将信任信号的一致性和多层次作为调节因素起到的中介调节作用展开研究；组织内部员工感知组织可信度作为输出，对信任修复效果起到最终决定性的量化标准。

信任修复阶段　　　　　　　潜在机制　　　　调节因素　　　结果

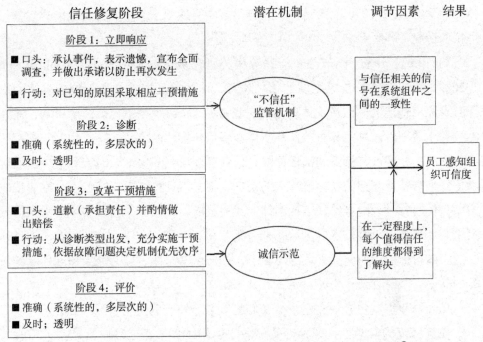

图 5-1　基于组织层面的信任修复的原则和四个阶段[①]

（二）信任修复策略

信任修复策略与信任的成因直接相关。组织行为学将信任修复研究界定为视角归因、社会平衡和可信度三个理论视角。但当面对不同的信任受损危机事件时，对于信任修复策略的选择是根据信任受损的类型来决定的（刘星和高嘉勇，2010）。而信任受损原因又可分为两大基本类型：内因和外因。所谓内因意指客户对危机事件进行内部归因，因为企业自身的能力/正直等问题导致的，将事件的消极结果追究于企业，因此又被称作能力维度的信任违背。而外因意指客户对危机事件进行外部归因，危机事件的发生与企业自身能力高低无关，完全是因为其他人、事、物的误解/冤枉等不可控情景，又被称作善意维度的信任违背（阎俊和佘秋玲，2010）。因此，信任修复策略研究也大致集中在两个方向：基于内部归因的表示遗憾、口头道歉、经济补偿，和相对应的基于外部归因的否认（Kim 等，2004；韩平等，2014；韩平和宁吉，2013）。由于企业内部原因而导

① Gillespie N., Dietz G.. Trust repair after an organization-level failure [J]. Academy of Management Review, 2009, 34(1): 127-145.

致信任危机发生的情况，采用表示遗憾、口头道歉与经济补偿的信任修复策略最佳（韩平等，2014）。而否认的信任修复策略更适用于非企业自身原因导致信任危机的情况（韩平和宁吉，2013）。

信任修复策略选择条件及前提等相关研究被进一步细致化。Wang 和 Huff（2007）提出对基于善意维度的信任违背，信任的受损并非由于信任客体的内部自身原因造成的。信任主体相信真正正直的人 / 组织是不会被情境影响，而断然改变一贯正直作风。此时的信任主体对于信任客体的能力、正直性并未存在怀疑。因此，在这种背景下的信任修复，信任客体应当采取否认对策和减少负面接触信息来修补善意型信任违背造成的信任受损（Ren 和 Gray，2009）。在对待能力型信任违背时，因事件是信任客体的过失造成的，因此，信任客体宜采取道歉策略和加强积极接触信息的方式来修补受损信任（Xie 和 Peng，2009）。信任修复的实施目标围绕如何促进宽恕与和解、如何恢复合作、如何最大程度地降低信誉的受损三个中心展开（Winkielm 等，2007）。

信任修复机制包含的实施目标和修复效果等环节也得到了深入研究。

信任修复的时效性。即信任修复效果能持续多久，这种修复是一种暂时的意愿改变，还是实质性的变化？该问题的解决对更全面、客观评价信任修复效果，建立完整的信任修复机制有重要意义。已有研究更关注新形成关系的时效性，因其在现实生活中具有一定的普遍性。Swann 等（2000）社会网络研究证实，网络社会中组织成员之间的联系多是弱连结，而非强联结。但对比新形成的关系和长期关系，二者在信任的特征方面存在很大差异，新形成的关系更可能也更容易发生信任违背。但当发生信任受损，后者比前者更难实施信任修复。

信任修复效果。衡量信任修复效果的三个核心指标分别是回应准确性、过程透明度、言语反应的选择（Schweitzer 等，2006）。但也有学者认为，以往研究大多没有同时测量信任受损前和信任受损后的信任变化水平，无法展开对比研究。传统观点将信任视为一种认知，它会随着收到的新信息而发生改变。PAST 模型（past attitudes are still there）认为，当信任主体接收到新信息时，原有不信任等态度并不会必然地从记忆中消失，而是可能被修改存入记忆中。然而，在特定条件下，被修改的新的记忆并没有被提取，此时旧的"不信任"态度出现并影响随后的行为（Petty 等，2006）。可知，信任修复效果相关研究模型认为信任修复是短暂的、不稳定的。

综合以上研究观点，情绪、权利作为非认知因素，一直被排除在信任修复研究范畴之外。因为当前占主流的信任修复研究思路是归因视角，即这类研究强调认知因素、信任信念对信任意向的影响。但实际上，信任受损的其中一个直接后果就是引发信任主体的消极情绪如愤怒、焦虑等。此外，信任客体的信任修复策略也会影响信任主体的情绪反应（Dunn 和 Schweitzer，2006）。为此，本研究在信任修复研究时，将文化、权利作为非认知因素，与认知因素一起用于信任受损和修复的相关研究。

四、信息信任修复与政务信息服务

消费者对产品品牌的忠诚度越高，信任受损危机后消费者的信任修复难度就越小。企业等主体的社会责任感水平越高，消费者感知风险会逆向越小，信任的修复就越容易。政府旅游门户网站就具有较高的社会责任感和消费者的较高忠诚度。

（一）智慧旅游与信息信任修复

随着旅游信息化工作的开展，旅游公共信息服务在全国各地的政府部门旅游工作报告中频繁出现，各省市也先后开始智慧旅游工程建设。2011 年 7 月，时任国家旅游局邵琪伟局长提出智慧旅游是我国旅游业发展的战略方向，在未来10 年的时间里要基本实现智慧旅游。之后，国家出台一系列的政策，将旅游业由传统的服务业逐步提升为现代服务业，由"生活性服务业"列入"新兴消费性服务业"，尤其是在"十二五"规划中提出"旅游业是以信息技术等现代科技手段为支撑的现代服务业"，并延伸出"智慧旅游"的概念。2014 年，国家旅游局以智慧旅游为主题，将年度旅游宣传主题确定为"美丽中国之旅——2014 智慧旅游年"，指导各个旅游景区、城市和特色村寨等旅游目的地的智慧建设。同年 5 月 15 日，国家旅游局和中国电信集团公司签署了"关于共同推进智慧旅游发展的合作协议"。

学术研究也在广泛地展开。以中国知网、science direct 和 web of science 为检索源，分别以"智能旅游、智慧旅游、smart tourism"等为关键词进行检索，截至 2020 年 5 月，通过相关性检验和重复性检验后总共得到文献 8773 篇，包含中文文献 3333 篇，外文文献 5440 篇，其中智慧旅游综述 37 篇。从 2010 年开始，国内相关的研究成倍数增加。智慧旅游可分为智慧旅游城市的研究、中国智慧景区的研究、相关信息技术对智慧旅游发展的影响等。从研究内容看，智慧旅游研究主要集中在智慧旅游相关信息技术研究、概念研究、智慧旅游公共服务、智慧旅游景区研究及评价研究，以及智慧旅游负面影响等几个方面。

智慧旅游的信任修复研究相对较少，这与其出现时间较晚，信任受损程度较低有直接关系。从研究内容来看，国外研究注重智慧旅游给游客带来的负面影响，以及智慧旅游与信息技术的结合；国内研究则关注智慧旅游的基础理论研究，以及智慧旅游的公共服务研究等，研究从正面去探讨信任的影响问题。相关研究通过建立包含服务效果、服务能力、管理水平和服务内容等评价指标在内的智慧景区服务、智慧旅游城市、智慧旅游满意度等评价体系去正面建设信任问题。

（二）政府旅游门户网站信息服务与信任修复

社会心理学研究证实消费者受网站信息构成的影响是存在的，受来自政府旅游门户网站信息的影响则更大。在我国传统文化的长期深远影响下，公民对官方权威有根深蒂固的服从、信任和被影响（Chen 等，2008），政府旅游门户网站属于该类权威官网，对消费者信任等各方面的影响是着实存在的。政府旅游门户网站既具有政务公开、办公引导和招商引资等一般政务网站的共性和行政管理职能，又兼具商业旅游网站的营销推广和产品推介等旅游特性的信息服务功能。遗憾的是由于政府旅游门户网站信息信任受损，导致其访问量和关注度至今依然较低，甚至未被关注，如表 5-1 所示。

表 5-1　网站访问量统计[①]

网站名称	创建日期	Alexa 周排名	百度权重	Google PR	百度收录
国家旅游局 www.cnta.gov.cn	1997-02-05	2014572	5	7	19.1 万
去哪儿 www.qunar.com	2005-05-09	1089	7	7	786 万
驴妈妈旅游网 www.lvmama.com	2007-12-07	2403	7	7	793 万
铁道部官网 www.12306.cn	2003-03-10	615	8	8	7280 万
河南省旅游局官方网站 www.hnta.cn	2004-04-23	91983	3	6	171 万

① 资料来源：本表依据各专业网页统计汇总而得，统计时间为 2018 年 3 月 10 日。

由表可知，从第三方网站评估机构的 Alexa 周排名、Google 的 PageRank 值（简称 PR 值）、百度权重和收录情况来看，除铁道部官网排名靠前外，其余的国家级政府门户网站排名均较低。对比表中旅游类网页，国家旅游局门户网站及河南省旅游局官方网站，其位次也远远低于其他的商业旅游类网站。现有的政府旅游门户网站信息服务研究成果较少，涉及范围较有限，结合时代特征多集中在信息服务（李爽等，2010；李君轶，2010；廉同辉等，2016）、营销效果（胡海胜等，2016）、投资推广（胡海胜等，2010）和影响力（杨文森，2014）等方面。

政府旅游门户网站存在巨大的影响力，可以通过微观层面的改变深入地影响地区宏观旅游经济，更能影响到微观个体消费者的信任等心理。Ye 等（2014）以社会心理学效应中的"马太效应"和"首因效应"为基础，分别就旅游在线评论的有用性问题对消费者决策过程造成的受损进行探索，同时对嵌入商品描述、客户的评论或者试用报告的旅游在线评论对消费者的购买决策和商品销量影响两方面展开了研究，结果证实在线评论会影响其他消费者的预决策。Horng（2010）通过分析香港等地区国家的官方美食网站或政府旅游门户网站的美食部分，发现被推荐的餐厅营业额比其他网站推荐的同类店铺营业额要高，对消费者的影响呈现出的结果更为显性。政府旅游门户网站的信息内容可积极影响和引导消费者及其旅游行为。

政府旅游门户网站信息修复可以通过网站对消费者的影响路径、文化影响等多个渠道加以干预。影响受个体不同而出现影响大小的差异，甘哲娜（2016）研究发现，在线旅游涉入度对消费者选择网站信息及处理方式起到了重要的调节作用。其中，在线旅游涉入水平高的消费者主要受到包含系统质量、信息质量、服务质量在内的中心路径因素的影响；而涉入水平低的消费者主要受到信息源可信度、网络广告吸引力和参照群体 3 个边缘路径因素的影响。研究还发现信息信任等影响效果呈现出减弱的趋势。张文亭等（2017）以永定土楼世界文化遗产地为研究对象，研究用 ROST Content Mining 的社会网络与语义分析功能，分析旅游消费者网络游记、在线评论和官方传播文本词频统计结果，构建语义网络与社会关系，对比分析旅游消费者感知与官方网站传播的旅游形象之间的落差。官方传播文的语义网络见图 5-2，旅游消费者感知文本见图 5-3，图中线条联结两个高频词表示之间存在关联，越多的线条与某一高频词联结，表示该高频词产生关联越多。研究总结出官方传播文本积极情绪由高级、一般和中度 3 个部分组成，高度积极情绪为主调，适当加中度和一般的积极情绪客观补充的策略。研究结果发现官方文本对永定土楼的信任等积极情感传播高于网络感知，中性情绪和消极情绪则均低于网络游客感知，即政府旅游门户网站立场上着力向大众传播永定土楼的积极形象，尽量给网民呈现出文化底蕴丰厚且民俗风情独特的形象，引发部分游客的认同感和信任感，但对消极情绪网络游记游客却无效，究其原因是该部分游客受到商业化、交通不便和天气情况的影响更大。

研究进一步发现，准确的富含文化及文化价值的信息及其表达方式才能发挥有效的信任影响作用。黄杰等（2017）以新疆旅游官方网对该省旅游形象的建构为目标，以网络媒介传播下的建构主义理论为理论基础，基于内容分析法和 AIDA 模型评价站内新闻、叙述性文本、视频宣传片和图片等进行实证研究。具体构建模型如图 5-4 所示。

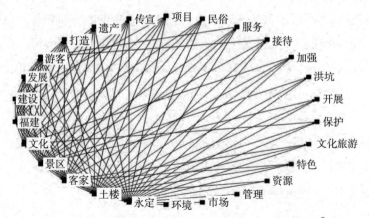

图 5-2　政府旅游门户网站传播文本的语义网络图 [①]

---

① 张文亭，骆培聪 . 基于网络文本的目的地旅游形象游客感知与官方传播对比研究——以福建永定土楼为例 [J]. 福建师范大学学报（自然科学版），2017, 33(1): 90-98.

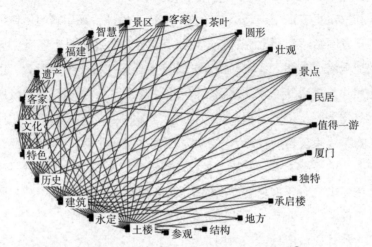

图 5-3 旅游消费者感知文本的语义网络图 [1]

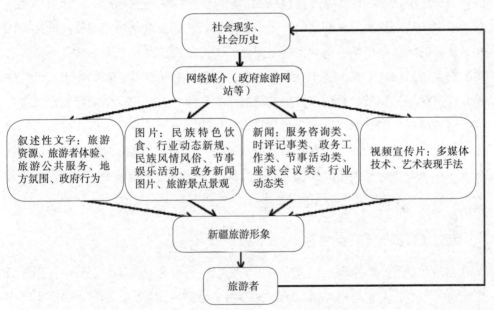

图 5-4 网络媒介对新疆旅游形象影响模型 [2]

研究发现，政府旅游官方网站通过一般叙述性文字与新闻的建构来解读新疆旅游形象效果最佳，采用图片建构和提升新疆旅游形象效果最好，通过视频宣传

[1] 张文亭，骆培聪. 基于网络文本的目的地旅游形象游客感知与官方传播对比研究——以福建永定土楼为例 [J]. 福建师范大学学报 (自然科学版), 2017, 33(1): 90-98.
[2] 黄杰，王立明，李晓东. 建构主义视角下网络媒介对区域旅游形象的构建——以新疆旅游网站为例 [J]. 传媒，2017(2): 82-85.

片建构和丰富更有助于新疆旅游形象的塑造。另外，采用新浪微博链接内容的新疆旅游官方网站对新疆旅游形象建构和信任等影响效果较为显著。程圩等（2016）从目的地网络形象切入，用马蜂窝的官网宣传照片代表投射形象，以旅游者的网络游记照片代表感知形象，分别从照片的内容属性、拍摄时间以及所处区位等方面进行对比分析，研究发现，政府旅游门户网站对"艺术街区""民俗表演"以及"人物"等表现目的地的人文环境相关照片较少提及，而相关照片在旅游者网络游记照片中呈现丰富，研究认为政府旅游门户网站极大地忽视了旅游者对于人文要素的需求，需要加强这方面的文化感染宣传。再次印证了门户网站恰当的文化价值表现和信息传递方式对消费者的影响力和导向功用。

综上所述，政府旅游门户网站是我国其他营利性旅游网站和平台所不可替代的重要的旅游信息平台，具有高权威性，能广泛、深入且长期地影响和引导消费者。但由于政府旅游门户网站信任受损，导致其访问量和信息使用量的低迷，这使其重要的导向作用没有得到发挥。因此，结合政府旅游门户网站政务严肃性和旅游服务灵活性的特点，基于一般消费者、管理者和旅游从业者的需求，以信任修复为目标展开政府旅游门户网站信息服务研究十分有必要。但遗憾的是，现有的政府旅游门户网站的研究成果只关注以网络信息服务标准化、门户网站营销功能、门户网站投资功能等具有直接效用和效益的方面，间接导致的消费者信任、意识和行为变化等相关研究尚属空白。尤其在传统文化影响较大的我国，消费者的意识和行为改变会受到诸多因素的影响，相关研究迫在眉睫。

五、信任修复研究方法

旅游信任等危机主要的研究方法可分为定性研究和定量研究。其中，定性研究涉及危机事件发生后对旅游目的地的影响（吴良平、张健，2013；张铁生等，2012；桂文林、韩兆洲，2010）；据此提出的管理机制和对策（戴林琳，2011；章小平等，2010；戴斌，2009）；负面报道对游客感知（文谨，2006）、目的地形象（黄芮，2015）、行为意愿（何吉，2016）、餐饮企业服务品牌（张梦等，2014）、游客信任破坏（叶丹青，2016）等方面的危机影响或处理。

实证定性研究中，多采取实验室研究法和模型研究法。第一，实验室研究法以情景模拟和投资游戏为主要实验范式，情景模拟中被试情景涉入度是影响实验操作效果的重要因素。投资游戏中参与者多为相互陌生的个体，这种短期、即时形成的交换关系会影响实验效果（姚琦，2011）。Ferrin 等（2007）通过两个实验研究论证沉默对信任修复的意义。研究将信息诊断分析与信念形成研究相结合，发现对于正直违背，沉默与道歉相似；对于能力违背，沉默与否认相似；不考虑受损类型，以否认回应正直型受损，以道歉回应能力型受损。Gremer 和 Schouten（2008）通过实验研究和现场研究信任修复问题，发现信任违背方的道歉仅在信任方已有交往中感受到被尊重的情况下才有效。反之，当信任方没有感受到尊重时，信任客体所做的道歉是没有意义的，即信任双方共同决定信任修复效果。第二，模型研究被广泛地应用于信任修复研究中。Tomlinson 和 Mayer（2009）提出一系列较为详细的信任修复策略与受损信任的修复测算。根据研究提出的信任修复归因模型可知，当公共危机事件发生以后，负面结果会导致公众产生消极的情绪。当对政府的信任度受损并衰减后，公众会根据相关条件，自觉地推测判断导致负面事件发生的原因。Ren 和 Gray（2009）构建模型探讨信任修复是否可以被视为由违背而引发的仪式化过程，信任修复的有效性依赖于文化、违背类型和修复机制类型之间的交互作用。该理论模型不但强调了信任修复中关系和规范的作用，更是以嵌套了文化的信任修复模型取代已有研究提出的普适模型。Gillespie 和 Dietz（2009）创建了基于组织视角包含时间因素的组织层面的四阶段信任修复模型，强调影响组织干预措施、可行性的内外部因素、可信度维度在其中的调节作用。为了更深入地了解信任主体的作用，并对信任客体的各种修复努力做系统整合性的说明，Kim 等（2009）提出双面信任修复模型。该模型认为，被信任主体和客体双方出于利益驱动等工具性考虑或基于自我服务性归因确认为自己值得信任，信任客体拟自己在做出不当行为后仍被信任，信任主体倾向于认为信任客体不值得信任。这两种相反的力量引发了双方试图解决在可信度问题上的分歧。Kim 和 Choi（2014）基于认知和人际活动视角，建立了动态双边的信任修复模型，该模型将修复过程分为三个层级，各个层级之间是相互联系、循序渐进的。模型强调了信任双方的地位和作用，认为修复需要双方的共同努力。

多种方法交互检验研究假设有效性的组合型研究方法，具体如下。

实验室研究、对比分析、回归分析组合研究。在警察信任修复阶段研究中，采用实验室研究、对比分析、回归分析组合的系列研究方法，前后佐证公众负面情绪、内部归因和信任修复感知对警察信任的总体影响、初始警察信任到受损后警察信任，再到修复后警察信任的影响程度等研究内容（李想，2019）。

研究回顾和现实观察的方式。通过研究回顾和现实观察，发现并提炼信任违背方实际上应用的各种涉及积极和消极信息的策略。例如，当信任违背方承认不当行为时，是一种向信任主体展示自己今后不会做出类似行为的积极信息，可以实现修复信任的目标（Lewicki 和 Bunker，1996）。后续，基于社会两难问题的研究结果，得出在短期交往中，道歉、忏悔比否认更能有效地重建信任和合作（Bottom 等，2002）。

对比附加情景模拟的研究内容。被测试者观看一段某政治候选人被指控有性或财务方面不当行为的模拟辩论录像，以测试道歉能够减轻信任违背的消极结果（Sigal 等，1988）。对比发现，否认在信任修复效果上优于其他修复方式，Riordan 等（1983）也证实了否认比承认更能有效提高自身可信度的结论。

时间序列纵向持续性研究。Kim 等（2004）考虑能力型、正直型等不同类型信任受损的归因过程差异。对比发现，能力型信任受损修复，通过提供积极信息来抵消消极信息的修复方式会更有效。对于正直型信任受损修复，管理消极信息的努力将更有效。Kim 等（2006）将道歉细分为将责任部分归为情景因素和接受全部责任。发现对于能力型受损修复，内归因式道歉将比外归因式道歉能更有效；对于正直型受损修复，外归因式道歉将比内归因式道歉更有效。

两阶段研究论证思路。采用两阶段研究论证社会平衡视角下认为修复信任必须通过修复双方的相对位置或地位重建平衡，再次确定统辖关系的规范（Desmet 等，2008）。研究第一阶段，采取独裁者游戏范式，创造一个由于违背了平等而导致分配者比接受者处于更好的经济状态的情景。研究的第二阶段，分配者提供不同金额的经济补偿改变上述社会不平衡的消极作用。最终研究结果显示过度的经济补偿比精确的经济补偿能更有效提升信任。Dirks 等（2009）也印证了该观点，即信任修复就是减轻由信任受损带来的信任主体对信任客体特质的质疑，以及统辖关系的质疑等社会不平等。

文本研究和实证研究组合的方式。基于扎根理论，对我国近几年的群体性事件案例进行文本分析，在 114 多个初始概念中提炼公众诉求、非理性表达、理性表达、第三方响应、转型社会特征、涉事方回应 6 个主范畴和 17 个副范畴（李俊杰，2019）。通过进一步分析，确定公众诉求、诉求回应、诉求表达、转型社会特征四个核心范畴，构建理论模型，得出公众诉求与诉求回应是影响政府信任的关键要素。

不难发现，随着研究的不断推进和演化，单一的研究方法已经无法满足信任修复研究论证需求。越来越多的信任修复研究采用多种研究方法组合研究的形式，以获取更贴合客观实际的信任修复解决方案。本研究也沿用这种思路，在政府旅游门户网站信任受损研究中，分别在信任受损阶段采用多案例访谈和文本分析的研究方法，辅之以历史数据面板量化分析决定受损影响因素，采用实验室体验使用研究的形式获取信任模型。在政府旅游门户网站信任修复问题研究中，采用了模型构建问卷调查的实证分析方法，对信任模型修复展开讨论。旨在获取符合我国政府旅游门户网站客观实际的研究成果。

第二节　信息信任修复研究方案设计

一、信任修复影响要素

基于多案例访谈及信任模型修正预调研研究验证后的消费者信任影响框架，结合已有研究成果设计测量量表。原提出的信任影响要素理论框架分别删除了"环境资源"和"独特旅游资源的网站表现"两个因素，保留"文化价值"和"政府服务能力"2个影响因素。相关理论基础及假设提出的具体细节如下。

（一）文化价值表现量表

旅游是国家和地区传播遗产价值的主要途径。Petrie 等（2009）认为中国文化价值与其他国家的文化价值有着极大的不同。且我国文化价值已经成为民族基因，植根在国人的内心，潜移默化地影响着国人的行为方式。因此，找出我国消费者的文化价值特征，据此设计与其文化价值表现相近的网站，才能有效影响消费者信任。

网站文化价值研究指出，相近的文化价值定位会使用户对网站及个体产生积极的看法，提高诸如购买意向等行为意图，以及增加信任感和忠诚度的几率（Baack 和 Singh，2007）。旅游包含着享乐动机，其中的信息搜索、消费与快乐、幻想以及感官刺激四者之间是相互关联的（Goossens，2000）。因此在旅游情景中，"文化一致"是站在对立面的，它会降低新奇性等旅游感官刺激的可能性。但是由本研究前几章节可知，旅游网页相近的文化表现是有助于提升网络用户的认同感和信任度的。Bhawuk 和 Brislin（1992）指出不同文化间的敏感性对顾客和潜在旅游者有明显的效果和作用。如何将旅游应代表的与消费者所处环境高度不相称的文化环境，用与消费者一致的文化价值表现出来，既保持住自身文化的自信、耐力和定力，又彰显网页的个性化和独特风格，才能吸引更多消费者的关注。

在旅游门户网站中将文化不一致的地域文化用我国消费者的一致或相近文化价值去表现，是网页文化价值表现量表需要重点关注的。本环节根据已有研究总结的中国人的 Hofstede 文化价值特征，结合 Singh 等（2003）和 Moura 等（2014）提出的网站文化价值模型，设计信任模型的政府旅游门户网站的文化价值维度，并提出相关假设。

集体主义指人际关系和一个文化群体中个体的集成度。Ruhet（2012）指出旅游消费者的生活、旅游质量以及个体幸福感等个体感受与集体主义或利己主义等偏好密切相关。在民族旅游中，集体主义偏好者倾向于重视娱乐，而个人主义偏好者强调自然和更频繁的参与感。Singh 等（2003，2005）和 Chang（2011）的研究均指出相比得分为 79 分的高个体主义新西兰，中国、印尼和委内瑞拉是典型的低个体主义代表（得分仅为 15~48）。由于本次研究只针对国内的政府旅游门户网站，个体主义在国内表现不显著，基于以上分析研究提出假设 1。

假设 1：集体主义在网站的表现更符合消费者的文化价值

能力 / 权力距离指人们接受和处理社会上的不平等的方式，以及在一个文化群体中最低能力者和最高能力者之间的表象（Minkov 和 Hofstede，2011），也指权利弱势群体期待和接受的不平等权利分配的程度。能力、资源及控制力三者被认为是组织水平前期的关注点。Brocknera 等（2001）通过研究，证实人们对不太亲切的声音的倾向是不一致的，低能力距离文化区域（例如美国和德国）的反应要高于高能力距离文化区域（诸如中国、墨西哥）。虽然中国、日本和韩国等是具有高能力距离的国家，但从访谈中也证实，中国的旅游消费者更倾向于网站的低能力距离，以及更快速的反应和回应。基于上述分析，提出假设 2。

假设 2：低能力距离在网站的表现更符合消费者的文化价值

不确定性规避指人们处理不确定和含糊情况的方式，或社会容忍不确定性的水平，以及对风险衡量的偏好。Hofstede 调查认为不同民族在不确定性回避的倾向上有很大差异，有的民族把不确定性视为大敌，想方设法地避免；而有的民族则是坦然接受的态度，甚至有"是福不是祸，是祸躲不过"的思想理念。当个体对他们周围的环境感到不熟悉时，会倾向于探索，通过找到内在动机以满足个人需求并减少不确定性，或者凭直觉努力学习和了解新事物，这与个人的安全需求是相关联的。如果社会具有不确定性规避的特性，那么，其民众是不容易接受改变且不愿意承担风险的，墨西哥、哥伦比亚和委内瑞拉被认为是不确定性规避指数较高的国家。Money 和 Crotts（2003）研究认为民族文化特征属于不确定性规避的消费者，他们更愿意使用诸如旅游代理相关的信息来源渠道，而不愿意选择与市场相关的目的地、个人或者大众媒体资源；更愿意购买预先包装好的旅游产品，采取结伴出行的形式，也不愿意花费更多的时间用于旅游决定或机票预订。基于上述分析，研究假设我国消费者也具有不确定规避特性并提出假设 3。

假设 3：不确定性规避在网站的表现更符合消费者的文化价值

高语境被定义为更多包含在上下文里的更多的信息。Würtz（2005）认为非语言方面的沟通比语言方面的沟通更有效。当文化采用间接的方式传递，即所传递消息的意思不是直接明了的，而是巧妙地隐含在语言表达、手势或表情，甚至隐含在图片中，也可理解为其意思和上下文是密不可分的。Hall（1976）为了定位文化价值而设计了高语境和低语境两类参数。高语境的文化价值包含软性销售方法、礼貌和间接以及美学等维度。Moura 等（2014）认为中国、日本和韩国是高语境国家的典型代表，又由于本次研究只针对国内政府旅游门户网站，因此，研究框架拟去掉"低语境"指标，为此提出假设 4。

假设 4：高语境在网站的表现更符合消费者的文化价值

地域诱因，每个旅游项目都被期待拥有自身特色，地域诱因是取决于环境教育、宗教文化体验和娱乐活动等地域文化鲜明的物质或非物质文化（Lin 和 Yeh，2013）。Viladrich 和 Faust（2014）认为加勒比地区之所以能建立起独有的品牌，诱惑着那些有冒险偏好的旅游群体，主要得益于其雨林地区特有的治愈方法和生态度假村的地域诱惑。而在区域非地理性诱惑（诸如，非物质文化遗产、美食和特有文化等）研究中，Yang 等（2006）提出民族旅游业是政府在旅游宣传中加强地方魅力的一种表现，在吸引旅游消费者的同时也会吸引投资者，促进当地传统、民族主义和区域经济之间的联系。Horng 和 Tsai（2010）认为旅游的诱惑之一就是当地的美食，提出旅游官方门户网站的美食文化宣传是非常有必要的。基于上述分析，提出假设 5。

假设5：地域诱因在网站的表现更符合消费者的文化价值

归纳而言，网站文化价值的框架结构如图5-5所示。

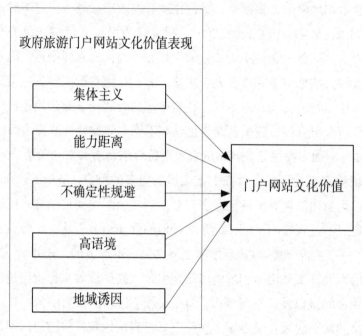

图5-5　旅游门户网站文化价值模型[①]

（二）感知政府服务能力量表

复合因子更适合于印象、表现和能力研究中，因其设置可以避免由于单项因子设计造成的单项因子效果好，但综合起来效果不佳等问题。吴相利和韩宁（2012）结合网络媒体表达方式开展了旅游目的地品牌形象塑造的构成因子研究，对我国33个省与美国50个州官方旅游资讯网站，按照24个因子进行评分，得出集中度高的标识语、代表性图片视频、标志符号图案等6个单项评估因子，以及版式设计、品牌形象卖点、总体印象3个复合因子，多视角地解释了研究结果，避免使用单项因子形成的局促。因此，本研究对由政府各项能力综合而成的服务能力量表用复合因子的形式来测度。

Mayer和Davis（1995）信任理论研究中，能力的测量维度会随着研究领域的改变而调整。结合旅游经济的特征以及前章节多案例访谈的结论，在感知政府服务能力量表设计时，拟采用"感知政府经济能力"和"感知旅游管理能力"2

---

① 资料来源：本研究提出

个指标来考察旅游行业的能力维度，同时沿用信任中的"感知善行"和"感知诚实"2个指标来共同衡量政府服务能力。

"感知政府经济能力"用于衡量政府机构在旅游业与地方经济互动和协调发展的能力。Hetherington（1998）认为政治信任的制度理论是基于假设信任，而这个信任来源于人们认为政治制度发挥作用的大小，该理论对政治制度的考核包含政府行为在旅游中的经济性能（perceived economic performance of government actors，简称 PEP）、政府行为在旅游中的政治性能和政府行为的能力。制度主义者也证实政府机构的经济性能是公民信任的最强的决定因素之一（Mishler 和 Rose，2001，2005），公民对政府的信任取决于政府产生的预期经济效果和经济上公众的期望值之间的距离大小（Luhiste，2006）。Nunkoo 等（2013）指出 PEP 是指代介入刺激鼓励资本积累和经济扩张的条件。Bevir（2009）研究证实政府在旅游中的经济性能和关键作用在于干预和鼓励资本积累和经济扩张。在旅游经济发展过程中，相对于环境问题和社会问题，政府通常也优先考虑的是经济增长（Wang 和 Bramwell，2012）；而人们也会要求政府为政治决策负责，还呼吁政府提高影响他们日常生活的可持续实践。由此，研究拟用"感知政府经济能力"作为政府服务能力的宏观观测指标，提出假设6。

假设6：感知经济能力越强越有利于增强消费者的信任感

鉴于本书研究环境是旅游业，结合本研究案例访谈中受访者强调的"感知旅游管理能力"来补充测量政府机构对旅游行业的服务能力。感知旅游管理能力指公民感知的地方政府旅游管理能力的高低，能直接影响公民对政府旅游管理行为的信任。信任和能力是社会交换固有的，是用于处理社会关系的理论（Cook 等，2005）。鉴于旅游管理能力是考核旅游行政管理部门的重要维度，管理部门会根据居民的信任，在决策过程中不断地调整和分配能力，能力的不平等会导致不信任和阻碍信任。Nunkoo 和 Ramkissoon（2012）证实公民的感知旅游管理能力水平会直接影响他们对政府行为的信任和政府的整体印象。Oberg 和 Svensson（2010）和 Oskarsson 等（2009）的研究也证实了这一观点。因此，针对研究对象为政府旅游门户网站，量表中拟用"感知旅游管理能力"作为政府服务能力的微观观测指标，并提出假设7。

假设7：感知旅游管理能力越强越有利于增强消费者的信任感

研究沿用 Mayer 等（1995）的信任模型研究中的善行和诚实2个维度：首先，对政府善行的感知（McKnight 等，1998），消费者相信政府发展其门户网站的行为是从公民利益角度出发的，目的是服务于民。即政府旅游门户网站不会受利益的驱使，有将事情做好的意愿，会从消费者的角度出发给予消费者帮助，不管消费者是否感知到被帮助，或者信任客体从中得不到相应的好处，这一帮助的意愿依然存在。其次，对政府诚实的感知，即对政府的承诺、契约、规章、规则和保证的兑现程度（Zucker，1986）。完善的和公开的网络信息可以使居民相信政府部门会竭尽全力地履行承诺，进而促进居民对政府产生信任（Sitkin，1995）。政府旅游门户网站保证旅游信息的权威度和真实性，做到不欺瞒和不夸大。基于上述分析，提出假设。

假设 8：感知的善行越强越有利于增强消费者的信任感

假设 9：感知的诚实越强越有利于增强消费者的信任感

归纳而言，旅游门户网站中政府服务能力的框架结构如图 5-6 所示：

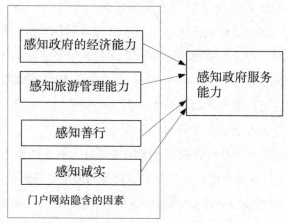

图 5-6　旅游门户网站政府服务能力模型 [①]

二、信息信任模型的设计

政府旅游门户网站处于整个旅游信息系统的信息输出端，是消费者关注的重点，更是政府服务能力的展示平台。文化价值的差异使用不仅仅存在于空间区块，还隐藏在对政府服务能力、旅游官方网站、种族背景和不确定性规避等要素中。Bhawuk 和 Brislin（1992）认为不同文化间的敏感性对顾客和潜在旅游者有明显的效果和作用。文化价值的表现在消费者中起到重要作用，包括从他们的决策制定到购买意图，再到黏性和忠诚度等方面。基于上述分析，提出假设 10。

[①]　资料来源：本研究提出

假设 10：门户网站文化价值的有效表现对塑造政府服务能力有正面影响

虽然信任对黏性或交易意图没有显著影响，但在决策过程中当通过网络所得的认知资源相对有限时，信任则起到减轻不确定性风险的重要作用。Woodside（2000）认为旅游者加入可持续发展等社会活动中，可通过提高诸如追求精神上的体验等能力去生成和影响旅游门户网站的文化价值。而旅游门户网站又进一步影响了消费者的信任。为此，旅游管理部门有责任在线上和线下通过营造网站文化等方式为旅游消费者提供经验积累。基于上述分析，提出假设 11。

假设 11：门户网站文化价值的有效表现会增加总体信任感

Zeihaml 等（2002）认为一个具有高度能力距离的国家，其网络消费者会对专家和权威有积极的倾向和表现，所以在中国、韩国和日本等国家，知名的在线品牌就更容易被消费者所接受。信任虽然不是直接影响交易意图和惯性的关键因素，但消费者的信任将首先对品牌和网站有积极的影响，其次才会对交易产生影响。若消费者曾经有某网站成功购买的经历，那么信任就建立起来了（Elliot 等，2013）。这个信任会积极地影响品牌观念，而品牌的观念也会反过来积极地影响交易意图（Chen 等，2008）。这个有趣的发现暗示了消费者信任的脆弱性，也反映了中国消费者在网络交易方面的极度谨慎。而有时对于公民而言，政府的政策绩效是对信任最有力的预测。由此可知，信任并非亘古不变的，原本已经建立起来的信任也会由于其他变量的影响而会被打破。基于上述分析，提出假设 12。

假设 12：政府服务能力越强越能增加消费者的总体信任感

归纳而言，潜在消费者对政府旅游门户网站的信任框架结构如图 5-7 所示。

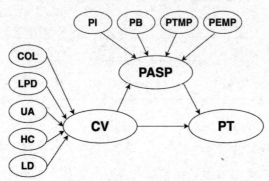

图 5-7　政府旅游门户网站消费者信任模型 [①]

---

① 资料来源：本研究提出

三、问卷设计和预调研

参考已有研究，见表 5-2，对网页文化价值表现、政府服务能力和总体信任进行量表设计。所有的潜变量的评分形式均采取李克特 7 级量表。在设计时，同时需要考虑到后续分析过程中可能会出现的问题，诸如对因子载荷系数较低的指标进行删减的可能。所以在设计问卷时，每个潜变量均设计了 3~5 个的观测变量，以保证每个潜变量在删减的情况下，至少仍有 2~3 个观测指标能够满足结构方程模型对观测变量的基本要求，可用于进一步的度量和分析。

表 5-2　潜变量的度量指标一览表 [①]

潜变量		度量指标	参考文献
网页文化价值	集体主义	A11—A14	Couture 等（2013）
	能力距离	A21—A26	Nitish 等（2003） Moura 等（2014）
	不确定性规避	A31—A32 A34—A35	Nitish 等（2003） Lawa 等（2010）
	地域诱因	A33、A36—A37	Horng 和 Tsai（2010）
	高语境	A41—A44	Moura 等（2014）
政府服务能力	感知经济能力	B11—B15	Hojeghan 和 Esfangareh（2011） Nunkoo 等（2013）
	感知旅游管理能力	B21—B25	McLennan 等（2014）
	感知善行	B31—B33	Mayer 和 Davis（1995） Park 和 Gretzel（2007）
	感知诚实	B41—B44	
总体信任		C11—C13	Mayer 和 Davis（1995） Couture 等（2013）
政府服务能力对信任的影响		C21—C23	Nunkoo 等（2013）
文化价值对信任的影响		C31—C33	Mayer 和 Davis（1995）

问卷初稿的观察变量根据已有文献的成熟量表，结合本研究目标及国人的阅读习惯制定。初步制定的问卷由 7 个人口统计问题和 50 个观察变量的问题组成。

为了检验问卷的内容效度，特邀请来自旅游企业及高校的专家分别阅读问卷初稿，并提出内容的修改和删减意见。在此基础上，对问题内容再进行语法等方

---

① 资料来源：本研究提出

面的调整，使问卷更加符合中国的语言表达和阅读习惯，以保证问卷的简洁性和易于理解。之后，请 50 名本科生参与预调研，预调研数据的信度效度均在可接纳范围内。进一步结合学生的意见和反馈更改了部分措辞，最终形成正式问卷。

正式的问卷由两部分构成：第一部分为被调查者人口统计学的特征问题，包含性别、年龄、受教育程度、使用网络年限和是否有过旅行前使用网络搜索信息的经历等 5 项；第二部分是变量的 47 个测量项目，正式问卷详见附录 3。

四、调研过程设计

由本研究前期的多案例访谈可知，政府旅游门户网站的主要受众群是商业旅游企业管理者和跟团游群体，未来主要发展受众群是自助游偏好者。因此，问卷在投放过程中也分别对商业旅游企业管理层、跟团游和自助游群体从相应渠道进行了链接传递，试图通过本研究找出并发现三者对政府旅游门户网站信息共有的需求和偏好范围。

正式调查通过专业的网络问卷公司问卷星进行网络平台发放，如图 5-8 所示。除了正常的 QQ 好友、QQ 群和朋友圈传递外；还使用了网站推广服务，即通过问卷星公司提供的有偿目标推送服务；同时也通过河南省的部分旅行社以 QQ 传递的形式在行业范围和其跟团游客户群中进行推送。为了让消费者更直观的感受政府旅游门户网站，问卷分成了 4 组，每组分别附上 1 个省级旅游门户网站链接，邀请问卷填写者先通过网页浏览，再进行答卷，部分问卷截图见附录 4。

图 5-8　网络问卷调查截图 [①]

---

① 资料来源：本研究提出

本章构建了由感知服务能力表现和 Hofstede 文化价值表现构成的政府旅游门户网站潜在消费者信任模型,提出具体假设,并据此设计了具体的调查问卷。在预调研阶段,对问卷进行多次的检验和修正。最终,将修正后的正式问卷,以网络为载体,以找到商业旅游企业管理者、自助游和跟团游偏好三类潜在消费者对门户网站信息的共同需求为目的,展开了正式的问卷调查,完成数据的收集工作。模型的提出丰富了潜在消费者对政府旅游门户网站信任模型研究的相关研究成果,为旅游管理者调整网站信息构成提供了新的思路。

第三节 调研样本描述

在 2014 年 4 月 28 日至 5 月 15 日的调查周期内,共收回问卷 641 份,剔除掉诸如单份问卷的回答项全部是数字 1~7 里的同 1 或 2 个数字,以及空缺题项过多等回答不完整或回答不认真的问卷。剩余有效问卷 324 份,有效问卷占总数的 50.5%。随机调查参与者来自全国 10 个省(自治区、直辖市)的旅游者,基本信息见表 5-3。

表 5-3 调查样本基本信息统计 [1]

类别	项目	人数	百分比
性别	男	163	50.31%
	女	161	49.69%
年龄	18—25	94	29.01%
	26—30	76	23.46%
	31—35	87	26.85%
	36—40	47	14.51%
	41—45	8	2.47%
	46—50	12	3.70%
	50 以上	0	0.00%

---

① 资料来源:本研究提出

续表

类别	项目	人数	百分比
受教育程度	博士	9	2.78%
	硕士	55	16.98%
	本科	222	68.52%
	专科	35	10.80%
	高中及以下	3	0.93%
使用网络年限	<1	5	1.54%
	1—5年	97	29.94%
	6—10年	108	33.33%
	11—15年	72	22.22%
	16—20年	40	12.35%
	>20	2	0.62%
是否有过旅行前使用网络搜索信息的经历	有过	209	64.51%

本部分数据分析将使用分析软件 SPSS、Amos 和偏最小二乘结构方程模型的分析软件 Smartpls。其中，SPSS 用于对调查结果的描述性统计和方差分析，Amos 用于对调查获得数据进行验证性因子分析，Smartpls 则用于旅游消费者对政府旅游门户网站的信任的模型检验。

第四节　信息信任修复调研方差分析

此部分采用 SPSS 的方差分析模块中的 one way ANOVA 对调查数据进行分析，检验对于同一个题目在不同类型主体间的差异程度。以观察不同的性别、受教育程度、年龄和有无旅游经历等基本因素对政府旅游门户网站的信任影响在认知、心理感知和行为层面的差异程度。研究仅对达到显著差异的变量进行分析和评价。即当输出 sig. 值小于 0.05 时，说明该组方差达到了显著性水平，即方差不具有一致性。研究发现，在不同的性别、受教育程度和年龄条件下，测量的部分变量达到了一定的显著性差异。具体的分析过程如下所示。

一、按性别划分的方差分析

在不同的性别条件下，潜在消费者对政府旅游门户网站信任的 12 个潜变量下的 47 个观测变量的差异性，仅发现 B15 和 C32 具有显著差异（如表 5-4 所示）。B15 和 C32 分别是感知经济能力和网站文化价值对信任影响的 2 个观测变量，说明不同性别的旅游消费者通过浏览网页对经济感知和视觉冲击的反应是有差异的。进一步观察男、女消费者对 B15 和 C32 的评价，如表 5-5 所示。可知，女性平均评分均高于男性，说明相比男性，女性在使用感受和冲击上更易受到外来因素的影响。

表 5-4　性别的方差分析结果显示[①]

题项	均方	F	显著性
B15 目的地政府计划通过发展旅游业去锤炼当地未来的经济	8.808	5.540	.019
C32 看完该政府旅游门户网站，我感受到当地人的热情和友好	6.278	3.858	.050

表 5-5　基于性别的显著性差异变量的对比[②]

性别	B15	C32
1 男	4.55	4.41
2 女	4.88	4.69

对数据分析，可以看出男和女旅游者由见闻产生的个体感受是有差异的，女性旅游者更易受到视听的感染。究其原因，除了男女的差异外，中国几千年的传统文化和孔孟思想赋予男人更多的是理性和责任感。在之后的社会发展过程中，男性均一直扮演着社会主导地位的角色，即不论是事业还是家庭，男性长期处于社会的主导地位，理性倾向更为显著。因此，女性更偏向感性和易被感染，在对待同样的新闻和事件时，也比男性更容易受到来自外界视听的影响。

二、按受教育程度划分的方差分析

在研究不同教育水平下的旅游者认知的差异时，发现在网站文化价值中的集体主义、地域诱因和感知经济能力几个方面存在显著性的差异。表 5-6 分别显示了消费者在研究中，其认知差异和具体评分与其所受到的教育程度之间是存在显著性差异的。显著性差异主要存在高中及以下和大专、硕士和博士之间，即出现评价的两极分化，详见表 5-7。

---

① 资料来源：本研究提出
② 资料来源：本研究提出

表5-6 受教育程度的方差分析结果显示 [1]

题项	均方	F	显著性
A11 门户网站上有大量连续多届由政府举办的文化旅游活动的新闻和记录	6.106	3.796	.005
A12 门户网站上有多种旅游爱好者们的俱乐部和其他交流平台（微博、消息版等）	5.689	2.875	.023
A14 门户网站提供多种与旅游相关的在线订阅服务（电子杂志、邮件等）	4.881	2.689	.031
A21 门户网站有非常详细的旅游管理部门的组织机构介绍	8.256	4.518	.001
A36 门户网站有我能看懂的当地特有的民族节日或其他活动的详细介绍	5.190	3.059	.017
A37 门户网站有大量当地美食的介绍和图片	4.983	2.686	.031
B11 目的地政府能有效的通过发展旅游业推动当地经济的发展	4.757	3.307	.011
B13 目的地政府能有效地通过发展旅游业来增加就业率	4.990	3.099	.016

表5-7 基于性别的显著性差异变量的对比 [2]

受教育水平	A11	A12	A14	A21	A36	A37	B11	B13
1 博士	5.44	4.89	4.89	4.33	5.44	5.56	4	4.78
2 硕士	4.98	4.89	4.47	5.13	5.15	5.18	4.82	4.89
3 本科	4.45	4.58	4.61	4.59	4.83	4.88	4.56	4.63
4 专科	4.97	5.4	5.29	5.46	5.57	5.6	5.23	5.4
5 高中及以下	5	4.33	5.67	5.33	4.67	5	5	5.33

不同受教育水平的旅游者对集体主义（A11、A12和A14）和地域诱惑的感知（A36和A37）是不同的，反映了在网络环境下，教育水平仍然是影响政府旅游门户网站使用和信任感受的重要因素。从这些评价存在的差异可以看到，不同学历的消费者对政府旅游门户网站中表现的集体主义和地域诱惑是存在不同感受的，方差变异大。特别是对政府旅游门户网站的政府服务能力中的感知经济能力（B11和B13）问题上差异明显，低学历的人群评分的分值明显要高于高学历的群体。究其原因，是由于高学历的群体整体知识水平较高，故在信任的建立上考虑更加全面和细致，进而对政府旅游门户网站信任的建立相对就更有难度。

---

① 资料来源：本研究提出

② 资料来源：本研究提出

三、按年龄划分的方差分析

不同年龄的潜在旅游者认知差异表现在网站文化价值中的高语境，以及感知政府服务能力中的感知旅游管理能力几个方面。表5-8显示了旅游者在研究中，其自身的认知差异和具体评分与参与调查者的年龄大小之间是存在着显著性差异的。年龄分层化较为明显：36~41岁之间受到高语境和感知旅游管理能力的影响最弱，是所有年龄段中评分值最低的年龄层；而41~50岁之间，尤其是46~50岁之间的年龄区域的群体对高语境和感知旅游管理能力的评分项偏高。不同的年龄层之间存在显著性差异，评价也出现了两极分化，详见表5-9。

表5-8　年龄差异的方差分析结果显示[①]

题项	均方	F	显著性
A41 门户网站在设计上注重美学，内容和图片搭配注重细节，色彩搭配和谐，让我向往	5.016	2.945	.013
A42 门户网站使用各种生动的比喻，让我觉得当地的景点非常美丽	4.422	2.963	.012
A44 门户网站对各种娱乐主题的反复推送平添了我的旅游欲望	4.662	2.962	.013
B12 目的地政府能有效地通过旅游业引进新的商业机会	3.923	2.429	.035
B15 目的地政府计划通过发展旅游业去锤炼当地未来的经济	3.940	2.500	.031
B23 目的地政府对生态旅游的治理很有成效	4.011	2.324	.043
B24 目的地政府对旅游服务的管理很有成效	4.464	2.533	.029
B25 目的地政府对当地治安管理很有成效	5.210	3.120	.009
B31 我相信目的地相关旅游部门对我提出的问题或质疑会给予直接、坦率的答复	6.160	3.382	.005
B41 我相信当地政府及旅游部门会尽其所能地履行对游客的义务	3.941	2.366	.040

表5-9　基于年龄的显著性差异变量的对比[②]

年龄	A41	A42	A44	B12	B15	B23	B24	B25	B31	B41
1：18—25	4.88	4.95	4.9	4.53	4.67	4.60	4.61	4.73	4.63	4.63
2：26—30	4.82	4.76	4.71	4.83	4.89	4.47	4.64	4.54	4.39	4.42
3：31—35	4.78	4.71	4.75	4.82	4.77	4.62	4.59	4.43	4.37	4.41
4：36—40	4.17	4.17	4.13	4.17	4.19	3.91	3.91	3.91	3.72	3.91

① 资料来源：本研究提出

② 资料来源：本研究提出

续表

年龄	A41	A42	A44	B12	B15	B23	B24	B25	B31	B41
5：41—45	5.0	5.0	4.88	4.88	5.25	4.75	4.63	4.63	4.25	4.88
6：46—50	5.5	5.17	5.25	5.08	5.15	4.83	5.00	5.08	5.0	4.83

由分析结果可知，不同年龄层的旅游者对门户网站的高语境（A41、A42 和 A44）和政府服务能力中的感知旅游管理能力（B23、B24 和 B25）的感知是不同的，可以看出在网络条件下政府旅游门户网站的主要受众群是 41~50 岁的年龄群体。这也印证了本研究前期多案例访谈中获得的结论，即跟团游偏好者是政府旅游门户网站的主要使用群，而该部分用户大多是 41~50 岁之间年龄偏大的人群。从差异上还可以看到，这 2 个观测变量对 18~25 岁的年龄群体也有一定的影响。但是对 26~40 年龄段，特别是 36~40 年龄段的影响最小。而这一年龄层的群体恰好是社会劳动力以及社会经济发展动力的中坚力量。

四、按有无旅游经历划分的方差分析

在以是否有过旅行前使用网络搜索信息的经历为划分标准，对观测变量进行差异性分析。在网站文化价值中的不确定性规避和政府服务能力中的感知善行 2 个方面具有显著性差异。如表 5-10 所示，表中显示了潜在旅游者在认知差异以及具体评分与有无旅行前使用网络搜索信息的经历之间存在显著性差异。除了不确定性规避和感知善行之外，另有集体主义和感知旅游管理能力 2 个维度的各 1 个观测变量存在较大差异。对于这些题目的认知差异，详见表 5-11。

表 5-10　有无旅游经历差异的方差分析结果显示[①]

题项	均方	F	显著性
A11 门户网站上有大量连续多届由政府举办的文化旅游活动的新闻和记录	15.045	9.271	.003
A32 门户网站有站点地图、图片或按钮式的链接和导航	11.364	5.765	.017
A34 门户网站有与当地旅游相关的酒店、旅行社、饭店、警察局和医院等联系方式	8.889	4.158	.042
B24 目的地政府对旅游服务的管理很有成效	7.547	4.224	.041
B31 我相信目的地相关旅游部门对我提出的问题或质疑会给予直接、坦率的答复	15.307	8.287	.004
B33 我相信目的地相关旅游部门很重视游客的每次到游	10.413	5.761	.017

---

① 资料来源：本研究提出

表 5-11　基于有无旅游经历的显著性差异变量的对比[1]

经历	A11	A32	A34	B24	B31	B33
1：没有	4.34	4.8	4.83	4.73	4.67	4.65
2：有过	4.79	5.19	5.17	4.41	4.22	4.28

有过旅游搜索经历的群体对网站文化价值中的不确定性规避（A32 和 A34）的评分明显高于没有相关经验的群体。艾瑞咨询在《2012—2013 年中国在线旅游行业年度监测报告》中指出 2012 年自助游占总比例的 54.9%，自助游的年增长率为 84.6%，而跟团游仅为总比例的 45.1%。因此，对于有旅游经历的群体而言，他们对旅游中的需求感知更为明确和清晰。但有过旅游经历的群体在对感知旅游管理能力观测变量（B31 和 B33）的评分却低于没有相关搜索经历的群体。由此可知，没有相关搜索经历的群体对旅游目的地的认识主要来自于政府旅游门户网站，而有相关搜索经历的群体却不以政府旅游门户网站为地方印象的主要来源。

五、结果分析

首先，感知经济能力和网站文化价值对男女潜在消费者信任的影响是存在差异的，其中女性消费者具有更高的感性认识。这意味着，相关部门一方面要在政府旅游门户网站上继续多维度全方位地营造氛围，通过视听感受去影响女性潜在消费者；另一方面利用男性潜在消费者更为理性的特征，多增加一些客观新闻的公布，为男性潜在消费者提供更多的客观的旅游相关资料。只有满足不同对象的信息需求，才能在整体上实现地域旅游形象的塑造。

其次，不同受教育程度的旅游者对集体主义、地域诱惑和经济能力的感知是不同的。主要表现在具有专科以上教育水平的潜在旅游者对地域的美食和风俗文化的诱惑更加偏好，这几个教育程度的群体的评价显著高于其他群体。而专科以下群体中对门户网站中政府服务能力的感知经济能力认同度较高。出现这种情况的原因较为复杂，但从调查结果可以看到，对政府旅游相关政策不满的群体多集中在受教育程度不高的层面，因为他们对相关的政策和申诉渠道不了解，更愿意选择直接的表达方式。因此，政府旅游管理部门应当依据群体特征和偏好，设计和丰富政府旅游门户网站的相关内容，提升不同受众群的满意水平。

---

① 资料来源：本研究提出

再次，不同年龄层的旅游者对门户网站的高语境和政府服务能力中的感知旅游管理能力的感知是不同的。但从数据上显示，政府门户网站的主要受众群是41~50岁的年龄群体，且对18~25岁的年龄群体也有一定的影响。因此，政府旅游门户网站在稳定41~50岁的年龄群体的基础上，应主要发展和培养18~25岁年龄层的群体。因为他们是未来社会发展的生力军，前期的良好培养会为后期的群体稳固和行业发展创造更多的机会和可能。

最后，有过旅游搜索经历的群体在网站文化价值中的不确定性规避差异性分析中，评分的均值明显高于没有相关经验的群体；而对政府服务能力的观测中感知旅游管理能力观测变量的评分，有过旅游经历的群体的评分却低于没有相关搜索经历的群体。可见，没有搜索经历的群体更认同政府旅游门户网站的旅游管理能力的信息和展示，而有搜索经历的群体更关注不确定性规避。因此，政府旅游门户网站应该针对这2类群体，补充和丰富相关类别的新闻和信息。

第五节　信息信任修复调研验证性因子分析

本节通过验证性因子分析的方法来检验模型中政府旅游门户网站的政府服务能力的因子结构。首先，根据已有理论文献在 AMOS 中构建政府服务能力的度量模型，再通过极大似然估计的原理检验潜变量的因子结构。

候杰泰等（2004）指出，通过 Chi-square 检验、近似误差均方根 RMSEA 和相对拟合指数 CFI 这三个指标，可以对各潜变量因子结构的整体拟和效果进行检验。其中，Chi-square 检验用作判断理论模型和样本数据的拟合程度，Chi-square/df 则是在Chi-square 的基础上加入了自由度 df 作为分母，在一定程度上可以减轻模型参数的数量多少对 Chi-square 值的影响（Chi-square/df 比值 <5.0 拟合效果较好，<2.0 拟合效果很好）；其中，CFI 不受样本容量 N 的影响，且能够敏感地反映模型的变化（CFI值 >0.8 模型拟合度较好，>0.9 模型拟合度很好）；而 RMSEA 受样本容量 N 的影响较小，对错误模型比较敏感，同时，也可避免模型参数数量的多少对拟合指数的影响，是比较理想的拟合指数（RMESA 值 <0.1 拟合度较好，<0.05 拟合度很好）。

一、感知政府服务能力

为检验政府服务能力的二阶因子结构，以感知经济能力、感知旅游管理能力、感知善行和感知诚实这四个维度为一阶因子，构建政府服务能力的度量模型，如图 5-9 所示。基于研究中收集的 324 份调查问卷，在 AMOS 中进行因子分析，分析结果如表 5-12 所示，其结果在验证性因子的指标范围内。

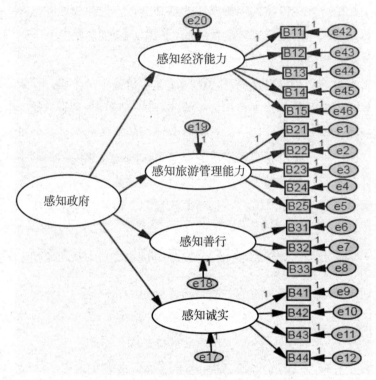

图 5-9 政府服务能力的度量模型[①]

表 5-12 政府服务能力验证性因子分析的拟合指数[②]

Chi-square 检验	卡方值 Chi-square	552.430
	自由度 df	136
	Chi-square /df	4.062
	显著性检验 P 值	0.000
相对拟合指数	CFI	1.000
近似误差指数	RMESA	0.097

① 资料来源：本研究提出
② 资料来源：本研究提出

二、网站文化价值

为检验网页文化价值的二阶因子结构，以能力距离、不确定性规避、高语境、集体主义和地域诱因这五个维度为一阶因子，构建网页文化价值的度量模型，如图 5–10 所示。基于研究中收集的 324 份调查问卷，在 AMOS 中进行验证性因子分析，分析结果如表 5–13 所示，其结果在验证性因子的指标范围内。

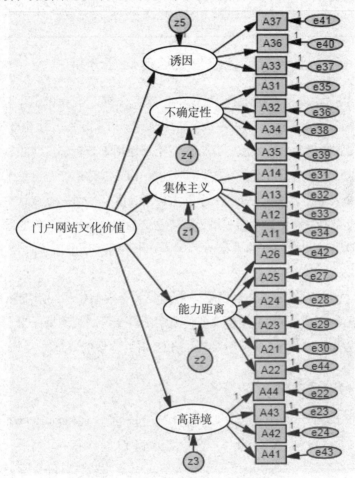

图 5–10　网站文化价值的度量模型[①]

---

① 资料来源：本研究提出

表 5-13　网页文化价值验证性因子分析的拟合指数 [1]

Chi-square 检验	卡方值 Chi-square	418.983
	自由度 df	102
	Chi-square /df	4.108
	显著性检验 P 值	0.000
相对拟合指数	CFI	0.099
近似误差指数	RMESA	0.098

第六节　信息信任修复路径分析

本节通过 SmartPLS 软件对样本数据进行路径分析。SmartPLS 是基于偏最小二乘法（Partial Least Squares，PLS）的统计原理。PLS 分析方法主要有以下特点：①从参数估计角度来看，该研究方法能稳定地用于分析多重共线和偏分布等问题；②该研究方法是把潜变量当作观测变量，构建线性组合，避免不确定性等问题的出现；③适合于解释有复杂关系的大模型，尤其当研究重点从单个的变量和参数转变为变量集和参数集时，PLS 优势就更为明显。因此，PLS 适合在理论基础较为薄弱和复杂度较高的模型的情形下开展探索和预测，而 PLS 路径模型具备较强的探索性和预测性。

在样本数量方面，SmartPLS 要求样本量要大于模型中任一潜变量所对应的观测指标个数的十倍。本研究所建立的模型中的潜变量的观测指标为 3~5 个，而有效的样本数量为 324 个，能够满足 SmartPLS 对样本量的要求。

一、聚合效度检验

聚合效度检验中，通常认为 Cronbach's alpha 和 Composite Reliabilities 超过 0.70，AVE 值大约 0.50（Nunnally，1994；Fornell 和 Larcker，1981）。另外，还需要 AVE 开方值大于同列中的潜变量相关值，因素的路径对自身的贡献度大于其他的交叉因子值时，证明所构建的模型在信度和效度上是较好的。

通过 SmartPLS 软件分析得到各潜变量的平均提取方差、Cronbachs Alpha 系数和综合信度系数，如表 5-14 所示。由表可知，所有潜变量的观测指标对应的载荷系数都超过了 0.7；综合信度系数也都大于 0.85；Cronbachs Alpha 系数均大

---

① 　资料来源：本研究提出

于了 0.78；所有潜变量的平均提取方差都超过了 0.58，说明度量模型具有较好的聚合效度。

表 5-14　聚合效度检验 [①]

潜变量	观测变量	因子载荷系数 Outer Loadings	Cronbachs Alpha 系数	综合信度系数 Composite Reliability	平均提取方差 AVE
不确定性规避	A31	0.843385	0.88748	0.922204	0.74776
	A32	0.861084			
	A34	0.867132			
	A35	0.886772			
	A36	0.871643			
	A37	0.849009			
集体主义	A11	0.696274	0.77507	0.856485	0.59985
	A12	0.846071			
	A13	0.765811			
	A14	0.782505			
低能力距离	A21	0.739998	0.82523	0.876669	0.58723
	A23	0.782685			
	A24	0.756204			
	A25	0.755943			
	A26	0.795386			
高语境	A41	0.806918	0.86527	0.908343	0.7126
	A42	0.855818			
	A43	0.871155			
	A44	0.841404			
感知经济能力	B11	0.826829	0.90522	0.929494	0.72509
	B12	0.852041			
	B13	0.865376			
	B14	0.870185			
	B15	0.842451			

① 资料来源：本研究提出

续表

潜变量	观测变量	因子载荷系数 Outer Loadings	Cronbachs Alpha 系数	综合信度系数 Composite Reliability	平均提取方差 AVE
感知旅游管理能力	B21	0.789895	0.89292	0.921295	0.70097
	B22	0.835047			
	B23	0.880829			
	B24	0.85243			
	B25	0.8253			
感知善行	B31	0.902386	0.89549	0.934887	0.82719
	B32	0.924702			
	B33	0.901215			
感知诚实	B41	0.827331	0.89476	0.926947	0.76051
	B42	0.905071			
	B43	0.885496			
	B44	0.868518			
门户网站文化价值	C31	0.887019	0.87191	0.92131	0.79605
	C32	0.905359			
	C33	0.884121			
政府服务能力	C21	0.871741	0.86298	0.916307	0.78496
	C22	0.904475			
	C23	0.88141			
总体信任	C11	0.916592	0.89463	0.934347	0.82591
	C12	0.911931			
	C13	0.897762			

二、判别效度检验

为了验证度量模型的判别效度，本书同时进行了潜变量相关因子载荷分析和相关系数的分析，分析结果如下。

表 5–15 中的对角线加黑的元素代表各潜变量平均提取方差（AVE）的平方根，非对角线元素则为各潜变量的相关系数。由表可知，所有潜变量的平均提取方差的平方根都大于潜变量与其他潜变量的相关系数。

表5-15 潜变量相关系数分析[①]

指标	不确定性规避	总体信任	感知善行	感知旅游能力	感知经济能力	感知诚实	政府服务能力	能力距离	地域诱因	网站文化价值	集体主义	高语境
不确定性	0.865											
总体信任	0.432	0.909										
感知善行	0.392	0.663	0.909									
感知旅游管理能力	0.472	0.704	0.782	0.837								
感知经济能力	0.603	0.640	0.640	0.803	0.852							
感知诚实	0.432	0.653	0.831	0.725	0.677	0.872						
政府服务能力	0.393	0.780	0.650	0.673	0.628	0.650	0.886					
能力距离	0.774	0.464	0.505	0.514	0.642	0.494	0.472	0.766				
地域诱因	0.833	0.451	0.427	0.498	0.597	0.446	0.470	0.750	0.864			
门户网站文化价值	0.451	0.808	0.663	0.705	0.683	0.725	0.756	0.505	0.458	0.892		
集体主义	0.653	0.470	0.337	0.450	0.584	0.385	0.444	0.656	0.655	0.473	0.775	
高语境	0.558	0.559	0.603	0.678	0.674	0.552	0.566	0.597	0.630	0.564	0.463	0.844
AVE	0.748	0.826	0.827	0.701	0.725	0.761	0.785	0.587	0.747	0.796	0.600	0.713

由表5-16可以看到，各观测变量附载于所度量潜变量的因子载荷的系数都大于其附载于其他的潜变量的因子载荷系数。综合以上两点，说明潜变量之间具有良好的判别效度。

表5-16 潜变量交叉因子分析[②]

题项	集体主义	低能力距离	不确定性规避	地域诱因	高语境	感知经济能力	感知旅游管理能力	感知善行	感知诚实	总体信任	政府服务能力	网站文化价值
A11	**0.696**	0.429	0.392	0.427	0.279	0.412	0.314	0.189	0.265	0.342	0.332	0.354
A12	**0.846**	0.597	0.647	0.588	0.389	0.497	0.352	0.267	0.287	0.353	0.334	0.369

[①] 注：对角线加黑的元素代表各潜变量平均提取方差（AVE）的平方根
资料来源：本研究提出
[②] 资料来源：本研究提出

题项	集体主义	低能力距离	不确定性规避	地域诱因	高语境	感知经济能力	感知旅游管理能力	感知善行	感知诚实	总体信任	政府服务能力	网站文化价值
A13	**0.766**	0.45	0.456	0.468	0.33	0.432	0.366	0.285	0.289	0.368	0.354	0.363
A14	**0.783**	0.548	0.518	0.54	0.427	0.466	0.359	0.296	0.347	0.389	0.352	0.377
A21	0.557	**0.74**	0.526	0.546	0.384	0.462	0.346	0.295	0.344	0.322	0.326	0.348
A23	0.549	**0.783**	0.637	0.644	0.493	0.475	0.369	0.319	0.31	0.334	0.363	0.347
A24	0.391	**0.756**	0.488	0.489	0.448	0.489	0.437	0.502	0.403	0.402	0.424	0.42
A25	0.527	**0.756**	0.622	0.573	0.492	0.547	0.433	0.444	0.461	0.392	0.381	0.457
A26	0.498	**0.795**	0.706	0.636	0.456	0.459	0.357	0.324	0.337	0.301	0.287	0.326
A31	0.547	0.716	**0.843**	0.703	0.517	0.543	0.44	0.408	0.408	0.362	0.357	0.38
A32	0.585	0.619	**0.861**	0.679	0.432	0.495	0.358	0.272	0.345	0.357	0.346	0.373
A34	0.539	0.666	**0.867**	0.722	0.461	0.519	0.4	0.324	0.377	0.377	0.358	0.407
A35	0.588	0.676	**0.887**	0.776	0.519	0.53	0.433	0.354	0.366	0.397	0.301	0.4
A33	0.6	0.674	0.732	**0.872**	0.481	0.545	0.431	0.343	0.391	0.366	0.429	0.441
A36	0.555	0.616	0.672	**0.872**	0.572	0.492	0.439	0.412	0.411	0.425	0.429	0.382
A37	0.538	0.652	0.759	**0.849**	0.594	0.509	0.422	0.356	0.352	0.381	0.356	0.357
A41	0.421	0.529	0.582	0.586	**0.807**	0.562	0.544	0.491	0.444	0.453	0.388	0.482
A42	0.371	0.487	0.437	0.512	**0.856**	0.554	0.608	0.526	0.46	0.494	0.473	0.483
A43	0.386	0.553	0.493	0.568	**0.871**	0.574	0.571	0.513	0.471	0.441	0.511	0.443
A44	0.382	0.449	0.374	0.462	**0.841**	0.583	0.563	0.504	0.487	0.494	0.539	0.492
B11	0.476	0.595	0.488	0.475	0.588	**0.827**	0.687	0.574	0.581	0.554	0.582	0.597
B12	0.509	0.566	0.505	0.497	0.57	**0.852**	0.652	0.504	0.516	0.555	0.517	0.533
B13	0.53	0.543	0.558	0.53	0.567	**0.865**	0.619	0.484	0.52	0.507	0.494	0.551

题项	集体主义	低能力距离	不确定性规避	地域诱因	高语境	感知经济能力	感知旅游管理能力	感知善行	感知诚实	总体信任	政府服务能力	网站文化价值
B14	0.478	0.53	0.518	0.547	0.6	**0.87**	0.718	0.59	0.628	0.557	0.519	0.628
B15	0.497	0.492	0.503	0.499	0.541	**0.842**	0.733	0.563	0.628	0.546	0.549	0.591
B21	0.502	0.514	0.495	0.5	0.556	0.767	**0.79**	0.53	0.544	0.496	0.536	0.565
B22	0.397	0.434	0.403	0.449	0.553	0.687	**0.835**	0.565	0.562	0.59	0.577	0.577
B23	0.339	0.371	0.358	0.384	0.555	0.629	**0.881**	0.727	0.633	0.585	0.557	0.571
B24	0.289	0.402	0.357	0.362	0.571	0.629	**0.852**	0.736	0.638	0.599	0.567	0.599
B25	0.363	0.435	0.369	0.395	0.601	0.653	**0.825**	0.71	0.656	0.668	0.576	0.635
B31	0.31	0.458	0.329	0.386	0.538	0.578	0.713	**0.902**	0.716	0.606	0.601	0.567
B32	0.309	0.462	0.367	0.391	0.557	0.573	0.727	**0.925**	0.767	0.621	0.599	0.612
B33	0.3	0.456	0.375	0.388	0.551	0.596	0.694	**0.901**	0.786	0.581	0.573	0.63
B41	0.266	0.439	0.368	0.361	0.466	0.572	0.62	0.777	**0.827**	0.519	0.51	0.581
B42	0.351	0.433	0.372	0.405	0.517	0.595	0.68	0.741	**0.905**	0.626	0.602	0.695
B43	0.409	0.447	0.404	0.428	0.475	0.62	0.624	0.697	**0.885**	0.549	0.581	0.632
B44	0.308	0.406	0.366	0.359	0.467	0.576	0.605	0.694	**0.869**	0.578	0.57	0.617
C11	0.44	0.417	0.382	0.409	0.515	0.6	0.666	0.627	0.63	**0.917**	0.713	0.792
C12	0.425	0.45	0.437	0.427	0.51	0.566	0.614	0.598	0.545	**0.912**	0.685	0.711
C13	0.416	0.4	0.361	0.394	0.499	0.578	0.636	0.582	0.602	**0.898**	0.727	0.696
C21	0.409	0.406	0.337	0.425	0.472	0.488	0.533	0.525	0.491	0.686	**0.872**	0.646
C22	0.359	0.438	0.354	0.411	0.546	0.601	0.663	0.629	0.612	0.716	**0.904**	0.699
C23	0.415	0.409	0.354	0.415	0.484	0.576	0.587	0.57	0.622	0.67	**0.881**	0.663
C31	0.432	0.441	0.375	0.399	0.498	0.602	0.633	0.568	0.641	0.701	0.686	**0.887**

续表

题项	集体主义	低能力距离	不确定性规避	地域诱因	高语境	感知经济能力	感知旅游管理能力	感知善行	感知诚实	总体信任	政府服务能力	网站文化价值
C32	0.447	0.477	0.454	0.429	0.557	0.666	0.661	0.637	0.688	0.749	0.682	**0.905**
C33	0.385	0.431	0.377	0.398	0.452	0.555	0.59	0.566	0.609	0.712	0.655	**0.884**

三、修复路径分析

以偏最小二乘法（PLS）为原理的结构方程检验的是包括内生潜变量被外生变量解释的累积方差比率，以及模型路径系数的显著性。为验证文化价值对政府旅游门户网站的信任影响，政府服务能力对政府旅游门户网站的信任的影响，对研究模型进行结构方程分析，SmartPLS 分析后的运行结果如下图 5-11 所示。

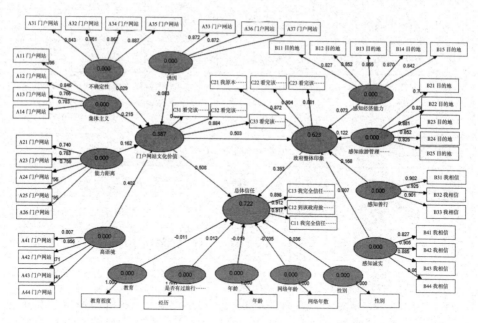

图 5-11　消费者对政府旅游门户网站信任的路径分析[①]

通过潜变量的被解释方差 R^2 可知，不确定性规避、高语境、地域诱因、集体主义和低能力距离解释网页文化价值的 38.7%；而感知经济能力、感知旅游管理能力、感知善行和感知诚实能够解释政府服务能力 62.3% 的方差；总体信任的

---

① 　资料来源：本研究提出

被解释方差为72.2%。以上分析结果说明，模型的外生潜变量对内生潜变量均具备了较高的解释力度。

在影响路径方面，在5%的显著性水平下，即T值为1.96。由表5-17可知，除了不确定性和地域诱因对门户网站文化价值没有显著正向影响外，其余的集体主义、高语境和低能力距离对门户网站文化价值均产生了显著的正向影响，即分析结果能够为模型中的假设1、假设2和假设4提供支持。

表5-17　潜在消费者对政府旅游门户网站信任的结构模型路径系数 [①]

假设	Original Sample（O）	Standard Error（STERR）	T Statistics（IO/STERRI）	P
感知善行 –> 政府服务能力	0.1683	0.070272	2.394993	**
感知旅游管理能力 –> 政府服务能力	0.122073	0.066871	1.825496	*
感知经济能力 –> 政府服务能力	0.07346	0.066565	1.103569	n.s.
感知诚实 –> 政府服务能力	0.006922	0.072306	0.095737	n.s.
不确定性规避 –> 门户网站文化价值	0.029217	0.075845	0.385217	n.s.
低能力距离 –> 门户网站文化价值	0.162166	0.071807	2.25836	**
集体主义 –> 门户网站文化价值	0.215376	0.055276	3.896382	***
地域诱因 –> 门户网站文化价值	−0.082723	0.079929	1.034949	n.s.
高语境 –> 门户网站文化价值	0.403477	0.048113	8.386081	***
政府服务能力 –> 总体信任	0.392587	0.047663	8.23666	***
门户网站文化价值 –> 政府服务能力	0.503392	0.057611	8.737761	***
门户网站文化价值 –> 总体信任	0.705393	0.033031	21.355186	***
年龄 –> 总体信任	−0.019182	0.027299	0.702655	n.s.
性别 –> 总体信任	0.035587	0.02544	1.398855	n.s.
教育 –> 总体信任	−0.011184	0.027065	0.413223	n.s.
是否有过旅行经历 –> 总体信任	0.012145	0.024569	0.494321	n.s.

由表5-17可知，在四种因素对政府服务能力的影响方面，以T临界值1.96，显著性p值<0.05为标准，只有感知善行通过统计T检验；以T临界值大于1.68即在0.1的水平下显著时，增加一个感知旅游管理能力通过T检验，但本文仅以T临界值大于1.96为参考标准，故将其列为不显著指标中；其余结果

[①] 资料来源：本研究提出

显示影响路径全部不显著。具体来说，感知善行对政府服务能力有显著的正向影响；感知旅游管理能力对政府服务能力有弱显著的正向影响。由此可知，以上结论能够为模型中的假设命题 8 提供支持，并部分支持假设命题 7。

在 5% 的显著性水平下，感知政府服务能力对总体信任的影响显著，能够支持模型中的假设 12。门户网站文化价值表现对感知政府服务能力和总体信任均有显著的影响，能够支持模型中的假设 10 和假设 11。而感知旅游管理能力在 5% 的显著性水平下，对信任是有一定影响的，即对假设 7 是弱支持的。

在其他影响路径方面，教育程度、年龄、性别、网络使用年数和有无旅游前使用网络的经历对总体信任无显著的影响，甚至网页文化价值与不确定性规避、教育、年龄和网络年龄还呈现出负相关的趋势。因此，在此不再对该部分的成因进行探讨。模型中的假设被支持的情况如表 5-18 所示。

综合以上分析，实证数据对构建的理论模型的支持如图 5-12 所示。其中，实线代表影响路径显著，假设命题能够被支持；虚线代表影响路径不显著，相应的假设命题不能够被支持。

表 5-18　实证研究对假设命题的支持 [①]

假设命题	实证结果对假设命题的支持
假设 1：集体主义在网站的表现更符合消费者的文化价值	支持
假设 2：低能力距离在网站的表现更符合消费者的文化价值	支持
假设 3：不确定性规避在网站的表现更符合消费者的文化价值	不支持
假设 4：高语境在网站的表现更符合消费者的文化价值	支持
假设 5：地域诱因在网站的表现更符合消费者的文化价值	不支持
假设 6：感知经济能力越强越有利于增强消费者的信任感	不支持
假设 7：感知旅游管理能力越强越有利于增强消费者的信任感	弱支持
假设 8：感知的善行越强越有利于增强消费者的信任感	支持
假设 9：感知的诚实越强越有利于增强消费者的信任感	不支持
假设 10：门户网站文化价值的有效表现对塑造政府服务能力有正面影响	支持
假设 11：门户网站文化价值的有效表现会增加总体信任感	支持
假设 12：政府服务能力越强越能增加消费者的总体信任感	支持

① 资料来源：本研究提出

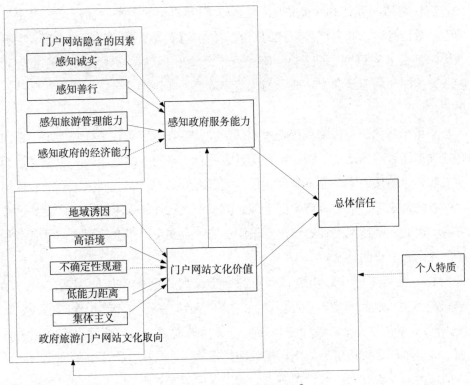

图 5-12 实证分析结果 [①]

四、修复结构模型结果分析

（一）门户网站文化价值表现对信任及信任修复的影响

结构方程分析结果表明，网页文化价值中的集体主义、高语境和低能力距离对潜在消费者信任政府旅游门户网站具有正向的影响，并能够进一步提高消费者对当地旅游景点及相关信息的兴趣。门户网站文化价值能够通过集体主义、低能力距离和高语境来影响潜在消费者对政府旅游门户网站的总体信任。这一研究结果说明，政府旅游门户网站在设计时既需要在其网站的网页设计上注意潜在消费者的阅读和生活习惯等文化价值特征，也需要具备表达语境的美感，还需要挖掘当地的著名历史人物和事件来丰富地域形象，以保证网页所传递出来的信息获得潜在消费者的认可和情感趋向，拉近与消费者的距离，通过三者之间的平衡来塑造地方政府旅游的整体形象，进而支持旅游产业的发展。

---

① 资料来源：本研究提出

门户网站的设计和功能搭配，会最大程度地影响消费者信任感。当消费者搜索旅游信息时，政府旅游门户网站的文化价值表现是否与其习惯相符，会极大地影响消费者对该网站的使用和信任感。因此，网站网页的设计要注重色彩搭配、宣传图片的质量和文字介绍的优美程度等一些给浏览者造成直接视觉冲击的细节。

又由于我国长期以来受传统思想的影响，潜在消费者在信任趋向上更偏向于有较强集体效应的活动。例如，当消费者面对 2 家陌生的商店时，更愿意选择消费人数较多的那一家，而不是没有任何消费者的另外一家。因为，在没有任何基本信息的情况下，消费者会倾向性地认为消费人数多的那家的认可度会比另外一家高。因此，网站上多种集体出行旅游的照片或文字介绍会给网页浏览者一种信任的导向和安全的暗示。

低能力距离也是影响消费者对政府旅游门户网站信任的因素之一。正如 2014 年 6 月发生的海航空运犬只活体，致使小狗在途中突然暴毙的事件。事件发生后，犬只主人通过各种途径和渠道与海航沟通未果，事件没有得到妥善处理，最后事件发酵成抵制乘坐海航的集体活动。本次事件最主要的原因就是消费者的能力距离太高造成的，消费者的多次沟通无有效回应，导致其在媒体平台曝光并引起了较大影响。所以，网页后台的管理者需要通过快速的反应和认真的答复来缩短与消费者的互动，缩短消费者的能力距离感，从而增进消费者的信任感。

在前期对信任的主体的访谈过程中，屡次提及的包含地域文化风俗、美食等地域诱因和当地酒店饭店等的联系方式在内的要素，在本次样本中却没有对门户网站文化价值产生显著影响。Horng 和 Tsai（2010）在对美食偏好程度的消费者划分时，就有分别是旅游美食在旅游中起到关键作用和没有影响两大类。分析本次研究结论，主要原因可能是本次受访样本中大部分受访者不属于美食或风俗等偏好群体，同时也可能由于自驾游群体比重偏少等原因造成的。

（二）感知政府服务能力对信任及信任修复的影响

结构方程分析结果表明，政府服务能力对总体信任具有显著的正向影响。钟栎娜等（2007）在对纽约和北京等国内 4 个和国外 5 个英文网站进行对比分析后，认为 9 个网站中除了桂林和开普敦外，其他 7 个旅游网站中排名最高的均为该旅游城市的官方旅游网站，其研究认为旅游消费者倾向于信任官方的旅游网站。与本研究分析结果相符，本次研究进一步发现感知政府服务能力是建立总体信任的基础。因此，建议旅游政府部门通过网页、传统媒体和网络新技术等介质及时地公布旅游新闻，注重日常生活中电视报纸等媒体的旅游形象展示，有效地建立大众对当地旅游的信心，通过形象的塑造为当地的旅游经济的联姻提供契机。

研究认为影响政府服务能力的主要是潜在消费者的感知善行部分。重视消费者的每次提问、来电和来访，及时回复并形成相关的备案记录，建立起旅游的大数据库。对旅游大数据库定期进行评估和测算，找出当地旅游阶段发展存在的问题，进行相应的调整和整改，形成规范的旅游产业经济；同时预测未来可能出现的情况，做出必要的准备和预案，防患于未然。设身处地地从消费者出发，在网页上为其提供需要的各类信息，重视消费者的到游，为消费者积累美好的旅游经历，让消费者感受到当地旅游管理部门的善意，一方面拉近消费者与当地旅游管理部门的距离；另一方面也可塑造出亲善的形象。

感知旅游管理能力对感知政府服务能力有较弱的影响力，在前面章节的研究中，多个消费者提及旅游管理部门能力的局限性和对其能力的不信任，本章研究结果也证实了这个观点。很大一部分调查参与者能清晰且理性地看待旅游事件，更能清晰地划分旅游管理部门与相关部门之间的责任。因此，旅游管理部门作为当地旅游业的主管部门，需要通过充当消费者和当地政府的信息传递者，有效且及时地上报和下发各类咨询，提高管理效能才能进一步维护自身的形象。

（三）门户网站文化价值对感知政府服务能力的影响

在门户网站文化价值对政府服务能力的影响方面，集体主义和高语境对政府服务能力具有显著的正向影响，证实了政府旅游门户网站可以通过多层次的新闻和图片塑造，改变其在消费者心中的形象，甚至扭转对政府的整体印象。

在政府服务能力问题上，除了可以通过日常的旅游事务接待和旅游产业管理来影响消费者外，还可以通过在其主管的旅游网站、微博、旅游专用 App 和微信等网络媒体，加深与潜在旅游消费者之间的互动。Char-lee 等（2014）在研究中证实了在不同旅游发展阶段，政府的侧重点和视角应当有所不同，这样才能发挥出其最大的竞争优势。因此，对于不同的地区，根据其经济和旅游发展程度，门户网站文化价值宣传的着力点还应当稍有区别。

第一，在起步和建设阶段，通过长期战略的制定来帮助和指导网站的转变，旅游管理需要更多地培养学习能力、数据开发和研究能力，以及灵活适应的能力。其网页的文化价值要主动传递出政府主动学习和规范化管理的信息，以及当地治安的稳定等图片的展示，表现出虽然尚处于起步阶段，但是基础夯实和管理有序的政府形象。第二，当目的地经济较为发达且拥有自治能力时，研究发现政府可以通过充当支持者角色来促进这一阶段的进程，尤其是在旅游大数据的收集和研究能力方面，乃至在战略规划合作方面。通过网页上政府对旅游数据的控制力和把握程度的有效展现，向潜在消费者传递其具有较好控制力的权威形象。第三，在旅游目的地更为发达的地区，网页通过对比展示旅游产业与其他产业差异，更加有效、鲜明和突出地方文化价值，以及在制度、能力和响应等方面的优势，改变或调整轨迹的能力等实力，塑造具有前瞻性的政府服务能力，对信任度的增加无疑是最有利的。

通过研究，发现消费者对网站信任在不同统计学特征上的表现差异，发现性别、受教育程度和年龄等个体特征差异也会影响消费者对政府旅游门户网站信息在感性理性信息、信息内容、语境环境、不确定性规避等方面需求的差异。其次，研究发现网站文化价值中的集体主义、高语境和低能力距离，以及政府服务能力感知善行部分对商业旅游企业管理者、跟团游和自助游偏好三类潜在消费者的信任均有显著影响。第三，研究认为网站 Hofstede 文化价值对政府旅游门户网站的总体信任是最明显的，它超过政府服务能力对总体信任的影响。据此，研究认为，要改善对政府旅游门户网站的信任程度，重视门户网站文化价值和政府服务能力中有效信任影响因素的建设和调整会是一个有效提高潜在消费者信任的途径。

第六章 政府旅游门户网站信任信息发展策略

根据政府旅游门户网站信息信任修复渠道研究的发现，并依据对消费者信任具有显著积极的正面的影响效果的路径，明确政府旅游门户网站信息信任修复方向，据此给出政府旅游门户网站信息服务框架的修改意见和建议，进而实现消费者信任修复的最终目标。

第一节 国际经验借鉴

一、美国旅游网络信息服务经验

美国作为发达国家，同时也是一个旅游强国，具有较强的国际竞争力，其旅游业的迅速发展，已成为继汽车、食品销售之后的第三大产业。而在《第16届国际数字政府评估排名研究报告》（早稻田大学）发布的2021年国际数字政府评估排名中，美国政务服务位居世界第四位。向消费者提供了包括娱乐、教育、商业、交通安全、公共安全、文化、健康、环境、住房和社会服务在内的全部信息。

美国旅游实体服务业是高度关联性产业，上到国家政府，下到民间组织——分级管理制度和体系去督促并协助旅游业的发展。从联邦到州，到地方城市，再到当地均建立有相应的政府机构或民间机构负责旅游业的监督和发展。各方（如利益相关者，旅游管理部门）的成立是为了敦促各个部门去推进旅游业的发展，甚至深入到了社会的每一个部门，或者当地群众享受的生活环境等细环中。首先，各级非政府组织发挥积极重要的作用，从行业咨询、行业调研、宣传促销、标准制定、人力资源培训等都为政府决策起到了重要的参考依据。其次，美国具有多个国际权威的行业协会，他们的研究成果在国际上具有绝对的科学性与权威性。再次，建立各方利益的协调机制，如旅游决策理事会，对旅游研究全面有深度，设立专门的研究部门，对其范畴内的基本情况和热点难点均有连续细致的研究。最后，旅游全民动员，旅游活动深入本国社会每一个阶层，旅游使美国人更加热爱自己的生存环境。

旅游管理网络化已经获得较大的普及。首先，在美国，消费文化最典型的特征是大量的使用 Master 卡与 Visa 卡，其安全的信用卡支付方式、网民的消费需求氛围和旅游网站等市场要素的完备等，促使其成为一种时尚的消费方式。方便旅游消费者开展和进行网上旅游交易，也有助于专业的旅游搜索引擎、专业的在线航空公司、在线旅行社等相关行业加入旅游电子商务。其次，起步较早的旅游网络经济。早在 2004 年，在线旅游市场就达到了 540 亿美金，占整个市场的 20%。根据美国旅游协会报告，在旅游及相关产业的带动下使用网络的旅行者数量早在 1998 年就达到了 700 万，在 2 年内上升到 141%。同时该协会研究称有 67 万的美国人（占人口总数的 9%）通过因特网订票；近 338 万的旅行者利用因特网做旅行规划；51% 的长期旅行者通过因特网订票或获得旅行目的地的信息及确认价格和时间；大约 92% 使用过互联网来规划旅行的消费者对他们在此方面的经历感到很满意——方便是促使网络在旅游业上使用增长的动力和源泉。再次，大型公司的网络服务推广更是为旅游网络化的全面普及添砖加瓦。2010 年，美国旅游巨头运通公司就开始与 TripIt、GateGuru 和 SeatExpert 合作，共同推出了适用于 iPhone 和黑莓手机的旅游应用程序，为 TripIt 提供行程管理服务，为 GateGuru 的机场登机口提供便利设施信息，以及 SeatGuru 提供真实的飞机座位信息。同时，多年积累的专业旅游搜索引擎、专业在线旅行社和专业在线航空公司，共同为旅游电子商务增添活力。第四，强强联合使旅游网络化迅猛地冲向经济制高点。全球用户超过 10 亿人的旅游网站，美国就占据 6 个，分别是 Digitalcity.com（22 亿）、Mapquest.com（18.8 亿）、Expedia.com（18.4 亿）、Priceline.com（16.7 亿）、Aoltravel.aol.com（14.8 亿）和 Travelocity.com（12.9 亿）等都是人气极旺的著名旅游网站。旅游巨头网站也从不放弃与大导航台的合作，企图借此来进一步推广自己，例如，与 Microsoft.com、Infoseek.com、MSN.com 合作的 Expedia.com，与 Yahoo.com、Netscape.com 这些大导航台独家合作的 Travelocity.com，还有与 AOL.com、Excite.com、Lycos.com 合作的 Preview Travel.com 等。品牌之间的合作、双赢战略的选择，辅之以广告宣传，无一不让这些巨型旅游电子商务企业更加如鱼得水。

对国外旅游管理领域 *Tourism Management* 等权威期刊的分析发现，政府旅游门户网站在相关研究中占据重要的位置。在西方健全的监督体制和公众自由主义思想文化的影响下，美国的旅游消费者更信任第三方评估机构而不是政府指导，因此，相关研究大量地引入了第三方佐证。政府旅游门户网站设计的相关研究虽然包含了平衡计分卡（BSC）和 eMICA 在内的计算法、SERVQUAL 等用户判断法、数据包络分析（DEA）等评价软件法，以及层次分析法（AHP）等极具多样性的网站质量或信任的评估方法，但对个体旅游消费者影响最大的仍是标准普尔、穆迪投资和惠誉国际等专业的第三方评级评估机构给出的信任指导意见。Enrique 等（2015）对旅游网络中影响消费者信任和购买意图的因素展开研究，得出由第三方保证印章、对第三方认证、隐私和安全政策等构成的感知安全影响因素是获得消费者信任的关键。受 2011 年 DigiNotar 可信任证书泄露丑闻事件的影响，获得该服务提供商颁发证书的荷兰政府等受到重创，足可见第三方认证对消费者的影响远大于政府的影响。

二、英国旅游网络信息服务经验

虽然英国的旅游出口竞争力只达到一般竞争力水平，但是以入境游和国内游为战略目标的市场推广和电子旅游已经是极为成熟的产业。英国拥有健全且发达的电子旅游数据库、网上推广活动和自由信息服务，标志着旅游业具备了较高的水平。

英国文化部旅游委员会的主要网站"visit to Britain"（www.visitbritain.com，又称"访问英国"）是电子旅游网站的典型代表，它有 38 个语言版本（何效祖，2006）。这是一个典型的政府旅游门户网站，之所以获得成功，归结起来有以下几个方面的原因：首先，"访问英国"是英国在全球推广旅游的唯一平台和载体，搜索引擎的市场推广计划创造了 150 万个额外的网上访问量，产生了超过 1.5 亿英镑的额外收入，已开展的中心活动项目广泛，涉及短暂停留、主要停留地、青年旅游、同性恋者和豪华旅游者。其次，"访问英国"在海外市场活动中，发起了招募从事非旅游活动的合作商，如其在西班牙进行的品牌推广活动。第三，"访问英国"联合非旅游公司在海外市场进行捆绑促销活动，包括在西班牙和英国的图书零售业、英国主题彩票在线、英国品牌和服务指南，完成了"访问英国"在所有市场的滚动出现。第四，向旅游消费者发送了 580 万封邮件，对访问网站的旅游消费者信息进行"全球市场分割"，建立"旅游信息中心"，提供服务的公共机构，善用现有旅游消费者访客信息系统，架构与 www.

visitscotland.com 及 www.vistilondon.com 之间的合作关系。最后，"访问英国"的海外办事处在公共和工作人员区域重塑品牌，提供英国品牌展览资料，建立了国际市场伙伴，例如，通过"真理瞬间"研究美国市场满意和忠诚的动因，通过"肋骨项目"评估西班牙的移民英国市场机会。一系列的操作和合作使得"访问英国"政府旅游门户网站获得了高达47%的开放率和20%的点击率，同期IT行业平均值仅为8%。英国的这种网络推广的成功模式，值得重视、研究和借鉴。

三、新西兰旅游网络信息服务经验

从严格意义上讲，新西兰不能作为一个典型的旅游目的地，它是一个小国家，一个有着500万居民的小国，旅游消费者经济主要由小型的商家组成，但是旅游业占新西兰GDP总量的9%，是其最大的出口业。新西兰有着其与众不同的优势。首先，新西兰是一个安全的、讲英语的国家，有着较为可靠的交通基础设施。其次，抵达新西兰需要进行长途飞行，距离世界上所有的大型旅游聚集程度高的地区都需要经过一场辛苦的长途飞行。大部分旅游消费者都会选择在此地停留20天左右，想要尽可能地利用这一次飞行，到处多看看这个国家，均源于"一生只来一次"这一心理。最后，新西兰的旅游业兴旺发展有一个放之四海而皆准的经验，即一个强大的品牌效应，一个基于独特经历的策略，以及一个体贴、周到且全面的用户体验型的政府旅游门户网站。

旅游业产品典型的特征是其产品本身就是旅游目的地国家或地区自身，即该国或地区的人民、场所和身处其中的体验。新西兰旅游局充分地利用了旅游产品的这一特性，于1999年在全世界范围内进行了一场大型营销宣传，旨在向大众展示一个全新的旅游品牌。这场宣传集中地突显了新西兰优美的风景、各种各样激动人心的户外项目，和真正的原汁原味的本土毛利文化。这一活动将新西兰塑造成了世界上最强有力的国家旅游品牌。1999到2004年期间，该国总体旅游支出平均年增长率为6.9%。在2002年到2006年之间，从英国前往新西兰的旅游消费者的增长率达到了13%。对比同一时期，英国的总体海外旅游增长率仅为4%。

这场宣传活动至关重要的一个依托载体就是新西兰旅游局承办的政府旅游门户网站（www.newzealand.com，又称"新西兰旅游网"）。它为未来有可能前往新西兰的潜在消费者提供了一个一站式的入口。在这个平台中，潜在旅游者可以找到新西兰当地旅游服务所能提供的一切资源。这个网站的核心数据库是由当地大大小小的旅游服务经营者提供的信息构成。其中，既有位于新西兰本土的各类商家，也有驻扎新西兰以外地区的提供前往该国旅游服务的供应商等。任何与新西兰旅游相关的经营者都可以通过该平台申请获准加入。也就是说，哪怕是很小的民宿经营者、早餐店以及特色活动的旅游服务提供者都能在此门户网站上获得为其产品展示和宣传的一席之地。另外，参与的商家可以定期更新"新西兰旅游网"中自己店铺的各种信息，保障了平台能始终保持信息的及时性和准确性。新西兰旅游局为了维持并提高该政府旅游门户网站的服务水准，通过决议制定了一套旅游服务国家质量标准，用以独立评估该门户网站中的所有商家。例如，该国家质量标准会评估门户网站中的每个企业对于生态环境产生的正面和负面影响程度。

新西兰旅游局还利用名人效应和特色服务加强"新西兰旅游网"的宣传效果。为了充分传播该政府旅游门户网站，推出一些与名人或知名地点有关的特色介绍。研究发现，点击率最高的宣传介绍是新西兰全黑橄榄球队前队长 Tana Umaga 的采访。利用 VR 技术，通过电脑模拟穿越以新西兰风景为影片素材的电影中出现过的打卡胜地，帮助自助游偏好者规划并量身定制。为了帮自驾游偏好者形成和规划设计更便捷的线路，网站甚至根据季节的变化有侧重点地推荐了多条不同的驾车路线，并贴心地标注了距离和用时。后期又新增"旅行规划助手"等独特的智能服务，门户网站的访问者可以点击自己感兴趣的地点或景点标注书签，并在规划的最后在地图上查看书签标注的全局。"旅行规划助手"会推荐和提供往来于各个标注书签的地点之间的路线和公共交通方式，以及当地住宿信息的报价和店铺链接等必要信息。网站上的"Your Words"版块，具有类似于 BBS 或博客的功能，任何人都可以提交自己有关新西兰旅游的记录和心得感悟，用于在门户网站上与其他旅游消费者共同分享。新西兰旅游局创建的政府旅游门户网站"新西兰旅游网"因其线上成就和创新赢得了两次 Webby Awards，该荣誉被视为"互联网界的奥斯卡奖"。

新西兰旅游局的政府旅游门户网站可以为旅游消费者实现根据自身需求和兴趣量身定制旅游套餐，不仅可以根据地理位置来搜寻并组织旅游活动，还可依据活动的属性来查找相似活动。活动项目是旅游满意度的关键影响因素，对总体满意度的贡献度高达 74%，交通和住宿累计对旅游满意度的影响仅为 26%。旅游消费者在旅行期间参与的活动越多，就会越对旅行越感到满意。互动性的活动会提升旅游满意度。调查显示，参观 Marae（毛利会堂）以了解传统毛利人生活风情的活动使得旅游消费者非常享受这样的学习体验，这为他们提供了故事素材和谈资。如果能以"少数几个人"的身份参与相关活动，则比泯然众人中的一员更有价值和意义。

四、西班牙旅游网络信息服务经验

1997 年以来，西班牙占据着世界旅游的绝对优势地位，显现了极强的国际竞争力。其 RCA 指数均在 2.5 以上，遥遥领先于其他国家。另一方面，从 9 年来 RCA 指数整体变化趋势来看，西班牙处于稳中有升的状态，表明其比较优势在进一步提升。

西班牙被称为"旅游王国"，国家总人口约 3900 万，国土面积约 50 万平方公里，是排名世界第一的旅游大国。号称是世界第一旅游目的地必然有其特色，单从其年接待游客能力达到 6000 万人次之多，就可知其旅游行业联合协作的水平之高，且参与价值链塑造的行业和部门之广泛。它充分利用旅游业的优势：良好的阳光、海洋、海滩等自然环境，无污染的水域和沙滩，独特的城市传承，弗拉门戈、十三城和公牛等代表性的生活传承，公认的世界一流的服务。早在 1975年，西班牙进出口贸易逆差就达 78 亿美元，而旅游收入就占到 31 亿美元，补偿了 40% 的贸易逆差。2009 年，西班牙服务业出口额为 2442.51 亿美元，而商品总额为 2185.11 亿美元，这证明西班牙服务业具有很强的竞争力。随着文化交流、国际经济的发展，外汇成为一个国家重要的支付手段，而旅游业在西班牙的创汇、平衡国际收支等方面起到了重要作用。

西班牙政府在其旅游业发展中起到了至关重要的作用，其对旅游内容规范化程度加以管理，借助欧洲在线旅游市场的宏观调控，对所有盟国的旅游航线、旅馆、游艇以及零售旅游代理商进行协调控制。西班牙政府对旅游业以及在线旅游业务的调控，带来了商业服务业的发展和廉价航空公司的优势，而这又反过来极大地支持了西班牙旅游业的发展，为网上旅游业务奠定了社会基础、硬件和软件技术等支持，更为西班牙的旅游业开辟了新空间。例如，Euronline、Renfe、A-SPAIN（西班牙航空公司）和 Lufthansa（汉莎航空公司）是典型的服务网站，其管理层可以协调在线需求，如联盟、酒店、游艇和欧洲在线零售旅行社的旅行路线。

同时，西班牙拥有一个高度发达和高效的零售系统，可以快速响应互联网，使网络旅游销售成为一条高效率的分销渠道。管理人员通过 Euronline 网络协调旅游行程的各项需求，如酒店、游艇和盟国的旅游线路等。而西班牙的高度发达和高效率的零售系统，已与 Euronline 对接并能做出快速反应。电子旅游销售不仅成为一种分销渠道，而且成为旅游市场的监控和调控系统，构建了一套完整、高反应的管理系统。一些数据显示，西班牙人的再访问率高于国际平均水平。有81.1% 的外国游客重游西班牙，其中 68% 的游客去过西班牙 4 次以上。虽然西班牙不是一个商品出口大国，但 30 年来它的服务出口却一直占据重要地位。

五、日本旅游网络信息服务经验

具有典型亚洲文化的日本是出境游大国，入境游小国。日本国土面积较小，旅游资源相对有限，自然灾害爆发频繁，种种迹象表明日本在旅游出口中是处于劣势地位的。日本分别于 2003 年将"观光立国"、2010 年将 COOL JAPAN 作为基本国策，之后通过政府，集结了全球市场中小企业、职员、创造者，举全国之力发展旅游业，开发具有日本生活文化特色的产品，塑造出"日本"品牌。日本在旅游方面具有独特之处，归纳起来有以下几个方面。

首先，得益于旅游业旗帜鲜明且与众不同的宣传特色。Yongze Kumiko（2002）列举了日本四个地方成功的旅游案例，分别是利用媒体把当地特产面条作为旅游吸引物和特色的 Kitakata 市，以学习 Kitakata 市的宣传手法而著名的饺子之乡——Utsunomiya 市，把目标定位为以女性追求时髦心理的时尚休闲之乡的 Shiroganecho 市，巧妙利用信息制造新的旅游需求，抓紧回头客的东京迪斯尼乐园。前川友希（Maekawa Yuki）（2015）将高野町镇旅游定位到集自然旅游资源和文化旅游资源于一身的山岳型宗教旅游目的地。岩鼻通明（1999）以户隐村为研究对象，深入分析该村落旅游定位变化的演变过程。由原来的盲目跟随大众旅游开发导致失败，到结合自身宗教文化和地理资源提出的野鸟观察旅游计划定位开发和推广的成功。一系列的案例充分说明了日本各旅游地不同的旅游目的地旅游主题鲜明，定位清晰，各地相互之间的可替代性弱，互补性强，保留各自特色又相互构成一个有机的整体，全面涉猎主流和非主流旅游主题，满足绝大多数的旅游消费者偏好、猎奇和从众等多种心理。

其次，旅游领军企业起到了良好的带头示范性作用。日本旅行社采用西方的垂直分工体系进行分类，根据不同层次的经营权限可划分为三种类型，分别是第一类旅行社、第二类旅行社、第三类旅行社和旅行代理商。第一类旅行社典型代表企业是 JTB 公司，它是日本最大的旅行社，也是世界上最大的旅行社之一。他和美国运通识是全球仅有的两家进入世界 500 强的旅行社企业。JTB 公司在全世界共拥有 2500 家分支机构，并且建立了覆盖全球的网络系统——"欢迎网络"，这个系统包含海外办事处、JTB 集团、国际计算机和海外人员（Overseas Staff Network）4 个子网络，为旅客和其他代理机构提供详细的咨询。

第三，无处不在、辅助但不盘剥实体旅游经济的旅游电子商务。旅游电子商务是日本旅游接待服务业提供现代化服务的一个重要手段，与实体旅游经济之间是相互合作的关系。网络旅游经济不会单纯的因销售距离的缩短和成本的降低，抢夺合作中间商的销售市场，挤占中间商的利润，导致其生存空间大面积缩小。对消费者而言，线上购物与线下购物的便利程度、价格差异及购物体验没有较大的区别（鲍文劭，2019），因此，日本的网络经济与实体经济具有相同的竞争地位和竞争优势，不存在网络经济盘剥实体经济利润，进而导致实体经济难以维持生存的现象出现。此外，大型旅行社和西式饭店运用电子商务开展营销，通过网络将自己的产品信息及时提供给旅游消费者，方便他们不出门就能完成旅游产品的选择。旅游消费者也可登录 YAHOO!JAPAN 的旅游相关服务页面，非常方便地从网站上预订机票、酒店，挑选旅游产品等。Horng（2010）发现日本的政府旅游门户网站的美食部分介绍的当地餐饮文化和礼仪能极大地影响到浏览者。COOL JAPAN 战略透过卖日本生活文化产品给其他国家，是引起其他国家对日本文化或产品的需求，进而愿意到日本贸易或旅游观光的一种良性循环。

六、周边国家旅游网络信息服务经验

与中国文化相似或者相近的周边东南亚国家和地区，其网络旅游信息发展和信任现状也是需要关注的部分，相关信息统计如表 6-1 所示。

表 6-1　周边国家旅游网络信息化发展情况统计^①

国家	旅游竞争力优势	旅游网络信息现状
老挝	南半岛中唯一的内陆国，被誉为"佛塔古国"，拥有大片的原始森林，是未受工业污染的国家之一。自然旅游资源丰富，北方向鹏萨湾市的石缸、南部阿达坡省的孔埠瀑布、首都万象的塔銮等古迹、被列入世界遗产名录的千年古都琅勃拉邦。但社会发展缓慢，经济实力较弱，没有能力发展民俗旅游的开发模式	老挝国家旅游局组建其下属的旅游公司，实行独立核算。目前展开的发展新媒体技术计划，提供的信息量有限，主要在三个网络平台进行宣传：①老挝旅游（www.ChampaLaoTravel.com）是国家级政府旅游门户网站，网站采用英语展开介绍。②新老挝网（http://www.xinlaowo.com）是老挝面向中国进行宣传的门户网站。③中华人民共和国驻老挝人民民主共和国大使馆经济商务参赞处（http://la.mofcom.gov.cn/）
缅甸	被称为"万塔之邦"，具有丰富的旅游资源。缅甸政府积极推动旅游业的发展，诸如扩大落地签范围、加入世界旅游组织、重视边境旅游发展。景点主要以仰光、蒲甘、曼德勒、茵莱湖四个区域为中心	缅甸旅游信息分布在不同的平台：仰光现在（www.yangonow.cn），以查询缅甸当地信息为主，伊洛瓦底（www.ayeyarwady.com）主要提供缅甸各地风景图片和最新旅游信息，缅甸旅游促进局官网（http://www.tourismmyanmar.org/）提供各类旅游信息，badauk（www.badau.com）以杂谈为主、缅甸联邦共和国大使馆官网（www.myanmar-embassy-tokyo.net）提供签证服务事宜，亚洲黄昏（www.mmnavi.com）记录缅甸旅行个人游记
柬埔寨	具有丰富的旅游资源，景点主要分布在柬埔寨东部、南部海岸，西北部及暹粒与吴哥寺庙。相对稳定的政局为旅游业的发展提供了良好的环境。政府对旅游业较重视，但基础设施落后、存在安全隐患、宣传方式单一等制约其旅游业的长远发展	柬埔寨旅游局官方旅游网站（www.toursimcambodia.org），分别是柬埔寨语、英语、中文简体及繁体、韩语、日语和俄语六种语言；包含购物、餐饮美食等多个板块。此外，还有网上旅游介绍（E—BROCHURE）制作的可直接在网页上查看的电子小册子、柬埔寨中国商会主办的中文新闻网站发起的金边传媒网（www.jinbianwanbao.com）、湄公河地区旅游权威网站 Lonely Planet（www.lonelyanet.com）、柬埔寨中文社区（www.7jpz.com）和 AndyBrouwer's Cambodia Tales 热度较高的博客（blog.andybrouwer.co.uk）

① 薛刚. 东亚旅游发展与合作研究 [D]. 暨南大学，2006.
武平. 从泰国繁荣的旅游业看其跨文化交际意识及语言的普及 [J]. 商场现代化，2008,(17)：264-266.
杜真敏. 传媒对旅游发展的影响 [D]. 云南师范大学，2015.
唐小惠(Thanpitcha Satchasammakul).中国与泰国旅游业竞争力的比较研究 [D].集美大学，2020.

国家	旅游竞争力优势	旅游网络信息现状
新加坡	虽然没有名山大川和名胜古迹，自然资源和人文资源匮乏，但旅游经济发展迅速。旅游外汇收入已经成为新加坡的第三大收入来源。2005年，新加坡入境游与国民总量比值为2，对比西班牙入境游与国民比例为1.14	"旅游经济无止境"是政策制定的核心思想，借此利用其交通中心和金融中心的有利条件，大力发展会议旅游、奖励旅游等。新加坡旅游局官网（http://www.yoursingapore.com/）的图片信息和图片质量水平较高，热带海滩的蔚蓝在色彩冲击度方面表现很好，提供有10余种语言服务，网站推出的和酒店协会合作项目可以让游客尽情挑选自己心仪的住宿地点
越南	旅游资源主要分布在越南北部、中部和南部，以世界遗产、少数民族风情、皇宫、寺院、帝王庙、独特自然资源、海滨度假胜地等闻名。	越南国家旅游局官网（www.vietnamtoursim.com）包括越南各类旅游资源，有五种语言形式可供转换，提供包括旅馆、餐厅等与旅游相关的服务查询。越南旅游网站因域名问题，中国游客的登录是有限制的。由于经费限制，越南至今尚未能在中国电视、报纸等媒介上进行系列系统的旅游推销活动。
泰国	泰国旅游业起步较早，具有丰富的旅游资源，政府重视旅游业并加大扶持力度。泰国是佛教胜地，注重英语在国内的普及。泰国政府都很重视对本国旅游业的宣传，到泰国旅游的游客会被大量的旅游信息所包围，包含使用英泰双语印制的精美旅游小册子、旅游电视广告片、服务周到的旅游资讯人员。国内政局缺乏稳定性，严重损害了泰国的旅游形象。	泰国国家旅游局出版各类指南类图书，如《畅游泰国》《芭提雅苏梅岛曼谷旅游指南三本合集》《泰国——酒店，餐馆》《商场指南（英文）》。旅游信息化方面宣传平台较为集中，分别是可以查询各类旅游及相关信息的泰国旅游局官方网站（www.toursimthailland.org）、有最新经济及旅游动态的中华人民共和国驻泰王国大使馆经济商务参赞处（th.mofcom.gov.cn）、香港的泰国驴友发起的素友营（www.thailandfans.com）、泰国人气很旺的华语论坛素华论坛（www.taihuabbs.com）。

泰国现阶段旅游电子商务网站的产品和服务缺乏多样性，旅游消费者使用在线服务的行为存在较大差异，可细分为以下六方面。（1）唯一对旅游网站消费者使用行为产生显著影响的交通工具是飞机，选择乘飞机去旅游的消费者使用旅游电子商务网站的可能性大于不乘飞机的消费者。（2）泰国消费者网费平均为500~2000铢/月，而潜在消费者的则为300~700铢/月。每月网费显著正向影响消费者对旅游电子商务网站的使用。同质用户中每月网费越高的消费者，越倾向于使用旅游电子商务网站。（3）上网地点方面，消费者在家里、公共场所上网的比例高于潜在消费者，潜在消费者在学习单位上网的比例高于消费者。潜在消费者在学习单位上网的比例高的原因在于潜在消费者中学生占比较高。（4）在线支付条件方面，有信用卡的消费者使用网站的可能性是没有信用卡的5.201倍；有网银的消费者使用网站的可能性是没有网银的1.058倍。（5）个体特征

差异对网站使用的影响。人口统计学特征中的 25~44 岁年龄段、大专以上学历、月收入 20001~50000 铢与使用行为显著正相关；旅游体验中的年均旅游 6 次以上、自助游、交通工具为飞机、使用互联网渠道获取旅游信息与使用行为显著正相关；商务游、采用非互联网渠道获取旅游信息与使用行为显著负相关；网络体验中的公共场所、每月网费 501 铢以上、每天上网 7 小时以上、使用信用卡等与使用行为显著正相关，工作单位与使用行为显著负相关。

由调查的国家旅游网络信息化发展情况可知，从美国等发达国家到周边老挝等相近文化国家的旅游网络信息建设，由政府出面筹建的政府旅游门户网站无论是后台旅游资源归纳整理，还是在旅游从业者参与网络的信息化程度，以及对外宣传效果方面都优于非政府旅游门户网站。如果由政府出面统筹，而不仅仅是旅游管理部门管理，效果则更胜一筹。

第二节　未来发展重点

政府旅游门户网站具有公共产品的特性，需要通过应用新的信息技术，改变传统的旅游服务方式。因此，本研究站在旅游管理者的决策管理需求、旅游从业者和旅游消费者信息使用需求的交叉点上，基于理论基础、用户参与、文化价值、信任等理论研究成果构建了本研究理论模型。重点回答旅游消费者对政府旅游门户网站公众信息服务需求的核心和信息信任的本质问题。

理论基础方面，分析发现我国的政府旅游门户网站的信任受损、修复和提升等相关研究并没有得到重视，相关研究应基于中国文化自身，结合国外信任理论基础展开理论框架构念，展开有针对性的我国政府旅游门户网站信息信任研究。

用户参与方面，对系统的成功有着重要的影响。在政府旅游门户网站信息服务中，由于信息的生产和消费不存在时滞，旅游消费者的参与是不可避免的。且研究发现，参与程度会影响用户对自身需求的认知，随着信息消费和生产服务体验的不断循环往复，会改变旅游消费者的使用行为。

文化价值方面，其在我国网络环境中依然发挥着关键作用。旅游消费者个体的需求是政府旅游门户网站使用行为的驱动因素，则识别并满足旅游消费用户群体是政府旅游门户网站成功运营和推广的关键。

信任机制镶嵌于感知政府服务能力、文化价值过程中，旅游消费者对政府旅游门户网站的信任影响着旅游消费者的满意度、对门户网站的采纳以及持续使用意图。甚至，旅游消费者需求通过政府旅游门户网站中的信任机制作用于其使用行为。

　　基于上述理论，本研究构建了政府旅游门户网站信息信任研究模型，考察政府旅游门户网站信息信任的影响因素、受损成因及修复提升信息信任的有效路径。首先，基于研究视角展开理论基础研究，挖掘适用于我国环境的理论基础。其次，对我国政府旅游门户网站发展现状及信息信任研究的紧迫性展开第三方资料论证。再次，就政府旅游门户网站在旅游网络信息消费市场不受欢迎的现状，对旅游消费者进行田野调查和多案例访谈，梳理信息信任受损成因及表现。最后，根据信息信任受损研究中发现的关键影响因素，构建政府旅游门户网站信息信任修复提升模型，采用结构方程模型进行实证研究，提炼信息信任提升修复的有效路径。根据研究，整理汇总研究结果如下。

一、信任与使用的关系

　　本研究发现政府旅游门户网站的信息信任问题与旅游消费者用户使用密切相关。事后分析表明，信息信任与一般消费者使用意愿的关系除了受到感知信息质量的影响，且与一般消费者、旅游企业从业者持续使用意愿二者之间的关系受到感知政府服务能力的影响。这揭示了信任在不同旅游消费者使用过程中受情绪、情感的影响，总体可归纳为：（1）建立旅游消费者信任是政府旅游门户网站长期成功的必要条件；（2）信任会通过不同的机制、途径长期地影响政府旅游门户网站的成功。因此，在信任建立机制缺失，以及政府旅游门户网站权威和信任受到冲击的情况下，旅游消费者可能采取不愿意继续使用政府旅游门户网站的行为动向。从该角度而言，缺乏有效信息的信任可能是许多政府旅游门户网站访问率偏低的一个重要原因。

　　虽然本研究发现旅游消费者的信任对政府旅游门户网站的成功至关重要，但结果显示不同层面的消费者信任对不同级别的政府旅游门户网站信息质量的影响程度也不尽相同。具体结果为：（1）关注是使用政府旅游门户网站的必要条件，同时信任也是关注政府旅游门户网站的前提条件。（2）对政府旅游门户网站的高信任并不一定能带来网站的高使用率，但是不信任一定会导致使用率为0的局面。

分析显示，对于使用政府旅游门户网站获取信息和互动的旅游消费者来说，信任与感知诚实、感知政府经济能力之间并无显著相关。信任与用户对系统主观感受之间的联系越弱，说明对该系统质量的感知往往更客观。诚如受访者 C_{132} 个体经营者提到的："毕竟是官方提供的服务，基本的诚信问题是毋庸置疑的，排除掉这个因素，更多的使用意愿和影响就在于你提供的信息是有用、没用的问题。换句话说也就是——是不是用心在为我们这些旅游人提供专业的、贴心的旅游服务。"相比之下，信任与信息的感知善行和感知旅游服务能力的紧密性显著相关，表明旅游消费者对网络提供的信息和服务的看法更专业、更具目的性。旅游消费者不再仅仅根据政府旅游门户网站的主观感知去判断行业特征显著的网站其信息或服务质量的优劣。这一发现表明，政府旅游门户网站可以基于自身官方的文化优势，通过提升信息服务质量，加强善行等贴合旅游需求信息的输出去建立信任机制。

二、信息服务的特殊性

修复信息模型验证显示的一些与信任相互关系不显著的因素，例如，感知诚实、感知政府经济能力、地域诱因、不确定性规避等，这些因素既包含整体地方感知印象，也包含地区旅游的特殊性。而显著相关的因素——感知善行、感知旅游管理能力、高语境、低能力距离、集体主义，覆盖了消费者对地区旅游行业的认知、对政府旅游门户网站提供信息的要求，以及中国文化的偏好需求等方方面面。这个问题可以用政府旅游门户网站的特殊性来解释。

一方面，信息需求在频率、授权级别等方面是存在差异的。旅游消费者之所以会使用政府旅游门户网站查阅旅游资料，甚至与门户网站罗列的企业进行交易，是基于电子政务网站满足信息和交易需求的两大基本功能的（Lee 等，2005）。很多受访者提到他们在使用政府旅游门户网站时需要的资料，例如长途客运等与旅游密切相关行业的联系方式、官方认证评级餐厅、旅游纪念品、酒店等。表明搜索公共信息是旅游消费者使用政府旅游门户网站的主要活动。因此，在这种情形下，旅游消费者与门户网站的互动大多是单向的，即旅游消费者无须向这些门户网站提供任何的私人信息。由此可知，信息质量感知与门户网站使用意愿相关。也表明了旅游消费者在决定是否使用某一政府旅游门户网站以满足未来的旅游信息需求时，会有更多的选择。正如受访者 C_{72} 茶艺师所说："我更喜欢通过百度这些搜索网站去查找旅游信息，这样的信息更加集中，能在最短的时间满足我的需求。如果专门到政府旅游门户网站去找信息的话，更多的是想看一些官方的推荐或者活动什么的。"

另一方面，旅游网络服务具有强制性和排他性。旅游消费者表面上可以选择性地使用这些信息服务，但实际上却没有其他的选择。诚如 C_{150} 在读博士研究生提到的："对驴友而言，在旅游出行决策阶段，实际上旅游消费者没有其他的选择，因为网络是唯一的了解旅游相关事项的方式。不管是攻略，还是想找当地相关机构咨询，都需要到网络去查找，除了搜索，门户网站就是不二选择……实际上，电话基本上很难接通，能有人接通，真的是运气好；电子邮件询问表面上看也比较方便，但是回复的周期少则几个工作日，多则杳无音信；只能通过门户网站或者论坛的信息拼凑起整个链条，以完成整个行程的事前梳理。"由于旅游行为的强制性，信息质量是首位的重要因素，那么系统和服务等质量的不到位就更容易被容忍。已有研究表明，与电子商务网站的情况相比，用户选择是否继续使用电子政务网站，将主要取决于其完成任务和达成目标的需要，毕竟可供的选择还是非常有限的（Zhang 和 Prybutok，2005）。许多电子政务服务带有更为显著的强制性，因为这不仅是公民的唯一选择，也会影响到政府相关部门和自己未来几个小时的时间。政府旅游门户网站虽然相对而言强制性没有那么强烈，但由于旅游电子商务网站和论坛的迅速发展，以及其权威地位所带来的排他性，导致旅游消费者产生割舍不下又不愿使用政府旅游门户网站的矛盾情绪。

三、能力的中介作用

政府旅游门户网站文化价值与总体信任的关系部分受感知政府服务能力的影响，要促使潜在旅游消费使用政府旅游门户网站，仅凭信任是无法实现的。这一点与旅游电子商务网站信任、感知质量、满意度、持续使用等相关研究结论稍有不同（Balasubramanian 等，2003；Yoon，2002），也与信任对电子政务网站满意度的影响研究结论不同。政府管理者通过在线上或线下投入各种资源，建立与市民用户交互的信任平台，例如在电子政府网站中增加能提高信任值的板块；改善电子政府网站的推广方式等，以提高用户使用体验感和满意度，从而提升感知政府得服务能力。

结合制度、环境、资源两两组合驱动（汤志伟等，2021），公众需求、制度压力、需求压力结合三者分别驱动（赵岩等，2021）等不同视角的城市电子政务服务能力发展研究成果，本研究对各区域电子政府发展水平进行了梳理，具体如下。

华北地区以河北省为例。河北省采取构建制度环境的发展模式。为了突出对网上政务服务推进和能力提升工作的重视，2018年，河北省政府印发《推进全省一体化在线政务服务平台与国家平台对接工作实施方案的通知》，省长主持召开省长办公会研究调度"互联网＋政务服务"工作。满足庞大人口对政务服务在线办理的需求，推进政务服务在线服务能力提升。

华中地区以湖北为例。该省凭借出色的经济发展水平，以及公共服务供给方面已经投入的大量财政资金双重保障下，坚持民众问题导向，实现了让信息多跑路，助力政府较好地实现政务服务的健康发展。2018年开始，加快构建全省一体化线上政务服务平台，推进"一网、一门、一次"改革，实现"互联网＋政务服务"的电子政务的服务。经济发展水平较高的地方政府，随着服务型政府建设的推进，愈发重视公众意愿、公众参与、公众需求，通过服务能力的提升以满足公众需求。

西南地区以贵州为例。贵州省政府将制度和省域得天独厚的资源展开布局，凭借得天独厚的自然气候及供电安全稳定的优势，结合出台的多项政策措施，推动电子政务服务的发展。建成全国首个省级政务数据——"一云一网一平台"，从而提升电子政务服务能力。

华东地区以上海为例。上海凭借地理区位、发展前景、高水平高校、综合实力较强的企业等诸多资源禀赋优势，吸引了大批优秀的技术和管理人才，为电子政务服务的提升提供了强劲的技术支持。依托雄厚的经济实力，可投入数字基础设施建设的财政资源较为丰富，资源基础建设扎实。在社会应用环境方面，位于经济发展状况良好的长三角经济带，展现出较强的韧性和活力，为电子政务服务的推广提供了充足的社会认知和资源。2021年，上海市政府开展"一网通办""一网统管"双线并行两张网治理的策略，实现城市运行"一屏观天下，一网管全城"的治理模式，做到"高效处置一件事"，提升政府服务能力。

西北地区以甘肃为例。甘肃省作为2017年"互联网＋政务服务"工作主要目标任务清单的公开考核对象，以及在2019年政务公开与"互联网＋政务服务"及政府网站建设管理工作考核对象的双重压力下，相关领导班子重视并全力推进了甘肃省电子政务平台建设和服务提升。

华南地区以广东省为例。在经济发展水平和财政供给能力等方面，广东省始终保持在全国的上游，给予其强有力的资金支持，早在 2012 年就开通了全国首家省级网上办事大厅，启动了 13 579 项服务内容，30% 以上的行政事务实现在线办理。省长亲自带队成立领导小组推进"数字政府"的建设，坚持问题导向，紧紧围绕社会公众需求，扩大政务服务惠及范围，展现出一流的政务服务水平。基于省政务大数据中心，通过改革和治理，已实现数据共享全流程线上自动化数据的供需对接，达到政府服务能力和质量的优化升级。

西南地区以云南省为例。云南省采取电子政务外包的形式，从 2015 年省商务厅联合海关、检验检疫等多个部门外包联合打造"云南电子口岸大通关服务平台"，发展至今，由"三网一库"拓展到省委组织部干部管理系统、省旅游局旅游信息化建设项目、云南报业集团云南日报数字化工程、省教育厅中小学现代教育管理支撑系统等各部门的具体业务。后续通过保密管理、网页互动等提升服务能力。

东北以黑龙江省为例，其政务服务一体化平台涵盖事项不断增加，服务能力不断增强。2019 年推广复制浙江的"最多跑一次"模式，经过多次的政务服务方式和流程重组，构建如今的"一号响应"，"好办"向"易办"升级。黑龙江电子政务服务与吉林省、辽宁省、内蒙古自治区、海南省等政府服务的对接，实现"东北三省一区"及"哈长城市群"通办事项累计 33 项，政务信息公开有所提升。

本研究发现我国电子政府服务能力的数字鸿沟依然存在。《中国地方政府互联网服务能力发展报告（2019）》（电子科技大学智慧治理研究院）和《省级政府和重点城市网上政务服务能力（政务服务"好差评"）调查评估报告（2020）》（国家行政学院电子政务研究中心）的调查报告分别显示，我国各省级政府在线政务服务发展水平尚处于起步和发展阶段，感知服务能力等差距依然较为明显，具体表现为东部沿海地区明显优于中西部地区。

现代信息技术的发展改变了社会大众的学习、工作、生活和娱乐等方面面，社会大众对政务服务的需求也日渐展现出多样化特征，成为我国社会大众日益增长的美好生活需求与发展不充分之间矛盾的典型表现。这种矛盾冲突正倒逼着各行政部门不断创新政务服务的能力提升、信息表现和平台输出等，提高服务质量，以缓和与我国不平衡不充分的发展之间的矛盾。国务院将运用新技术提供政务服务作为深化"放管服"改革与服务创新的重点，颁布多个促进政务服务在线办理发展、提高政务服务效率等文件，为我国政务在线服务发展指明了方向，并提供了坚实的顶层保障。而越来越多的政府部门综合运用网络、信息与通信技术等向社会大众开展在线办理业务，提供在线办理服务，为社会大众提供了高质量、低成本、更便捷的政务服务。

四、文化价值的影响

旅游信息的不确定性规避、地域诱因与研究模型的门户网站感知文化价值没有存在显著的相关。本研究后续讨论分析亦指出，只有潜在旅游消费者出于旅游信息需要而使用政府旅游门户网站，但是鉴于我国安全稳定的社会大环境以及旅游幸福感等多种因素的影响，一些具象的信息服务方面需求逐步退化和减少。更多的高语境、低能力距离、集体主义等旅游文化方面信息质量的需求日渐凸显。访谈结果也印证了这个观点，潜在旅游消费者在对我国政府旅游门户网站的信任和使用问题上，很少提及旅游信息的质量问题，更多的是受访者提到使用这些门户网站的使用感受和反馈情绪。

政府旅游门户网站与其他的电子商务网站虽有相似，但更多的是差异性。以新加坡政府 G2C 网站 eCitizen Portal 电子政务网站为例。从 1999 年开始，新加坡公民就可以在网络实现与政府管理部门的互动。彼时的新加坡电子政务网站，多是以在门户网站上发布公共信息为主。到 2006 年，新加坡建成的电子政务门户网站累计达到 157 个，并开始提供综合公共服务。近期的新加坡电子政务处于相当成熟的阶段，以提供服务质量高低和文化输出多少为体验考量指标（Layne 和 Lee，2001；Layne 和 Lee，2001；West，2004；Srivastava 和 Teo，2005；Li，2006）。不难看出，新加坡政府在电子政务服务的发展后期，致力于提高在线服务的文化质量和服务水平的比重。在电子政务网站中，文化价值对信息信任的影响也因使用的不同而发生改变。当系统质量对信息搜索没有决定性的时滞等影响时，主动交互和文化价值等一些影响信息使用体验的因素尤为重要。由此可知，如果我国的政府旅游门户网站还仅停留在信息质量高低、信息需求满足大小的问题上，势必会影响潜在旅游消费者的信任和使用意愿。

结合地域文化展开旅游门户网站的文化价值体现和文化元素彰显，需要集视觉传达、心理学、计算机科学、网络等多个学科和专业的智慧，共同对潜在消费者的使用感受和信任等心理产生积极影响。史芸（2017）[①] 为了增强地域文化感与平遥古城精神风貌，用当地特有的民俗元素构建整个网站视觉外观，如图6-1、图6-2、图6-3所示。与此同时，采用平遥当地民歌《桃花红，杏花白》作为门户网站动画背景音乐，粒子特效"桃花瓣"动效图片丰富画面。将平遥古城当地民俗文化与人文精神等文化价值从视觉和听觉两方面冲击网络的潜在消费者，赏心悦目的同时，达到信任、神往和潜在旅游消费的目的。

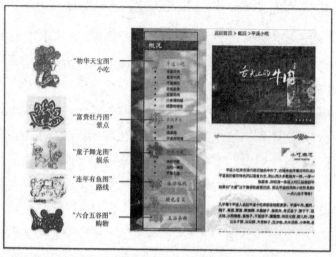

图 6-1　平遥古城政府旅游门户网站剪纸图形装饰导航栏设计提炼（史芸，2017）

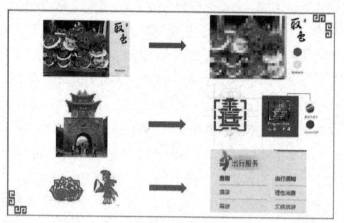

图 6-2　平遥古城政府旅游门户网站传统元素提炼（史芸，2017）

---

① 史芸.平遥古城旅游网站界面设计研究 [D].湖北工业大学,2017.

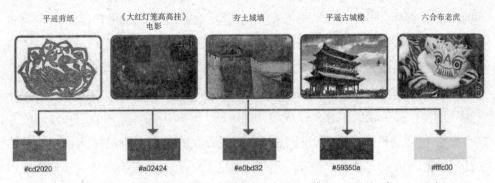

图 6-3 平遥古城政府旅游门户网站色彩元素提炼（史芸，2017）

管理部门需要重视文化价值对潜在消费者信任和使用政府旅游门户网站的影响问题。不同的电子政务网站其用途不同，例如，资讯搜寻或网上交易为主的电子政务网站，可能会更倾向于系统响应等速度的需求。一些受访者提到门户网站文化价值的需求问题，"（政府旅游门户网站）上边一些官方的新闻和政策，对于我们（一般旅游消费者）来说真的是多多不益善，越多越适得其反。我可能一生就去一次，最多五六次，所以能吸引我的只能是当地独特的文化。把这些多一点呈现出来，才能激发我去的冲动"（C_{42} 资深驴友），"想知道当地有没有值得去的、有文化沉淀的景观"（C_{79} 学生），"体验类的旅游景点有图片或者视频就更好了，这样集中一点不用我（在网上）到处乱逛"（C_{103} 婚礼策划师），"说好中国故事，讲好中国故事，说起来容易，但做到不容易"（C_{104} 房产经理人）。当政府旅游门户网站的任务需要面对眼界和认知不断提高的旅游消费群体时，门户网站的文化价值质量就变得更加突出。

五、在线用户的差异性

随着互联网技术的发展和旅游消费者意识的觉醒，自助旅游愈发常态化，在线旅游行为也进一步被细化。

我国超八成的在线用户都有过国内和周边自助游的经历。艾瑞咨询发布的《中国在线高端自助游用户洞察研究报告——2020 年》将在线高端自助游用户分享出游经历的渠道分为微信、qq 等社交平台 (55.5%)，携程等专业旅游网站 (47.3%)，穷游网等专业社交行网站 (46.8%)，豆瓣等社区、论坛（33.4%），短视频平台（32.4%），小红书等生活方式分享平台（29.4%），微博（27%）7 类。

同时，通过调查得出，（1）在 2019 年中国在线高端自助游用户出游影响因素"收旅行平台内容推荐影响"占比 42.6%，"看到旅游宣传广告" 36.9%，"亲友推荐" 35.9%；（2）同年，广告效果中"广告内容及创意比较吸引人" 52%，"广告展现形式比较丰富" 47.2%，"广告制作精美" 39.7% 三种形式，高于广告位置醒目、降价促销信息、投放实际准确、出现频次高低等其他因素。

信任包含的情感信任适用于用户在初始阶段的关系，而包含的认知信任适用于观察随时间的演变而产生的认知（Liau，2003）。对在线平台信任的影响因素包含但不限于技术平台的特征（如信息准确性、感知易用性、感知有用性）、被信任者的特征（如声誉、地位、影响力）、信任者本身特征（如个体的信任倾向、使用经验），以及外部社会的特征（如伦理道德、隐私泄漏）等（张毅等，2020）。但如果潜在旅游消费者由于缺乏使用经验，对网站的了解不足等原因，导致其心理易于对网站信任产生疑惑。因此，信任就成为此类消费者使用政府旅游门户网站和电子商务网站等在线平台的障碍。

在线环境中，信任对不同用户产生不同的影响。首先，是匿名性与信任之间的关系。常规情况下，在线平台上用户匿名发布的内容或参与讨论，其他用户可能会对他们产生更少的信任，因为他们不知道这个用户的真实身份和背景。相反，对于那些官方或使用真实身份的用户，这些数据通常会被认为是客观的、准确的，其他在线用户可能更容易信任他们。但近几年，由于客观环境和诸多因素的改变，虚拟社交平台出现网传等小道消息更易获得在线用户认可的情况。在 Airbnb 上，有的房东会使用虚假信息或照片来吸引用户预订。这让用户感到不安或者担心住宿质量，可能会导致一些用户对平台的信任感降低，尤其是对新用户或者第一次使用该平台的用户。相比之下，Booking 严格的评价机制要求用户在预订住宿时提供真实姓名和联系方式，看到对该住宿的评价和建议。这可以让其他用户更容易信任和接受住宿信息，因为用户可以更好地了解其他人的背景和经验。

其次，是语言和文化差异与信任之间的关系。在线环境中，用户可能来自不同的文化和语言背景。这些差异可能会影响他们之间的沟通和理解，从而影响其他用户对他们的信任程度。不同文化之间的行为和价值观可能会产生误解。如果服务提供者的行为或言论与用户的文化背景不同，用户可能会对他们产生不信任感。2016 年，谷歌在印度推出了一项名为"谷歌提前离线"的服务，旨在为印度铁路车站的旅客提供免费无线网络。尽管该服务本意是为印度的互联网普及和发展作出贡献，但印度网民却对该服务的名字感到不满。因为在印度文化中，"提前离线"这个词带有负面的含义，常常被用于形容网络上的一种群体排斥行为。谷歌这种做法被部分印度网友认为是文化和语言的忽视，甚至是一种歧视。服务提供商的行为或言论因为与当地文化背景的不同而导致用户产生不信任感。

再次，影响力、购买消费与信任之间的关系。用户通常会在网站或社交媒体上查看商品或服务的评价、品牌声誉和价格等信息，以帮助他们做出购买决策。如果用户对卖家或商品没有足够的信任，他们可能购买商品或服务的概率会大大降低。用户对收到的社交媒体上其他用户或网红发布的产品或服务信息，甚至拥有一定的影响力的大 V 或博客等作者发布的产品或服务的评价或推荐，如果这些信息被证明是不真实的或虚假的，用户可能会对这些产品或服务失去信任和连带信任。2021 年，"途家"的五一订单暴增引发的信任危机事件。据报道，有多名途家用户在预订旅游住宿期间，遭遇了多种问题，例如，房源与图片不符、房源位置虚假、平台取消订单等。途家作为一个在线旅游住宿平台，其用户对平台的信任被严重破坏，因为他们相信平台上的房源信息是真实可信的，但最终遭受了诈骗和欺骗。这个事件还减弱了途家的声誉和影响力，因为它没有能够防止这种诈骗行为的发生。后续为了解决这个问题，途家采取了一些应对措施，例如，加强对房源信息的审核和明晰房东更多的责任等，提高平台的透明度和可信度，修补用户对途家的信任感。

第三节 信任信息发展建议

一、文化价值视角下的发展建议

（一）发掘并擅用意见领袖

在网站运营中发掘并擅用意见领袖是一种非常有效的提升用户信任的策略，这种策略不仅可以帮助网站运营者吸引更多的用户，也可以提高用户的忠诚度和购买意愿。

在我国，无论是我国官方政府门户网站还是旅游电子商务领域，发掘和擅用意见领袖已经成为许多平台提升信任度的重要手段。大型电商平台如携程、去哪儿等都设立了意见领袖计划，招募了大量旅游达人作为平台上的意见领袖，为用户提供旅游攻略、点评等服务，并通过多种形式进行宣传推广，提高影响力和信任度。此外，微信公众号成了许多旅游意见领袖的主要传播渠道，这些意见领袖通过分享自己的旅游经历、攻略、点评等内容，吸引了大量的粉丝，并通过各种方式进行商业合作，增加自己的收益和影响力。对于一些新兴的旅游电商平台如途家、小猪短租等也开始注重意见领袖的运营和推广，并招募了一些有影响力的房东和旅行家，为用户提供更加真实和权威的住宿和旅游服务。在旅游目的地的推广中，政府和旅游局也开始注重意见领袖的作用，邀请一些有影响力的网红、达人等来到当地进行体验和推广，吸引更多的游客前来旅游。

在其他国家，旅游电子商务中发掘并擅用意见领袖在提升信任方面也非常普遍。一些知名的旅游网站，如 Tripadvisor，Expedia，Booking 等，都采取了类似的策略来利用意见领袖的力量。例如，TripAdvisor 网站上有大量的旅游者评论和评分，这些评论和评分可以帮助其他用户做出更好的决策。在这个过程中，TripAdvisor 也会选择一些优秀的意见领袖，并授予他们"专家"的称号，以便其他用户更加信任他们的意见。此外，许多旅游网站会邀请一些旅游博主、旅游达人等人物，为他们的网站撰写旅游攻略、游记等内容，这些人往往都是在旅游领域有一定知名度和影响力的人物，他们的文章往往也能够吸引更多的用户来访问网站，从而提高网站的流量和用户信任度。

基于我国文化的深厚影响，及信任在信息发布者的专业性和潜在消费者的意愿之间所具有的显著的中介效应，信息发布者的专业性、权威性对潜在消费者的意愿会产生较强的正向影响，政府旅游门户网站要充分运用这点，重视其在信息传播中发挥的重要作用。具体建议如下。

第一，打造更加专业和经验丰富的意见领袖团队，提供更加精准和有针对性的服务内容。管理者要发掘形象正面、气质阳光的对大众有积极影响的影、视、歌、文等领域意见领袖，聘任他们担任旅游形象大使或地区旅游代言人，并在门户网站中以图片和视频的形式大力宣传和展示。

第二，注重意见领袖的培训和管理，确保他们的行为和言论符合相关的规范和标准，避免出现虚假宣传和误导消费者的行为。为意见领袖提供有价值的内容，例如专业分析、行业趋势、市场数据等，让他们成为行业内的权威人士，从而增强品牌的专业度和可信度。

第三，与意见领袖建立良好的合作关系，共同发掘用户的需求和痛点，提供更加符合市场和用户需求的产品和服务，提升平台的竞争力和口碑。与意见领袖的合作需要聚焦于长期关系，而非短暂的宣传和营销。品牌需要与意见领袖建立起互信和共同的目标，共同成长和发展。通过合作，让他们成为品牌的代言人或参与到品牌的营销活动中来。通过这样的方式，可以让品牌更加接近用户，增强品牌的可信度和亲和力。

第四，引导意见领袖在推广和宣传中注重真实性和客观性，避免夸大其词和误导消费者的行为，保证用户的利益和权益得到充分保护。意见领袖的言论和行为可以引导和激发话题，帮助品牌建立与用户的良好互动。在这个过程中，品牌需要与意见领袖保持紧密的联系，及时回应用户的需求和关注点，从而增强品牌的可信度和吸引力。

（二）增加以适用性为目标的细化和完善网站文化价值表现

旅游本身就是对日常文化的一种叛逆和逃离，因此在旅游文化中，旅游文化和文化价值展现都是对旅游行为产生极大影响的重要变量。因此，基于文化价值的政府旅游门户网站设计要具有全局性考虑，在文化价值对旅游行为的影响研究上，应充分考虑文化价值观的多个构念交叉对某个具体行为的影响，关注不同构念之间的关系，注重研究设计的合理性。

在我国，越来越多的旅游网络平台开始关注网站文化价值观的建设和传播，以提高游客的体验和信任度。例如，携程网通过大数据分析和个性化推荐技术，对用户进行精准画像，为用户提供个性化的产品推荐和服务体验。同时，携程网也在不断完善其网站文化价值观理论和量表，以更好地适应不同用户的需求和文化背景。携程网在其网站上提供了丰富的用户评价和评分系统，用户可以通过查看其他用户的评价和评分来判断产品和服务的可信度和质量。此外，携程网还通过引入明星代言人和专家评测等方式来提升用户对其产品和服务的信任感。同样地，去哪儿网也在不断完善其网站文化价值观理论和量表，以更好地适应不同用户的需求和文化背景。去哪儿网通过推出"出游攻略""去哪儿问答"等内容来提供用户参考和建议。同时，去哪儿网也通过用户评价和评分等方式来提高用户对其产品和服务的信任感。一些知名的旅游目的地官网，如上海旅游官网、北京旅游官网、广州旅游官网等，都在其网站上发布了自己的文化价值观和旅游服务承诺，并通过文字、图片和视频等形式向游客展示和传播。此外，还有一些旅游目的地官网通过与旅游行业协会、旅游企业和专业机构合作，共同制定和推广文化价值观理论和量表，以达到更好地服务游客的目的。

很多国家的政府旅游门户网站都在不断努力细化和完善网站文化价值观理论与量表，以提高用户对其网站和服务的信任感。例如，澳大利亚旅游局的官方网站非常注重细化和完善网站的文化价值观，以提高游客对其网站和旅游目的地的信任度。以下是具体的表现：（1）多语言支持：澳大利亚旅游局官网提供多种语言的网站版本，以便来自不同国家和地区的游客能够更好地了解和使用官网。这样一来，游客们会感到澳大利亚旅游局更加关注和尊重他们的文化背景和语言需求，增强了游客对该官网的信任感。（2）提供本地文化信息：官网上不仅提供了旅游景点、餐饮、住宿等方面的信息，还特别强调了当地文化活动、传统艺术等方面的介绍。这种做法体现了澳大利亚旅游局重视游客对本地文化的兴趣和需求，使游客更加信任该官网和澳大利亚作为旅游目的地的吸引力。（3）与当地文化相关的旅游体验：澳大利亚旅游局官网不仅提供了各种旅游景点和活动的信息，还提供了很多与当地文化相关的旅游体验，例如土著文化、音乐、艺术等。这种做法使游客更有可能在当地获得独特和深入的文化体验，增加了游客对澳大利亚旅游局官网和旅游目的地的信任感。

根据国内、国外不同文化价值背景下的旅游消费者制定出相对应的网站信息服务，使得旅游消费者期望的行为和实际发生的行为达成一致。Wang（2000）研究发现旅游消费者离开办公室、工厂等日常环境，其内在的欲望是被理性所约束、监视和控制的。但在旅游过程中，旅游消费者的行为在很大程度上依从的是情感原则而不是理性原则。政府旅游门户网站应充分考虑到信任提升的关键因素，对国内消费者增加网站中的低能力距离、高语境和集体主义因素的信息，通过提高国内旅游消费者的认同感来实现对政府旅游门户网站信任提升的目标。具体建议如下。

第一，丰富富含集体主义图片展示，提升潜在消费者互动式活动和体验。政府旅游门户网站需要定期推出各种互动式活动和体验，比如线上文化展览、虚拟旅游、线上旅游咨询等。发布真实的旅游信息和照片，如景点介绍、游客照片等，可以让消费者更有信心地选择旅游目的地。这些活动不仅可以帮助潜在消费者更好地了解目的地文化和旅游资源，还可以让消费者沉浸参与，增强他们的参与感和新鲜感。

第二，高语境文字增加官方网络平台的互动属性。政府旅游门户网站需要借助社交媒体平台和潜在消费者进行互动，通过发布旅游攻略、分享旅游故事、回答游客问题等方式，让游客感觉到与旅游目的地之间的互动和联系，增加他们的参与感和信任感。

第三，为适应自助游消费者比例增加的客观实际，定制化旅游服务传递平台善意：政府旅游门户网站需要注重提供定制化旅游服务，让占比较大的自助游消费者可以根据自己的喜好和需求来安排旅游行程。这种方式可以让自助型游客感到自己的需求得到了重视，提高他们对目的地的信任感和满意度。

（三）多形式提升旅游消费者的新鲜感和参与感

网络旅游虚拟世界，不管是商业旅游网站还是政府旅游门户网站，娱乐价值和工具性价值是必须、必要和必备的，且以娱乐性价值为主。

在中国，北京市旅游发展委员会官网（http://www.visitbeijing.com.cn/）依托当地拥有的丰富文化和旅游资源，提供各种旅游线路和活动，并吸引游客参与。同时，该官网也通过互动的方式增加了游客的参与感。例如，提供在线咨询和旅游攻略，以及举办各种线上活动和互动。西安市旅游局官网（http://www.xian-tourism.com）结合了西安的历史文化和现代元素，为旅游消费者提供独特的旅游体验。同时，该官网还推出了"西安好声音"互动活动，鼓励游客分享旅游经历和感受，增加了旅游消费者的新鲜感、参与感和互动性。浙江省旅游局官网（http://www.zjtourism.com）注重展示浙江省的特色文化和旅游资源，通过提供丰富的旅游线路和活动，吸引游客参与。同时，该官网还结合了互动和社交元素。例如，提供在线咨询和旅游攻略，以及通过微信公众号等渠道与游客互动，增加了游客的参与感和互动性。

在国外的一些旅游目的地官网中，也会尝试提升旅游消费者的新鲜感和参与感。例如：爱尔兰旅游局官网在首页中，他们提供了一个"随机视频"按钮，让用户可以随机观看到任一一个爱尔兰的旅游视频，增加了用户的新鲜感。此外，他们也在网站中加入了一个"我的旅行"功能，让用户可以自定义旅游行程，并分享给其他人参考，提升用户的参与感。挪威旅游局官网在首页上推出了"今日热门"和"热门推荐"两个板块，展示当地的热门景点和活动，让用户可以了解当地最新的旅游信息。此外，他们还推出了一个"旅游社区"板块，让用户可以在社区中互相交流旅游经验和建议，提升用户的参与感。还有瑞士旅游局官网在网站中加入了一个"瑞士之旅"板块，让用户可以在网站上进行虚拟旅游体验，了解当地的文化和旅游景点，增加新鲜感。此外，他们也在网站中推出了一个"旅游博客"板块，让当地的旅游达人分享他们的旅游经验和建议，提升用户的参与感。

第一，综合旅游管理服务能力，提升门户网站娱乐价值。政府旅游门户网站的运营者可以通过多种渠道来提升门户网站的娱乐价值。例如，分享图片、3D旅游情景模拟、趣味性的旅游知识有奖问答活动、旅游主题活动等，让旅游消费者能通过浏览门户网站感受区别于自身文化价值的当地旅游文化价值带来的新鲜感。

第二，增加低权利距离的互动式活动。注重展示当地的文化和旅游资源，定期推出各种互动式活动和体验，比如线上文化展览、虚拟旅游、线上旅游咨询等。这些活动不仅可以帮助游客更好地了解目的地文化和旅游资源，还可以让游客参与其中，增强他们的参与感和新鲜感。

第三，注重客户的口碑和推广口碑营销。门户网站上发布的消费者真实评价和评分，这是通过消费者在社交媒体平台上分享他们的旅游经历和印象，增加旅游目的地的信任度。网站的管理者需要更好地建立反馈机制，最大限度地利用其他消费者的电子口碑（客户评论），从而让消费者更深地了解和信任政府旅游门户网站，增强消费者线上转线下旅游消费的信心。

二、信任理论视角下的发展建议

（一）提升有效信息比例以传递管理方善意

门户网站通过提高有效信息比例和提供用户生成内容和工具，可以成功地吸引更多的使用量，累积对信任的正向影响，进而促进旅游业的发展。正如黄山风景区官网在提供旅游信息的同时，也强调了黄山的历史、文化和自然风光等方面。官网上提供了丰富的图片和视频资源，展示了黄山的美景，同时也提供了多样化的旅游路线和活动，例如爬山、观日出、赏花等。此外，官网还提供了旅游指南和交通指南等实用信息，以帮助游客更好地计划旅程和了解黄山的历史和文化。再比如张家界旅游官网在提供旅游信息的同时，也强调了张家界的自然风光和文化底蕴等方面。官网上提供了大量的图片和视频资源，展示了张家界的美景，同时也提供了多样化的旅游路线和活动。例如，参观景区、漂流、徒步等。同时，官网还提供了在线咨询和客服服务，方便游客解决各种问题，以提升门户网站的访问量和使用率。

许多国家的旅游目的地官网也采取了提高有效信息比例的策略，以增强旅游者的认同感。以下是一些例子：新西兰旅游局的官方网站以其信息清晰明了、易于导航和高度个性化的内容而著名。该网站提供了大量有用的信息，如景点介绍、活动和节日、住宿和旅游指南等。此外，该网站还提供旅游者故事、旅游攻略和旅游视频等用户生成内容，以增加旅游者的参与感和认同感。它同时还提供了非常详细和有用的旅游信息，例如旅游路线、各种旅游活动、景点和住宿等。该官网使用生动的图片和视频，以及具有吸引力的文字，吸引游客的注意。此外，该官网还提供了许多实用工具，如在线预订和交互式地图等。这些都有助于游客更好地了解旅游目的地，并提高他们对目的地的认同感。泰国旅游局官网（https://www.tourismthailand.org/home）提供了丰富的信息和内容，涵盖了泰国各个旅游目的地的介绍、景点推荐、交通、住宿、美食等方面，同时还有各种旅游线路、旅游活动等。在官网的主页上，可以看到精美的图片轮播和各种信息的分类导航，让用户可以方便快捷地找到自己需要的信息。官网还提供了泰国旅游的视频、360度全景照片等互动体验，增加了用户的参与感和互动性。

政府旅游门户网站不再只是单纯的信息服务平台，更成为一个便利的信息和文化的获取场所。对国内的旅游门户网站而言，需要进一步提升政府旅游门户网站的工具性价值，具体建议为如下。

第一，关注用户的整体体验，提供简洁服务为主的界面和功能。考虑潜在旅游消费者用户的需求和期望，提供个性化的推荐和建议，使他们感受到个人的受关注和价值，从而增加对政府旅游门户网站的信任和满意度。鼓励用户参与网站内容的创造和维护，提供评论、评级和分享功能。同时，重视用户的反馈和建议，并积极采纳，建立双向的信任关系，增强用户对政府旅游门户网站的信心。

第二，加强网站的透明度，提供可信的信息来源和数据支持。确保所有发布的信息都经过验证，并提供相关的证据和背景信息，使用户能够对信息的真实性产生信任。如果网站上发布了错误的信息或存在失误，应及时修正并向用户公开道歉。说明错误的原因和采取的纠正措施，展示管理方积极纠错的态度和行动，以恢复用户的信任。

第三，与可靠的合作伙伴建立合作关系，共同提供可信赖的信息和服务。合作伙伴的信誉和品质能够间接增加政府旅游门户网站的信任度，为用户提供更丰富和准确的旅游信息。加强网站的安全措施，保护用户的个人信息和隐私。采取适当的安全技术和隐私政策，明确说明用户信息的收集和使用方式，增加用户对网站的信任感。

（二）及时进行网站互动以降低门户网站权利距离感

旅游目的地官网通过长期的网站互动可以提高旅游消费者的归属感，让潜在旅游消费者感受到自己是该目的地的一部分，从而增强对该目的地的认同感和忠诚度。在中国，一些政府旅游门户网站也有这方面的表现。例如：桂林旅游官网（www.guilin.gov.cn）通过开展各类主题活动和互动游戏等形式，吸引游客参与，如举办"花开桂林"摄影比赛、"寻找最美植物园"等活动，让游客可以亲身参与其中，感受到自己是该目的地的一分子，从而提高对桂林旅游的归属感。厦门市旅游局官网（www.visitxm.com）开设了"厦门故事"栏目，介绍厦门的历史文化、名人故事、民俗传统等方面的内容，让游客了解并感受厦门的历史和文化底蕴，从而增强对厦门的认同感和归属感。同时，该官网还开设了"厦门人的厦门"栏目，通过游客的真实故事和照片，展现厦门的美景和人文魅力，让游客感受到在厦门旅游的独特体验，从而加深对该目的地的印象和归属感。

许多国家的旅游目的地官网都致力于提高旅游消费者的归属感，通过长期持续的网站互动来实现这一目标。新加坡旅游局（Singapore Tourism Board，简称 STB）的官网（https://www.visitsingapore.com/）定期更新旅游活动、景点和餐饮等信息，同时在社交媒体上积极参与讨论和互动。STB 还定期举办线上和线下活动，邀请游客参加，并提供各种奖励和优惠。通过这些方式，STB 增强了游客对新加坡的归属感和忠诚度。意大利旅游局（Italian National Tourist Board，简称 ENIT）的官网（https://www.italia.it/）不仅提供旅游信息和服务，还为游客提供文化、历史、美食等方面的知识和体验。ENIT 还通过社交媒体和在线活动与游客互动，例如，推出"我在意大利"（#IamItaly）活动，鼓励游客分享自己在意大利的旅行经历。这种互动不仅提高了游客的归属感，还使 ENIT 成为一个具有吸引力的旅游品牌。基于这些国家的经验，我国政府旅游门户网站可进行如下改进。

第一，建立用户反馈机制。在政府旅游门户网站上设立专门的用户反馈通道，如在线留言板、意见箱或电子邮件联系方式。鼓励用户提出问题、建议或意见，并确保及时回复和解决用户的反馈。在政府旅游门户网站上开设在线讨论论坛或社区，鼓励用户之间的交流和互动。用户可以分享旅行经验、提出问题，同时管理方可以积极参与讨论，展示善意和专业知识，加强与用户的互动和联系。

第二，社交媒体整合。将社交媒体渠道整合到门户网站中，如 Facebook 页面、微博账号等。通过这些平台与用户进行实时互动，回答问题、提供帮助，使用户感受到与管理方的直接联系和亲近感。通过增进旅游消费者间的相互关系来增强其归属感，建立更丰富多样、能充分满足旅游消费者个性化需求的交流平台，例如旅游社区、群聊等即时性强的沟通方式，配合自助组团出游、主题旅游活动等线下交流活动，增进成员间的协作性，进而提升旅游消费者对政府旅游门户网站的信任感。

第三，主动回应负面反馈。对于用户提出的负面反馈或投诉，及时回应并采取行动。认真倾听用户的意见，展示管理方积极解决问题的态度，通过实际行动修复与用户之间的信任关系。

第四，政府旅游门户网站可以充分发挥旅游爱好者的力量，借助并建立等级制或积分制等形式，赋予旅游消费者不同的身份头衔，培养其成为意见领袖。等级或积分越高，享有的相应特权也越多，这可以提高旅游消费者的认同感。

（三）旅游管理服务能力在门户网站的多角度输出

用户可以通过网站获取旅游活动的详细信息和参与方式，提高对地方旅游服务能力的信心和满意度。西安市旅游局官方网站在展示旅游管理服务能力方面，引入了西安市已经举办的具体活动，具体做法为：（1）西安市旅游局官网推广了西安世园会活动，展示了西安作为世界园艺博览会举办地的能力和魅力。该网站提供了世园会的相关信息，包括活动时间、主题展区、门票预订等，吸引游客参与并增加对西安旅游管理方案的兴趣和信任。（2）网站推广了西安秦腔艺术节活动，展示了西安作为秦腔艺术之都的特色和文化底蕴。游客可以在网站上了解到艺术节的活动安排、演出信息和票务预订等，体验西安丰富的文化活动，增加对西安旅游服务能力的信任感。（3）官方网站宣传了西安明城墙国际马拉松赛，展示了西安作为马拉松赛事举办地的能力和魅力。网站提供了赛事的时间、赛道路线、报名等相关信息，吸引马拉松爱好者参与，并体现了西安旅游管理方对赛事组织的专业能力。通过引入已经举办的具体活动，西安市旅游局官方网站展示了对旅游活动的策划和推广能力。这些活动的引入增加了用户对网站和西安旅游管理方的信任，让游客感受到西安作为旅游目的地的活力和吸引力。

国外有部分政府旅游门户网站在旅游管理服务能力方面也有成功输出案例。英国旅游官网在展示旅游管理服务能力方面，引入了英国已经举办的具体活动，具体做法如下：（1）官方网站推广了英国皇家爱丁堡军乐节，展示了英国作为音乐艺术盛事举办地的能力和魅力。网站提供了军乐节的演出时间表、票务预订、活动详情等相关信息，吸引音乐爱好者和游客参与，并增加对英国旅游管理方案的兴趣和信任。（2）网站推广了英国威廉王子和凯特王妃的皇家婚礼，展示了英国作为皇室盛事举办地的能力和吸引力。用户可以在网站上了解婚礼日期、仪式场地、庆典活动等相关信息，感受英国皇室文化，并体现了英国旅游管理方对盛大活动的组织能力。（3）官方网站宣传的英国圣诞市集，展示了英国作为节庆活动举办地的能力和魅力。网站提供了各个城市圣诞市集的时间、地点、特色产品等相关信息，吸引游客参与欢乐的圣诞氛围，并体现了英国旅游管理方对节庆活动的专业组织能力。

结合研究发现和真实案例，政府旅游门户网站可以从以下几个方面进行改进，作为信任修复的突破点。

第一，引入具体活动和事件。在官网上引入已经举办的具体活动和事件，例如旅游节日、文化活动、体育赛事等。提供活动的详细信息，包括日期、地点、活动内容等，以展示旅游管理方组织和举办大型活动的能力。

第二，显示专业认证和资质。在官网上突出展示旅游管理方的专业认证和资质，例如国家文旅局的认可、行业协会的会员身份等。这些认证和资质能够增强游客对旅游管理方的信任，表明其具备相关的行业经验和资质标准。政府旅游门户网站搭建多种支付方式增强网络支付环境背书，提供多种支付方式，如信用卡、支付宝、云闪付等，可以让消费者更安全地、方便地进行交易。

第三，合理使用大数据和人工智能对旅游资源的调控和引导。利用大数据和人工智能技术分析消费者的偏好和需求，侧面展现出其管理效率和能力，可以更好地满足消费者的需求，提高其信任感。也可以借助数据分析能力，在推出趣味化服务的同时，也进一步展示出管理者的数据处理能力，如游鱼网开发的"DNA"旅游测试的功能模块。通过旅游消费者完成一组相关测试以帮助其找到自身的旅游喜好，进而实现旅游预测与决策。

三、多维视角下的信任环境优化建议

（一）依托顶层政策制度建立良好的网络环境

依托顶层政策制度建立良好的网络环境，政府旅游门户网站可以提高自身的信任度。这将有助于吸引更多潜在旅游消费者访问政府旅游门户网站，使用其服务，并增强用户对政府旅游门户网站的信任感和满意度。

政府旅游门户网站需积极地依托顶层政策制度建立良好的网络环境。以欧洲国家为例，欧盟委员会出台了一系列的网络安全政策和法规，旨在保护欧盟公民的网络安全和数据隐私。在旅游领域，一些欧洲国家的政府旅游门户网站在网站上显著地展示网站安全性的认证，例如 HTTPS 证书，这样可以使游客对网站的安全性更加信任。此外，在某些欧洲国家，政府也会定期对旅游业的网络环境进行检查和审查，以确保政府旅游门户网站提供的信息和服务符合法规和标准。政府部门还会向旅游从业者提供网络安全和数据隐私保护方面的培训和指导，以提高他们的意识和技能水平，从而保护游客的权益。这些政策和措施的实施有助于建立良好的网络环境，增强游客对政府旅游门户网站的信任感。

通过依托顶层政策制度建立良好的网络环境，可以增加官网的信任度。以下是一些建议。

第一，宏观政策环境的构建。中国政府积极推进互联网和旅游业的深度融合，大力支持旅游业发展，通过资金扶持、技术支持等多种途径投入建设旅游目的地官网，提升网站的技术水平和用户体验。同时，政府也会定期开展网络安全检查，及时发现和解决网站存在的问题，确保网站的良性运营。

第二，推进官方认证机构的审查和认证机制。文化旅游部、中国旅游研究院等官方机构对旅游目的地官网进行审查和认证，确保网站内容合规，信息真实、准确。此外，一些第三方认证机构也能为旅游目的地官网提供认证服务，提高网站的信誉度和可信度。避免单一地区或旅游目的地官方的政府旅游门户网站或域名过多，让旅游消费者无法分辨孰真孰假；更需要避免打开政府旅游门户网站信息空白等严重问题。

第三，加强网络安全保障政策的实施。中国政府高度重视网络安全问题，出台了一系列保障措施，制定网络安全标准和技术规范，促进旅游网站建设，健全网络安全体系。旅游目的地官网也要遵循相关规定，保证网站的信息安全，防止黑客攻击和数据泄露等问题。例如，中国政府规定要求所有网站必须使用 HTTPS 协议，保证数据传输的加密安全。旅游目的地官网也应该采取各种安全措施，如 SSL 证书、网站防火墙、反恶意软件、数据备份等，保障用户信息安全。

第四，加强社会监督责任意识，充分调动监管的能动性。旅游目的地官网作为旅游业的重要组成部分，应该具有社会责任意识，倡导诚信经营，保护用户权益，积极回应社会关切。政府部门应该建立旅游目的地官网的监管机制，对官网信息的真实性、可靠性和合法性进行监督和检查。对于存在违法违规行为的官网，应该及时予以整治和处罚。同时，政府也应该倡导企业社会的监督责任意识，促进旅游业可持续发展。

（二）旅游消费意识的正确引导

在引导旅游消费意识方面，通过多种形式向游客展示当地的旅游资源和文化特色，同时提供一系列的旅游服务，以吸引游客并引导他们在旅游过程中注重安全、环保等方面的考虑，达到正确引导旅游消费意识的目的。

我国的政府旅游门户网站在正确引导旅游消费意识方面有一些成功的案例。例如，文化旅游部官网推出了"文明旅游倡议书"和"绿色旅游倡议书"，旨在引导旅游者文明、绿色、低碳、环保的旅游消费行为，鼓励游客爱护旅游资源、尊重当地风俗习惯、不随地乱扔垃圾等。官网还推出了"文明旅游"微视频、文明旅游宣传海报、文明旅游公益广告等系列活动，通过多种形式和渠道向游客宣传文明旅游理念，提高旅游消费者的责任意识和道德素养。另一个例子是中国四川省旅游局的官网，在推广旅游目的地的同时，也注重引导游客正确消费。他们在官网上发布了"文明旅游承诺书"，号召游客文明出游，不随地乱扔垃圾，不采摘野花野果等。此外，官网还为游客提供了丰富的旅游线路和主题旅游活动，如"文化之旅""生态之旅"等，引导游客选择符合自己需求和兴趣的旅游方式和产品，避免盲目消费和浪费。

在其他国家，以新西兰旅游局官网为例，官网提供了丰富的旅游信息，包括各个景点的介绍、交通、住宿、餐饮等，同时也提供了不同类型的旅游活动、线路推荐等。网站上设置了"规划行程"功能，用户可以根据自己的需求和时间来制定旅游计划。此外，官网还提供了旅游行程建议，比如针对"文化、历史、自然、美食、购物、休闲"等不同类型的旅游，提供了相应的行程建议，方便游客选择。新西兰旅游局官网还非常注重向游客传递旅游安全和环保意识。网站上设置了"旅游安全"和"环境保护"等专栏，提供了各种旅游安全和环保知识，帮助游客更好地了解旅游目的地，并在旅游中保持安全和环保意识。津巴布韦国家旅游局的官方网站（www.zimbabwetourism.net）是一个展示津巴布韦旅游资源的门户网站。该网站提供关于津巴布韦的旅游信息，包括景点介绍、旅游线路、住宿、餐饮、交通等。此外，该网站还提供了旅游常识、安全提醒和旅游活动信息等方面的内容，以引导游客在旅游过程中遵守当地法律和规定，安全有序地参与旅游活动。网站还提供在线预订和支付服务，方便游客预订住宿和旅游线路。

通过正确引导旅游消费意识，门户网站不仅可以增加用户对其的信任度，也使旅游消费者更愿意选择该政府旅游门户网站作为他们旅游信息获取和预订的首选平台。因此，政府旅游门户网站可以从以下几个方面进行改进。

第一，引导可持续旅游行为，强调可持续旅游价值观。个体旅游消费者对群体规范的认识是建立在对环境的其他成员行为的观察的基础上的，并通过自身经历体验得到加深，因此，要引导和增强旅游消费者的信念就需要有意见领袖等人物起到模范作用。在门户网站上积极引导游客进行可持续旅游行为，例如鼓励其使用公共交通工具、节约能源和水资源、尊重当地文化和环境等。提供相关的指南和建议，让游客认识到自己对目的地的影响，激发他们对可持续旅游的重视和行动。

第二，提供真实的游客评价和推荐。在门户网站上展示真实的游客评价和推荐，让游客可以了解其他人的真实旅游经历和意见。确保评价的来源可信且多样化，避免虚假评论的存在。这样可以帮助游客做出更明智的选择，并增加对门户网站的信任度。

第三，教给用户旅游知识和技巧，促进文化交流与体验。在门户网站上提供旅游知识和技巧的教育资源，帮助游客了解旅游中的常见问题和解决方案。提供旅游安全和风险提示，引导游客做出明智的决策。这样可以增强游客对门户网站的信任，并提高他们的旅游体验。在门户网站强调文化交流与体验的价值，推广本地文化、传统艺术和当地特色活动。提供参与文化体验的机会，例如参观民俗村、参与手工艺制作等，让游客深入了解和体验当地文化，增加对门户网站的信任和兴趣。

（三）细分市场，细分用户群

细分市场和用户群对于旅游旅游门户网站信任环境的优化作用是非常重要

的。通过深入了解不同的用户群和市场需求，官网可以更加精准地提供信息和服务，从而提高用户的满意度和信任感。

在我国通过细分市场和用户群，云南旅游官网提供了更加个性化、有针对性的旅游服务，使得不同类型的用户能够更好地信任官网并选择旅游目的地，提升了用户对云南旅游官网的信任度和忠诚度。该门户网站具体做法为：（1）根据用户类型细分，将目标市场细分为不同的用户群，例如文化爱好者、户外探险者、摄影爱好者、亲子家庭等，为不同用户群提供个性化的旅游线路和服务推荐。（2）对于文化爱好者，云南旅游官网提供了各种丰富的文化体验，如茶马古道、丽江古城、香格里拉等，通过丰富的图片和文字介绍，让用户感受到云南文化的独特魅力。（3）对于户外探险者，云南旅游官网则提供了许多精彩的户外探险线路，如虎跳峡、泸沽湖、哈巴雪山等，通过介绍景点的特色和探险项目的安全保障，让用户更加信任并放心地选择旅游线路。（4）对于摄影爱好者，云南旅游官网则提供了许多优美的摄影景点，如腾冲红河、普者黑、元阳梯田等，通过提供详细的拍摄攻略和照片分享，吸引更多的摄影爱好者前来云南旅游。

其他国家不乏成功案例，例如瑞士联邦旅游局的官方网站（myswitzerland.com）针对不同的细分市场和用户群体进行了精细化的设计和推广，如其专门为中国市场开设的页面"瑞士旅游全攻略"和"瑞士旅游专题"，并提供了中文服务。同时，网站提供了大量的瑞士旅游信息，如瑞士地图、瑞士城市介绍、交通指南等，通过不同的板块和分类，为不同的用户提供了定制化的服务。此外，该网站还有专门的瑞士旅游官方微信和微博账号，为用户提供更加便捷的沟通和信息获取方式。挪威旅游局（Innovation Norway）的官方网站在"美食"板块中细分了不同的用户群体，如素食主义者、儿童、热爱海鲜的人等，为他们提供不同的美食信息，让用户能够更加精准地找到自己感兴趣的内容。此外，网站还提供了许多游客评价和反馈，让其他游客可以参考，增加了网站的可信度。另外，该网站还为不同的市场细分提供了不同的语言版本，包括英语、法语、德语、意大利语、西班牙语、中文等，为不同的用户提供更好的服务。这些举措可以让游客更加信任该网站，提高他们的预订意愿和满意度。

细分市场和用户群对旅游目的地官网信任环境的优化作用非常明显，它可以增加用户的满意度和忠诚度，并且也可以提高官网的声誉和信任度。我国应根据社会环境的变化米调整对策，具体如下。

第一，深入了解用户需求：细分市场和用户群能够更加深入地了解不同用户的需求和偏好，因此，旅游目的地官网可以通过对这些信息的收集和分析，制定更加精准的推广和营销策略，从而提升用户的满意度和信任度。

第二，客制化门户网站的信息服务。在中国旅游当下市场中，有许多老年人喜欢通过旅行来寻找快乐和放松。针对这一用户群体，旅游目的地官网可以在网站上增加更多有关健康和保健的信息，如推荐一些适合老年人旅游的路线和景点、提供预防疾病的建议等。这样一来，老年人可以更加信任官网的信息，同时也会更倾向于选择该目的地作为旅游目的地。

第三，严格区分国内国外旅游客制化服务。我国在国外的旅游市场中，女性游客占据了越来越重要的地位。针对这一用户群体，官网可以提供更加安全和可靠的信息，如推荐女性旅游小组、提供女性专属的旅游攻略、提供安全防范的建议等。这样一来，女性游客可以更加信任官网的信息，并且更有信心选择该目的地作为旅游目的地。

第四，加强用户反馈机制。旅游目的地官网应该建立健全的用户反馈机制，收集用户的意见和建议，并及时进行回应和改进。这样可以提高用户的信任度，增强用户的满意度和忠诚度。

结　论

政府旅游门户网站通常是政府的智慧城市、电子政务、大数据、政府网站群或政务云等工程的重要组成部分，对内向国民传播地区文化，是地方旅游营销和宣传不可或缺的重要公共平台，影响整个区域经济。政府旅游门户网站肩负的地方旅游营销重任是不可替代的，与旅游商业网站和社交平台等在旅游信息领域各自发挥着不同的功用，共同构成完整的市场，是唯一的非营利性公共营销平台，形象展示和介绍全面，对消费者的影响持续时间最长。

运行至今，政府旅游门户网站没有得到消费者的充分使用和持续信任，甚至由于多个负面事件的冲击，其信任一度受损严重，网站的各项运行效果和指标均不理想。行政管理部门遂多次着力整改，如 2014 年下达的《关于印发 2014 中国旅游主题年宣传主题及宣传口号的通知》，管理部门就力图通过"智慧旅游年"全面推广官方旅游电子营销和服务，调整并重组旅游门户网站的信息构成，试图打造出政府旅游门户网站平台营销的辉煌。

我国政府旅游门户网站信任的信息构成和框架是长期缺乏指导的。相关行政主管部门随机的信息构建以及盲目调整，与缺乏相关理论研究和指导有很大关系。仅以知网为例，以"政府/官方旅游网站"为关键字仅搜索出 364 篇文章，只有同期"旅游网站"相关研究总量的 1/20。进一步对比，发现商业网站以及电子政务网站有品牌化（牛永革等，2013）、使用者满意度评估（路紫等，2005）、智能化（任伊铭等，2007）和成熟度（钟梂娜等，2011）等视角多变的研究。而政府旅游门户网站的研究显得较为单一，仅发现有高静等（2007）对地方政府网站营销功能的评价研究，吴相利（2012）政府旅游网品牌塑造研究，以及杨文森（2014）基于网络计量学的我国省级旅游门户网站影响力评估研究。这导致本就发展不健全的政府旅游门户网站信息构建和调整乱象丛生，在与其他同行业网站的竞争中越来越步履维艰，消费者原有的高初始信任出现了逐步流失，甚至对政府旅游门户网站信息信任发生偏差。

鉴于政府旅游门户网站具备的双重特性，将商业旅游网站或电子政务网站信任研究成果简单地应用于政府旅游门户网站是不切实际的，有必要对政府旅游门户网站信息信任以及信任修复展开深入的研究和探讨。

当前，占主流的信任修复研究思路是归因视角，即这类研究强调认知因素、信任信念对信任意向的影响。但社会平衡视角涉及认知因素之外的情景因素，即规范、情绪和文化。"权力"是影响信任修复的最为重要的社会情景变量（Luhmann，1979），权力也被证实影响了信任修复（Kim 等，2009）。沿着这个思路，本研究针对潜在消费者对我国政府旅游门户网站信任发生受损及相关修复问题，基于政府行政管理部门的需求，结合信任等理论，从潜在消费者的视角展开研究。通过理论分析、多案例、网站使用体验的模型修正和网络问卷调查的研究方法，分析政府旅游门户网站信任受损所在及表现出来的程度，提出并验证了政府旅游门户网站信任影响模型，提出了信息信任的修复路径及渠道。

研究发现，尽管在我国官方高权威的环境下，消费者对政府旅游门户网站是具有高度信任的，但并不一定能带来消费者对该类网站的高使用率，甚至由于信息服务的问题引发消费者的信息信任受损和偏差。政府旅游门户网站的信任影响因素不仅包含网站信息的文化价值表现形式，更包含了政府服务能力，独特旅游资源的网站表现，和包含自然资源及生态环境在内的低碳视角的环境资源等实际能力表现。政府旅游门户网站中的 Hofstede 文化价值和政府服务能力表现能积极地影响和修复消费者的信任。不同用户对政府旅游门户网站的信息需求和受信息的影响点是有差异的，明确政府旅游门户网站的受众群，获取不同潜在消费者群体对政府旅游门户网站信息的偏好，基于目标受众群定位的网站信息构成调整，可更有效地通过网站启发、引导和影响，为消费者提供新依据。通过构建政府旅游门户网站消费者信任模型，网站文化价值中的集体主义、高语境和低能力距离，以及政府服务能力感知善行对潜在消费者信任影响显著；文化价值对政府旅游门户网站的总体信任是最明显的，它超过政府服务能力对总体信任的影响；感知善行和集体主义等信息框架构成和展示方式有助于修复潜在消费者对政府旅游门户网站的信任感。

但未来关于政府旅游门户网站信息信任受损、信任偏差、信任修复、信息意识引导等由政府网络旅游信息引发的行为研究、信任研究和信息服务研究依然任重道远。研究要充分重视和利用政府网络信息的高初始信任，在此基础上的实证研究要注意被调查者地域和职业实现分群分层抽样，避免研究样本代表性存在的局限性问题。再则，通过将本书提出的政府旅游门户网站的信任构成和网站框架运用到实际中，通过与政府旅游门户网站合作，基于研究成果调整其网站的信息结构，有选择地进行地方旅游信息展示。通过研究成果在网站的实际应用情况，搜集该政府旅游门户网站信息服务调整后的运行数据，将其与调整前的数据情况进行纵向时间序列的比对。基于实际应用的效果，对政府旅游门户网站信息信任进行再分析和对比研究，将能进一步完善政府旅游门户网站信息信任研究。

附录 1：案例访谈大纲

您将被邀请参与我们关于消费者对政府旅游门户网站的相关研究。在本次采访过程中，您将被问到一些问题。访谈将持续大约 45~60 分钟，这对您而言没有任何的风险。贵公司的领导将不会得到我们的研究资料及每个个人对于我们问题的回答。在提交的报告中或供我们发表的研究成果中只会提及总体统计数据。您和您的领导都不会被标识出来。贵公司不会因为本次参与而失去任何的竞争优势。您的任期和职位将不会受到威胁，因为您的个人相关信息将不会被我们存储或揭露。当然，您也可以谢绝参与；您的参与是自愿的。

只有调查者能够看到采访记录。如果得到您的允许，我们将对采访进行录音。采访录音将被誊写成文本，并在条件允许时交给您进行检查。您可以随意删除内容。只有经过同意的采访副本才会被我们保存。到那时，所有的其他版本将被销毁。我们在保证所有参与者不会被辨识出来的情况下才会发表我们的研究结果。

如果有相关问题或想咨询您作为被采访主体的权利，您可以联系电子邮箱 ***。

针对政府旅游管理者的访谈问题

1. 能否介绍贵地区旅游业的基本情况和机构设置，如组织机构、管理人数和管理结构？

2. 您能否介绍一下当地旅游业的竞争优势和竞争战略？这些信息在网站上有表现吗？

3. 您认为独特旅游资源的网站表现的高低对地区的旅游整体水平和消费者的初始信任有影响吗？

4. 您认为环境资源包含哪些方面？它们对旅游有影响吗？

5. 您认为旅游基础设施包含哪些范围？它们对旅游有影响吗？

6. 当地旅游文化和文化价值是什么？它们对旅游有影响吗？

7. 政府服务能力体现在哪几方面？它们对旅游有影响吗？

8. 以上信息（环境资源、旅游基础设施水平、旅游文化及文化价值、政府服务能力）是如何传递给消费者的？

9. 政府对旅游服务是否有明确的条款？是否有监督机制和惩罚处罚条款？

10. 请您介绍贵地区政府旅游门户网站的机构设置和建设情况。政府管理部门对旅游门户网站的建设和维护持什么态度？

11. 建设政府旅游门户网站的目的和宗旨是什么？它与商业网站的区别是什么？

12. 贵网站发展经历了哪几个阶段，你认为信息化在实体旅游业发展中起到了什么样的作用？请举例说明。

13. 在政府旅游门户网站（省级、市级、目的地）投入运行过程中，遇到的最大困难是什么？请举例说明。

14. 贵网站在设计风格、颜色搭配、图片采集和网络视频等方面有明确主题吗？请举例说明。

15. 政府旅游门户网站对信息发布有规定吗？请举例说明。

16. 贵网站会注意在显著位置放上名人到本地出游的照片吗？为什么？

17. 贵网站会在显著位置介绍与本地区有关的历史故事或名人典故吗？为什么？

18. 贵网站注意宣传与当地传统礼仪和风俗习惯相关的新闻吗？为什么？

19. 贵网站在网络回答网友提问等互动工作中是怎么安排的（周期、频率、答复的时间要求）？

20. 在您看来，政府旅游门户网站是否需要有当地旅行社、饭店、旅馆、医院和警察局等相关机构的详细信息和联系方式？为什么？

21. 在您看来，政府旅游门户网站有必要在实体和网络上进行推广宣传吗？为什么？

22. 在您看来，旅游消费者对政府旅游门户网站的需求是什么？

23. 在您看来，旅游消费者是否信任政府旅游门户网站？为什么？

24. 在您看来，政府旅游门户网站面临的最大问题是什么？请举例说明。

针对商业旅游企业管理者的访谈问题

1. 请先介绍一下您具体的工作职责，所在企业的具体情况，以及旅游网站在您企业中的应用情况。

2. 贵公司旅游网站投入运营后，贵公司业务量中有多大比例来自网络？

3. 贵公司旅游网站投入运营后，您的工作量或工作范围是否发生了改变？请举例说明。

4. 作为旅游企业的管理人员，您对当地旅游业独特旅游资源及其网站表现有哪些了解和想法？您认为这与地区旅游整体发展水平和消费者的初始信任有关联吗？

5. 贵公司获取当地旅游政策和决策信息的渠道有哪些？请举例说明。

6. 政府是否对旅游商业企业的运营或服务进行监管？请举例说明。

7. 贵公司与政府旅游管理部门通过哪种方式互动和交流（如上报材料或下达指令等方面）？请举例说明。

8. 贵公司的主页上主要显示的内容是哪些？请举例说明（如景点介绍、旅游线路报价、机票酒店等其他旅游辅助链接、及时通讯等）。

9. 您觉得政府旅游门户网站和商业网站的区别是什么？请举例说明。

10. 您觉得政府旅游门户网站应该侧重在哪方面？请举例说明。

11. 您觉得政府旅游门户网站会不会增加更多的商业机会？如果会，主要是哪些渠道？

12. 在您看来，政府旅游门户网站有必要在网络上进行推广宣传吗？为什么？说说您认为有效的宣传方式。

13. 在您看来，政府旅游门户网站的作用和意义是什么？它是否能够为当地旅游业的发展提供支持？

14. 您认为消费者选择旅游地的前提是什么？浏览政府旅游门户网站对其起到什么作用？

15. 您认为地区旅游文化和文化价值对旅游经济有影响吗？以何种方式传递给消费者更有效？

16. 您认为环境资源的质量对旅游经济有影响吗？以何种方式传递给消费者更有效？

17. 您认为地区旅游行政管理部门的服务能力对旅游经济有影响吗？你感受的服务能力体现在哪些方面？

18. 您认为地区旅游整体实力对旅游经济有影响吗？以何种方式传递给消费

者更有效？

19. 在您看来，潜在旅游消费者更信任哪一类网站（政府旅游门户网站还是商业旅游网站）？为什么？

20. 您会使用政府旅游门户网站吗？为什么？

21. 如果政府旅游管理部门请您为其政府旅游门户网站提供改进方案，您会给出哪些意见和建议？

针对有旅游需求的潜在旅游者的访谈问题

1. 请先描述一下您的职业和旅游相关经历。旅游消费行为偏向于自助游还是跟团游？

2. 您是选择旅游目的地首要考虑因素是什么？您旅游目的地的选择渠道是哪些？

3. 您在旅行前会使用网络做出行前的准备吗？请详细说明做哪些准备工作。（谈谈你是怎样做出旅游决策的？谈谈您在决策过程的每个阶段或步骤，及需要完成的一些准备环节，都做了些什么？）

4. 哪些原因是您选择目的地的诱因（美食、地方传统文化或自然条件等）？请举例说明。

5. 您是如何获得旅游地的旅游现状、环境资源状况、地方文化、政府管理能力表现等信息的？这些信息对您的出行有什么影响？

6. 旅游地的旅游现状、环境资源状况、地方文化、政府管理能力表现等信息对您是否信任当地旅游行政管理部门或者其政府旅游门户网站上的信息有影响吗？

7. 政府在电视媒体、报纸等纸质媒体和网络媒体上的旅游官方宣传会对您产生影响吗？请举例说明。

8. 您是否使用过旅游商业网站、政府旅游门户网站和旅游论坛，请详细说说几者的异同？

9. 您第一印象中该网站是否值得信任，依据是什么？独特旅游资源的网站表现大小会影响到您的判断吗？

10. 您在使用网络搜索旅游资讯时，能清晰地区分政府官方的旅游门户网站和商业旅游网站吗？

11. 您为什么会使用政府官方旅游门户网站？请说明原因。

12. 您都使用过哪些政府旅游门户网站？说说您的感受。

13. 政府官方旅游门户网站的整体使用观感会对您的出行选择造成影响吗？请举例说明。

14. 在您看来，政府旅游网站上景点的文字和图片的丰富程度对您有影响吗？请举例说明。

15. 在您看来，政府旅游网站的设计风格、色彩搭配、3D 视频技术等的技术使用对您有影响吗？请举例说明。

16. 请举例说明：您是否在政府旅游门户网站上进行过咨询或留言？得到回复的周期和结果您满意吗？请举例说明。

17. 在您看来，政府旅游门户网站哪些内容或方面是必要的？

18. 在您看来，政府旅游门户网站哪些内容或方面让您最不满意？

19. 从您以往的旅游经历来看，在政府旅游门户网站获得的对旅游目的地的信息与现实有差别吗？请举例说明。

20. 旅游地重游时，你发觉政府官方门户网站对您的影响有变化吗？

附录2：政府旅游门户网站现状调查

您好！我们正在进行**政府旅游门户网站现状调查**，请您依据网站传达出的信息，结合您自有知识和感观，逐个、逐项地为政府旅游门户网站评分。

第一部分基本信息

性别： A.男 B.女

年龄（岁）：A.18~25 B.26~30 C.31~35 D.36~40 E.41~45 F.46~50 G.50以上

教育程度：A.博士 B.硕士 C.本科 D.专科 E.高中及以下

您使用网络的年数（年）：A<1 B.1~5 C.6~10 D.11~15 E.16~20 F>20

您使用旅游网站的年数（年）：A<1 B.2~3 C.4~5 D.6~7 E.8~9 F>10

您是否有过旅行前使用网络搜索信息的经历：A 没有 B 有过（＿＿＿ 次）

对于**政府旅游门户网站**您更关注的是<u>环境资源</u>、<u>政府的服务能力表现</u>、<u>文化价值</u>、<u>网站技术</u>（请在关注选项上勾选）。

对于其他旅游网站（如携程、穷游网、驴妈妈、中青旅行社、康辉旅行社等）您更关注的是（必填3项）＿＿＿＿＿＿＿＿＿、＿＿＿＿＿＿＿＿＿、

＿＿＿＿＿＿＿＿＿。

您旅游出行前最关注的是（必填3项）＿＿＿＿＿＿＿＿＿、

＿＿＿＿＿＿＿＿＿、＿＿＿＿＿＿＿＿＿。

感谢您的支持！

第二部分：政府旅游门户网站信息构成现状评分

请通过政府旅游门户网站搜寻旅游咨询，虚拟旅游展示您关注的信息！（5 分为满分，0 分为最低分）

第 17 项为推荐项目，在 16 个评分网站之外，请您为我们推荐 1 个您最喜欢的政府旅游门户网站。

序号	网址	网站负责机构	景点介绍	视频介绍	图片展示	路线介绍	景点规划	亲切度	旅游接待量记录	当地传统风俗介绍	特色佳肴介绍	特有项目/活动介绍	礼貌用语	当地治安管理	当地交通介绍	当地酒店介绍/配图	当地生态绿化能力	监督举报方式	自然资源相关组织介绍	旅游地垃圾回收	旅游地自然景观	旅游地动物展示	旅游地被展示	组织凝聚力	政府支持旅游的力度	总评分
1	http://www.sdta.gov.cn	山东省旅游局																								
2	http://www.ytta.gov.cn/	烟台旅游局																								
3	http://www.hnta.cn/	河南省旅游局																								
4	http://www.lyta.gov.cn	洛阳市旅游局																								
5	http://www.jxta.gov.cn	江西省旅游发展委员会																								
6	http://www.jjta.gov.cn	九江旅游局																								
7	http://www.shizhongshan.gov.cn	湖口县旅游总公司																								
8	http://www.nxtour.com.cn/	宁夏旅游局																								
9	http://www.nxhsgd.com/	宁夏黄沙古渡生态建设有限公司																								
10	http://www.ynta.gov.cn	云南省旅游发展委员会																								
11	http://www.ljgc.gov.cn	丽江古城保护管理局																								
12	http://www.tourzj.gov.cn	浙江旅游局																								
13	http://www.gotohz.gov.cn	杭州市旅游委员会																								
14	http://www.scta.gov.cn/sclyj/	四川旅游局																								
15	http://www.abzta.gov.cn/	阿坝藏族羌族自治州旅游局																								
16	http://www.jzgxlyj.com/	九寨沟县旅游局																								
17																										

感谢您的大力支持！

附录3：潜在消费者对政府旅游门户网站的信任调查问卷

您好！我们正在进行关于潜在消费者对政府旅游门户网站信任的问卷调查。请您基于网站传达出的文化价值和政府能力，结合您个人见闻，根据相关条目为该政府旅游门户网站评分。所得结果将均被用于学术研究，您的个人资料也会被严格保密。请根据您的真实想法填写，感谢您的合作！

第一部分基本信息

性别：　A.男　B.女

年龄（岁）：A.18~25 B.26~30 C.31~35 D.36~40 E.41~45 F.46~50 G.50以上

受教育程度：A.博士　B.硕士　C.本科　D.专科　E.高中及以下

您使用网络的年数（年）：A<1 B.1~5 C.6~10 D.11~15 E.16~20 F>20

您是否有过旅行前使用网络搜索信息的经历：A没有 B有过（____次）

第二部分问卷调查

（7~1表示您赞成的程度，7表示强烈的赞同，6表示非常赞同，5表示赞同，4表示一般，3表示不赞同，2表示非常不赞同，1表示强烈不赞同。）

您对该政府旅游门户网站在文化资讯上的评估为：

项目描述	评分
A11 门户网站上有大量连续多届由政府举办的文化旅游活动的新闻和记录	7 6 5 4 3 2 1
A12 门户网站上有多种旅游爱好者们的俱乐部和其他交流平台（微博、消息版等）	7 6 5 4 3 2 1
A13 门户网站上有很多活动集体照或驴友全家福等照片或图片	7 6 5 4 3 2 1
A14 门户网站提供多种与旅游相关的在线订阅服务（电子杂志、邮件等）	7 6 5 4 3 2 1

续表

项目描述	评分
A21 门户网站有非常详细的旅游管理部门的组织机构介绍	7 6 5 4 3 2 1
A22 门户网站上有大量公众人物（名人、艺术家等）在本地游玩的照片	7 6 5 4 3 2 1
A23 门户网站上有很多历史上与当地旅游景点有关的名人、名事、名言的介绍	7 6 5 4 3 2 1
A24 门户网站上能看到很多政府对当地旅游业发展的长远规划	7 6 5 4 3 2 1
A25 门户网站信息更新频率能满足我的需求	7 6 5 4 3 2 1
A26 门户网站有旅游服务监管和投诉通道	7 6 5 4 3 2 1
A31 门户网站有常见问题解答、旅游服务电子邮件和24小时免费电话等服务	7 6 5 4 3 2 1
A32 门户网站有站点地图、图片或按钮式的链接和导航	7 6 5 4 3 2 1
A34 门户网站有与当地旅游相关的酒店、旅行社、饭店、警察局和医院等联系方式	7 6 5 4 3 2 1
A35 门户网站有景点可视化服务（如目的地地图和地理位置引导，虚拟旅游，实时网络摄像，气象图等）	7 6 5 4 3 2 1
A33 门户网站上强调历史，注重对礼节和尊敬等文化的传承	7 6 5 4 3 2 1
A36 门户网站有我能看懂的当地特有的民族节日或其他活动的详细介绍	7 6 5 4 3 2 1
A37 门户网站有大量当地美食的介绍和图片	7 6 5 4 3 2 1
A41 门户网站在设计上注重美学，内容和图片搭配注重细节，色彩搭配和谐，让我向往	7 6 5 4 3 2 1
A42 门户网站使用各种生动的比喻，让我觉得当地的景点非常美丽	7 6 5 4 3 2 1
A43 门户网站使用大量优美的图片，让我觉得当地的景点非常美丽	7 6 5 4 3 2 1
A44 门户网站对各种娱乐主题的反复推送平添了我的旅游欲望	7 6 5 4 3 2 1

以下是结合您平时见闻以及在该政府旅游门户网站浏览后，对该政府的服务能力的评估：

项目描述	评分
B11 目的地政府能有效地通过发展旅游业推动当地经济的发展	7 6 5 4 3 2 1
B12 目的地政府能有效地通过旅游业引进新的商业机会	7 6 5 4 3 2 1
B13 目的地政府能有效地通过发展旅游业来增加就业率	7 6 5 4 3 2 1
B14 目的地政府能有效地通过旅游业减少贫困	7 6 5 4 3 2 1
B15 目的地政府计划通过发展旅游业发展当地未来的经济	7 6 5 4 3 2 1
B21 目的地政府积极参与旅游业规划，创造各种发展机会	7 6 5 4 3 2 1
B22 目的地政府在旅游规划和发展中的影响巨大	7 6 5 4 3 2 1
B23 目的地政府对生态旅游的治理很有成效	7 6 5 4 3 2 1
B24 目的地政府对旅游服务的管理很有成效	7 6 5 4 3 2 1
B25 目的地政府对当地治安管理很有成效	7 6 5 4 3 2 1
B31 我相信目的地相关文旅部门对我投诉的问题或质疑会给予直接、坦率的答复	7 6 5 4 3 2 1
B32 我相信目的地相关文旅部门会尽力帮助我解决困难	7 6 5 4 3 2 1
B33 我相信目的地相关文旅部门重视游客的每次到游	7 6 5 4 3 2 1

续表

项目描述	评分
B41 我相信该政府及旅游部门会尽其所能地履行对游客的义务	7 6 5 4 3 2 1
B42 我相信该政府及旅游部门会遵守承诺	7 6 5 4 3 2 1
B43 我相信政府旅游门户网站上旅游行为的指导信息是诚实的	7 6 5 4 3 2 1
B44 我感觉到该政府及旅游部门公布的信息都是诚实可信的	7 6 5 4 3 2 1

在浏览完该政府旅游门户网站后，您会：

项目描述	评分
C31 看完该政府旅游门户网站，让我觉得很兴奋	7 6 5 4 3 2 1
C32 看完该政府旅游门户网站，我感受到当地人的热情和友好	7 6 5 4 3 2 1
C33 看完该政府旅游门户网站，我觉得该网站的官方辨识度很高	7 6 5 4 3 2 1
C11 我完全信任该政府旅游门户网站	7 6 5 4 3 2 1
C12 到该政府旅游门户网站介绍的目的地旅游，能带给我一种安全感	7 6 5 4 3 2 1
C13 我完全信任目的地政府发展当地旅游的实力	7 6 5 4 3 2 1
C21 我原本就对该目的地政府有信心	7 6 5 4 3 2 1
C22 看完该政府旅游门户网站后，我对当地政府更有信心了	7 6 5 4 3 2 1
C23 看完该政府旅游门户网站后，我会向朋友介绍该目的地	7 6 5 4 3 2 1

感谢您的支持！谢谢！

附录 4：部分网络问卷调查截屏

注：4 组问卷的链接网址分别为：河南省旅游局 www.hnta.cn，四川省旅游局 www.scta. gov.cn/sclyj，山东旅游局 www.sdta.gov.cn，宁夏旅游局 http://www.nxtour.com.cn。

参考文献

1. 中文著作

[1] [美] 爱德华·劳勒，贾维斯. 旅游心理学 [M]. 南开大学旅游系，译. 天津：南开大学出版社，1987.

[2] 候杰泰，温忠麟，成子娟. 结构方程模型及其应用 [M]. 北京：北京教育科学出版社，2004.

[3] [美] 西奥多·波伊斯特. 公共与非营利组织绩效考评：方法与应用 [M]. 肖鸣政，等译. 北京：中国人民大学出版，2005.

2. 外文著作

[1] Cook K. S., Hardin R., Levi M.. Cooperation without Trust[M]. New York: Russell Sage Foundation,2005.

[2] Hall E. T.. Beyond Culture[M]. New York: Doubleday,1976.

[3] R. K. Yin. Applications of Case Study Research. 3rd edition[M]. Los Angeles: Sage Publications, 2011.

[4] Reisinger Y., Turner L. W.. Cross Cultural Behavior in Tourism: Concepts and Analysis[M]. Oxford: Butterworth-Heinemann, 2003.

3. 中文期刊

[1] 保继刚. 从理想主义、现实主义到理想主义理性回归——中国旅游地理学发展 30 年回顾 [J]. 地理学报，2009, 64(10): 1184–1192.

[2] 陈晔，易柳凤，何钏，耿佳. 旅游网站的粘性及其影响因素——基于双系统认知理论 [J]. 旅游学刊，2016, 31(02): 53–63.

[3] 戴斌. 讲好中国故事创新传播体系开创文化交流和旅游推广工作新局面 [J]. 中国旅游评论，2021(01): 1–7.

[4] 付业勤，杨文森，郑向敏. 我国政府旅游网站发展水平的空间分异研究 [J].

财经问题研究 , 2013(06): 133–139.

[5] 贺宇帆 , 马耀峰 . 旅游公共服务游客认知评价的实证研究——以西安市入境旅游为例 [J]. 资源开发与市场 , 2017, 33(1): 85–89.

[6] 胡海胜 , 周运瑜 , 郑艳萍 . 基于网站平台的旅游投资功能评价研究——以31 省 (市) 的官方旅游政务网站为例 [J]. 资源开发与市场 , 2010, 26(8): 752–754.

[7] 黄向 . 旅游体验心理结构研究——基于主观幸福感理论 [J]. 暨南学报 (哲学社会科学版), 2014(1): 104–111, 162–163.

[8] 柯红波 . 转型期地方政府与公众信任关系弱化的表征探析 [J]. 行政论坛 , 2014(01): 18–22.

[9] 雷春 , 胡卫 . 旅游业利用新媒体整合营销的特点及策略 [J]. 传媒 , 2016(10): 80–82.

[10] 李君轶 . 基于游客需求的旅游目的地网络营销系统评价——以我国省级旅游官网为例 [J]. 旅游学刊 , 2010(08): 45–51.

[11] 刘强 , 甘仞初 . 政府信息资源开发利用的综合评价模型与实证 [J]. 北京理工大学学报 , 2005(11): 1024–1028.

[12] 吕稚知 . 关于政府服务能力的概念界定及阐述 [J]. 前沿 , 2010(14): 116–118.

[13] 马波 , 张越 . 文旅融合四象限模型及其应用 [J]. 旅游学刊 , 2020, 35(05): 15–21.

[14] 毛基业 , 陈诚 . 案例研究的理论构建 : 艾森哈特的新洞见——第十届 "中国企业管理案例与质性研究论坛 (2016)" 会议综述 [J]. 管理世界 , 2017(2): 135–141.

[15] 芮国强 , 宋典 . 电子政务与政府信任的关系研究——以公民满意度为中介变量 [J]. 南京社会科学 , 2015(2): 82–89.

[16] 史有春 . 价值观量表开发与应用现状及开发方向探析 [J]. 南京大学学报 , 2013, 50(2): 140–160.

[17] 孙国强 , 吉迎东 , 张宝建 , 徐俪凤 . 网络结构、网络权力与合作行为——基于世界旅游小姐大赛支持网络的微观证据 [J]. 南开管理评论 , 2016(01): 43–53.

[18] 汤志伟 , 韩啸 , 吴思迪 . 政府网站公众使用意向的分析框架 : 基于持续使用的视角 [J]. 中国行政管理 , 2016(04): 27–33.

[19] 王冠孝 , 梁留科 , 李锋 . 中国旅游 App 市场竞争态势研究——基于 TOP30

运营商的分析 [J]. 资源开发与市场 , 2016(12): 1518–1522.

[20]　王磊 , 谭清美 , 陈静 . 旅游产业创新平台构建及运行机制研究 [J]. 中国管理科学 , 2016(S1): 896–900.

[21]　王丽娜 , 马得勇 . 新媒体时代媒体的可信度分析——以中国网民为对象的实证研究 [J]. 武汉大学学报 (人文科学版), 2016(01): 88–99.

[22]　谢彦君 , 那梦帆 . 中国旅游 40 年研究中的理论发育及其角色演变 [J]. 旅游学刊 , 2019, 34(02): 13–15.

[23]　姚云浩 , 高启杰 . 网络视角下旅游产业集群差异及成因——基于多案例的比较研究 [J]. 地域研究与开 , 2016, 35(1): 102–107.

[24]　游宇 , 王正绪 . 互动与修正的政治信任——关于当代中国政治信任来源的中观理论 [J]. 经济社会体制比较 , 2014(2): 178–193.

[25]　寿志勤 . 政府网站群绩效评估方法研究 [D]. 合肥：合肥工业大学博士研究生毕业论文 , 201109.

4. 外文期刊

[1]　Annie Couture, Manon Arcand, Sylvain Sénécal, JeanFrançois Ouellet. The influence of tourism innovativeness on online consumer behavior[J]. Journal of Travel Research, 2013: 0047287513513159.

[2]　Athena H. N. Mak. Online destination image: Comparing national tourism organisation's and tourists' perspectives [J]. Tourism Management, 2017(60): 280-297.

[3]　Baack D. W., N. Singh. Culture and web communications[J]. Journal of Business Research, 2007, 60(3): 181-88.

[4]　Billy Bai, Rob Law, Ivan Wen. The impact of website quality on customer satisfaction and purchase intentions: Evidence from Chinese online visitors[J]. International Journal of Hospitality Management, 2008, 27(3): 391-402.

[5]　Char-lee J. McLennan, B. W. R., Lisa M. Ruhanen, Brent D. Moyle. An institutional assessment of three local government-level tourism destinations at different stages of the transformation process[J]. Tourism Management, 2014(41): 107-118.

[6]   Cheol Woo Park, Ian Sutherland, Seul Ki Lee. Effects of online reviews, trust, and picture-superiority on intention to purchase restaurant services[J]. Journal of Hospitality and Tourism Management, 2021(47): 228-236.

[7]   Cyr D.. Modeling web site design across cultures: Relationships to trust, satisfaction, and e-Loyalty[J]. Journal of Management Information Systems, 2008, 24(4): 47-72.

[8]   France Bélanger, Lemuria Carter. Trust and risk in e-government adoption [J]. Journal of Strategic Information Systems, 2008(17): 165-176.

[9]   Francisco Tigre Moura, Juergen Gnoth, Kenneth R. Deans. Localizing cultural values on tourism destination websites: The effectson users' willingness to travel and destination image [J]. Journal of Travel Research, 2014(2): 1-15.

[10]   Goossens C.. Tourism information and pleasure motivation[J]. Annals of Tourism Research, 2000, 27(2): 301-321.

[11]   Harmen Oppewal, Twan Huybers, Geoffrey I. Crouch. Tourist destination and experience choice: A choice experimental analysis of decision sequence effects[J]. Tourism Management, 2015(48): 467-476.

[12]   Hoare R., Butcher K., O'Brien D.. Understanding Chinese diners in an overseas context: A cultural perspective [J]. Journal of Hospitality & Tourism Research, 2011, 35(3): 358-380.

[13]   Horng J. S., Tsai C. T.. Government websites for promoting East Asian culinary tourism: A cross-national analysis [J]. Tourism Management, 2010, 31(1): 74-85.

[14]   José Fernández-Cavia, Cristòfol Rovira, Pablo Díaz-Luque, Víctor Cavaller. Web Quality Index (WQI) for official tourist destination websites: Proposal for an assessment system[J]. Tourism Management Perspectives, 2014 (9): 5-10.

[15]   Marianna Sigala, Odysseas Sakellaredis. Web users' cultural profiles and e-service quality internationalization implications for tourism websites[J]. Information Technology & Tourism, 2004(7): 13-22.

[16]   Mayer R. C., Davis J. H-Schoorman F. D.. An integrative model of organizational trust[J]. Academy of Management Review, 1995, 20(3): 709-734.

[17]   McKnight D. H., Cummings L. L., Chervany N. L.. Initial trust formation in new

organization relationships[J]. Academy of Management Review, 1998, 23(3): 473-490.

[18] Nunkoo R., Ramkissoon H.. Power, trust, social exchange and community support[J]. Annals of Tourism Research, 2012, 39(3): 997-1023.

[19] Petrie H., C. Power, W. Song. Internationalization and localization of websites: Navigation in English language and Chinese language sites[J]. Internationalization, Design and Global Development, 2009(5623): 293-300.

[20] Pike S.. Destination brand positions of a competitive set of near home destinations [J]. Tourism Management, 2009, 30(6): 857-866.

[21] Robin Nunkoo, Stephen L. J. Smith. Political economy of tourism: Trust in government actors, political support, and their determinants [J]. Tourism Management, 2013(36): 120-132.

[22] Würtz E.. Intercultural communication on web sites: A cross-cultural analysis of web sites from high-context cultures and low-context cultures[J]. Journal of Computer Mediated Communication, 2005, 11(1): 274-99.

[23] Xixi Li, J. J. Po-An Hsieh, Arun Rai. Motivational differences across post-acceptance information system usage behaviors: An investigation in the business intelligence systems context[J]. Information Systems Research, 2013, 24(3): 659-682.

[24] Yingmei Wei, Runsheng Fang, Yuqiang Feng. The RCA index comparison of five countries: The analysis of potential impact upon Chinese tourism export and e-tourism services' trade[J]. The 2nd International Conference on Artificial Intelligence, Management Science and Electronic Commerce, 2011(8): 5242-5245.

[25] Zeithaml V. A., Parasuraman A., Malhorta A.. Service quality delivery through web sites: A critical review of extant knowledge[J]. Journal of the Academy of Marketing Science, 2002, 30(4): 362-375.